润滑油应用与采购指南

（第三版）

关子杰　钟光飞　编著

中国石化出版社

内 容 提 要

本书叙述了润滑油的基本知识，重点介绍了各类润滑油的分类、性能特点、产品规格及应用要点，并对应用中较为普遍的问题提出了观点及解决办法，同时对润滑油应用管理及润滑油设备故障诊断作了论述。

本书以实用为主，通俗易懂，适用于润滑油销售人员、采购人员、设备润滑工作者、设备管理人员和设备设计人员阅读参考。

图书在版编目(CIP)数据

润滑油应用与采购指南/关子杰,钟光飞编著.—3版.
—北京:中国石化出版社,2017.1
ISBN 978-7-5114-4357-1

Ⅰ.①润… Ⅱ.①关…②钟… Ⅲ.①润滑油-基本知识
Ⅳ.①TE626.3

中国版本图书馆CIP数据核字(2017)第003556号

中国石化出版社出版发行
地址:北京市朝阳区吉市口路9号
邮编:100020 电话:(010)59964500
发行部电话:(010)59964526
http://www.sinopec-press.com
E-mail:press@sinopec.com
北京富泰印刷有限责任公司印刷
全国各地新华书店经销
*
710×1000毫米 16开本 22.75印张 409千字
2017年1月第3版 2017年1月第1次印刷
定价:58.00元

前 言

对润滑油行业来说，生产出质量合格的润滑油产品，到市场上供给广大用户，似乎已完成了本职工作。但从广义看，此项工作并未完全完成，只有当润滑油在相应的使用设备上起到了预期的作用，给设备高效率、长寿命使用带来了好处，才算真正完成了使命。但润滑油的用户，包括润滑油销售人员、采购人员、设备润滑管理者、设备设计者(他们要为设计的设备用户推荐润滑油)，大多不具有足够的润滑油基本知识和应用常识，这就很难正确解决以下一些问题：一是如何根据设备类型、有关参数、操作条件等选择(或推荐)合适的润滑油品种和档次，若选择不当，油的质量再好也没有用；二是面对市场上有关润滑油品质的众多宣传和说法，如何分辨真伪买到合适的产品；三是当设备运转有异常或发生故障时，通常有润滑油质量、设备质量和操作不当等几大原因，如何运用各种知识诊断真正原因，从而及时采取对症的措施；四是制定合理的润滑油维护规范，使润滑油更能发挥潜能，为设备提供更好的保护。以上发生在润滑油应用中的种种问题都表明，除了为用户提供质量良好的润滑油产品和周到的服务外，从事润滑油相关工作的非专业人员还应具备一定的润滑油基本知识及应用技能，为解决上述问题打下基础。

本书的对象主要是与润滑油应用有关的非润滑油专业人员，内容以叙述润滑油基本知识为主，着重于应用中出现的有关问题的阐述，尽量减少较专业的内容，即使有些较专业的一时难以弄懂的内容，如规格标准等，也不需记住或甚至不需搞清楚，仅作为工具书供必要时查阅。掌握这些知识和技能，上述问题也就可直接或间接地得到了答案。

本书自出版以来，得到了广大读者的欢迎，并提出了很多宝贵的建议，同时，随着润滑油行业及市场的不断发展，本书的部分内容需要修改和更新，因此我们在本书前两版的基础上再次进行了修订。修订后的第三版具有以下特点：

(1) 全：一是介绍的润滑油品种齐全，除了包含普遍使用的品种以外，也有很多特殊专用的品种；二是内容齐全，每个品种都有产品描述、性能要求、品种规格标准以及油品选用、维护和换油指标等应用内容。

(2) 新：一是每种润滑油的标准规格都是最新的，是目前正在执行的；二是每种油品的知识和理念也是目前最新的，是与国内外趋势相一致的。(注：随着标准版本的不断更新，读者在使用本书时请采用最新版的标准)

(3) 实用性：这是本书特有的亮点。本书的读者，除了润滑油行业的专业群体，还有大量的使用润滑油的群体，要把技术含量高的优质润滑油运用在同样技术含量高的先进设备中，不但要有润滑油知识，还要有相关的机械知识，而把这二者揉合为一要来自实践。因此，本书中大多数润滑油品种内容的后面，都有“×××油应用要点”章节，详细介绍了使用该油时的重点注意事项及常出现的问题解答。本书的最后还新增了润滑油应用管理和润滑油与设备故障诊断等章节，这些都是作者多年从事润滑油行业的体会和认识，希望对广大使用润滑油的读者能有帮助。

需要说明的是：本书在编写前两版时，为了便于用户对润滑油进行采购，曾耗费巨大精力查咨我国润滑油市场上各润滑油品种、品牌、供应商等资料，并把它们附在各润滑油品种后面。但后来发现没有达到预期效果，一是润滑油品牌及品种变化太大，有的早已消失，又有很多从市场冒出；二是有的产品质量不规范，有误导之嫌。因此，本次修订，仅收集近期市场上销量规模相对大而又在市场存在时间较长的品牌作为附录列出，采购时读者可找到各品牌的网站了解具体情况。

在本书修订过程中，得到了李亮耀、王雪梅、张晨辉、栾红卫等同志的大力支持和协助，在此深表谢意！

由于编者水平所限，书中难免有不足之处，恳请广大读者和同行批评指正。

目 录

第一章　润滑油基本知识

润滑，就是在发生相对运动的固体摩擦接触面之间加入润滑剂，在两摩擦面之间形成润滑膜，将原来直接接触的干摩擦面分隔开来，变干摩擦为润滑剂分子之间的摩擦，从而起到减少摩擦、节省能耗、降低磨损、延长机械设备使用寿命的目的。

第一节　润滑剂的主要作用和分类

一、润滑剂的作用

润滑剂的作用，大致可归纳为以下 9 个方面：

① 减少摩擦　在固体摩擦面之间加入润滑剂，可降低摩擦系数，减少摩擦阻力，节约能源。

② 降低磨损　机械零件的黏着磨损、表面疲劳磨损和腐蚀磨损与润滑条件很有关系。在润滑剂中加入抗氧、抗腐剂有利于抑制腐蚀磨损，而加入油性剂、极压抗磨剂可以有效地降低黏着磨损和表面疲劳磨损，从而延长设备的使用寿命。

③ 冷却　液体润滑剂除减轻摩擦外，通过液体流动产生吸热、传热和散热，可起到将部分摩擦热及其他热源排出机外的作用，使设备维持正常的操作温度。

④ 防腐防锈　摩擦面上有润滑剂覆盖时，可以防止或避免因空气、水滴、水蒸气、腐蚀性气体及液体、尘土、氧化物等所引起的腐蚀、锈蚀。

⑤ 绝缘性　精制矿物油或有些合成油的电阻大，可用作电绝缘油。

⑥ 动能传递　润滑油可以作为静力的传递介质，用于液压系统、遥控马达及无级变速等场合。

⑦ 减震作用　液体润滑剂吸附在金属表面上，本身应力小，所以在摩擦副受到冲击载荷时具有吸收冲击能的本领。如汽车、摩托车的减震器油就是起油液减震(将机械能转变为热能)的作用。

⑧ 清洗作用　通过润滑油的循环可以带走油路系统中的杂质，再经过滤器滤掉，从而起到清洗的作用。内燃机油还可以分散尘土和各种沉积物，起到保持发动机清洁的作用。

⑨ 密封作用　液体润滑剂对某些外露零部件形成密封，可防止水分或杂质的侵

入。在内燃机的汽缸和活塞间起密封作用，为提高工作气体的压缩压力起重要作用。

二、润滑剂的分类

凡是有降低摩擦阻力作用的介质都可作为润滑剂。在各种机器及设备中所使用的润滑剂有气体的、液体的、半液体(也叫半流体)的和固体的。常用的润滑剂类型如表 1-1 所示。

表 1-1 润滑剂类型

液体润滑剂(以润滑油为主)	矿物油系润滑油
	合成油系润滑油
	水基润滑剂(包括水、乳化液、水和其他物质的混合物)
半液体润滑剂(润滑脂)	有机脂
	无机脂
固体润滑剂	软金属
	金属化合物(如二硫化钼)
	其他无机物(如石墨)
	有机物质

1965 年我国曾以 GB 500—65 标准将润滑油分为 15 个组，随着机械工业的发展，各种新油品不断涌现，该标准已不适应。为了与国际标准相一致，现已参照、采用国际标准 ISO 6743—99：2002，制定了我国润滑剂和有关产品的分类标准(GB/T 7631. 1—2008)。该标准将 L 类产品分为 19 个组。其分组及代号均与 ISO 标准一致(见表 1-2)。

表 1-2 我国润滑剂及有关产品的分类标准(GB/T 7631. 1—2008)

组 别	应用场合	组 别	应用场合
A	全损耗系统	N	电器绝缘
B	脱模	P	气动工具
C	齿轮	Q	热传导液
D	压缩机(包括冷冻机和真空泵)	R	暂时保护防腐蚀
E	内燃机	T	汽轮机
F	主轴、轴承和离合器	U	热处理
G	导轨	X	用润滑脂的场合
H	液压系统	Y	其他应用场合
M	金属加工	Z	蒸汽气缸

根据上述的分组，还可对每个组进行细致的分类，其中主要的、已形成具体标准规范分类的，将在以下各类润滑油中作具体介绍。本书介绍其中应用最广泛、用量最大的液体润滑剂。

第二节 润滑油的生产

一、基础油

成品润滑油由基础油和添加剂组成，其中基础油占大部分或绝大部分，因而基础油的性能和质量对润滑油的质量影响至关重要。

润滑油基础油主要分矿物基础油及合成基础油两大类。由石油炼制而得到的基础油一般称为矿物基础油。它来源方便，价格低廉，其性能可制成满足绝大多数机械润滑要求的成品润滑油，因而应用广泛，用量最大(约占 95%以上)。但在有些特殊用途特别是极高温和极低温场合，矿物基础油不能满足要求，必须使用性能更为优越的合成基础油调配润滑油产品。随着机械设备性能的不断提高，润滑条件不断苛刻，对润滑油性能要求日趋提高，因而合成基础油也得到迅速发展。

（一）矿物基础油

石油是由各种不同相对分子质量的碳氢化合物(烃类)组成，首先要经蒸馏，把不同相对分子质量的碳氢化合物按轻重分离出来，依次是石油气、石脑油、汽油、煤油、柴油、重馏分和残渣油，其中的重馏分和残渣油就是润滑油基础油的原料。

不是所有石油的重馏分都可以用作润滑油基础油，从其碳氢化合物的结构可分为饱和烃和非饱和烃。饱和烃中的烷烃黏温性能好，润滑性和抗氧性好，适于用作大部分润滑油的基础油，其缺点是含石蜡多，低温流动性差，通称石蜡基基础油。以我国大庆油田的原油生产的基础油就是典型的石蜡基基础油，是目前应用最为广泛的基础油品种。另一类是饱和烃中的环烷烃基础油，它含蜡量少，低温流动性好，电绝缘性好，但黏温性差，抗氧性差，可用于生产冷冻机油和电器用油等，我国新疆原油能生产典型的环烷基基础油。还有一种称中间基基础油，是石蜡基和环烷基的混合体，性能在石蜡基基础油和环烷基基础油之间，用我国西北油田原油生产。还有很多原油的烃类不适合生产润滑油基础油，只能生产燃料。

原油经蒸馏后的重馏分并不能直接作润滑油的基础油，里面的一些组分如多环芳烃、稠环芳烃、胶质、沥青质，含某些元素如硫、氮的有机化合物和一些烃类如正构烷烃(石蜡)，使油的性能如抗氧性、色度、流动性、腐蚀性等变差，我们称为非理想组分。符合基础油要求的组分称为理想组分，需进一步加工，目的是除去非理想组分，留下理想组分。加工过程可归纳为三条工艺路线：①物理分离路线，其工艺结构通常是“溶剂精制-溶剂脱蜡-白土补充精制”(见图 1-1)，称为溶剂法；②化学路线，其工艺结构是“加氢裂化-异构脱蜡-加氢精制”的全氢路线(见图 1-3)，称为加氢法；③物理化学联合路线，其工艺结构可以是“溶剂预精制-加氢裂化-溶剂脱蜡”，也可以是“加氢裂化-溶剂脱蜡-加氢补充精制”等多种灵活多样混合工艺结构，称为联合法或混合法。下面将简要介绍润滑油制备的几个主要过程。

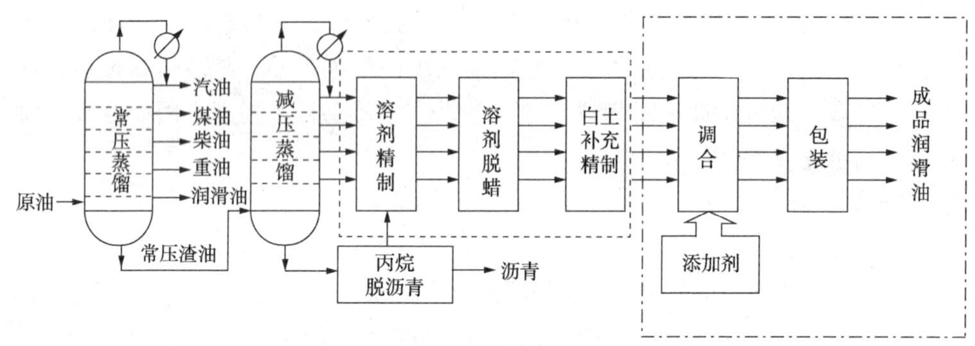

图 1-1　基础油物理加工方案

1. 物理加工路线

(1) 常减压蒸馏

生产润滑油的原油既经选定，可利用原油中各种组分存在着沸点差这一特性，通过常减压蒸馏装置从原油中分离出各种石油馏分。常减压装置可分为预蒸馏部分、常压部分及减压部分。其流程示意图如图 1-2 所示。

经常压塔蒸馏，蒸出约 350℃以前的馏分。常压蒸馏只能取得低黏度的润滑油料，因为原油被加热到 350℃后，就会有部分烃裂解，并在加热炉中结焦，影响润滑油质量。

根据外压降低液体的沸点也相应降低的原理，利用减压蒸馏来分馏高沸点(350~500℃)、高黏度的馏分，但还有一些重质润滑油料在减压塔中也难以蒸

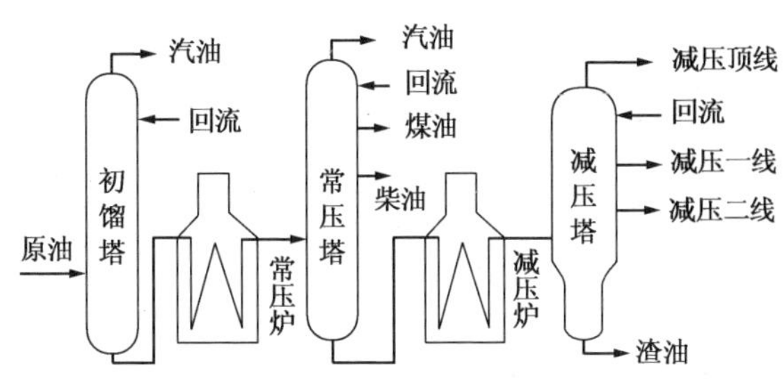

图 1-2　常减压蒸馏流程示意图

出，留在减压渣油中。这部分油料需去掉其中含有的胶质、沥青质才能进一步加工。

(2) 溶剂精制

溶剂精制是用选择性溶剂抽提原料油中的某些非理想组分来改变油品的性质，经过溶剂精制后的润滑油料，其黏温特性、抗氧化性等性能都有很大改善。工业上采用的溶剂有酸、碱、苯酚、糠醛等。

溶剂精制的基本原理是利用溶剂对油中非理想组分(即多环芳烃、胶质、沥青质等)的溶解度很大，对理想组分(即基础油的主要组分烃类)的溶解度很小的特性，把溶剂加入润滑油料中，其中非理想组分迅速溶解在溶剂中，将溶有非理想组分的溶液分出，其余的就是润滑油的理想组分。通常，把前者叫做提取油或抽出油，后者叫做提余油或精制油。溶剂精制的作用相当于从润滑油原料中抽出其中的非理想组分，所以这一过程也叫溶剂抽提或溶剂萃取。

通常说的精制深度指溶剂精制过程中溶剂与原料油的比例，溶剂量越大，抽提出的非理想组分越多，精制深度越深，但并非精制深度越深越好，对不同用途的基础油应有一个合适的精制深度。

(3) 溶剂脱蜡

为使润滑油在低温条件下保持良好的流动性，必须将其中易于凝固的蜡除去，这一工艺叫脱蜡。脱蜡工艺不仅可以降低润滑油的凝点，同时也可得到蜡。所谓蜡就是在常温下(15℃)呈固体的那些烃类化合物，其中主体是正构烷烃和带有长侧链的环状烃，C_{16}以上的正构烷烃在常温下都是固体。

脱蜡的方法很多，目前常用的是溶剂脱蜡。溶剂脱蜡是利用一种在低温下对油溶解能力很大，而对蜡溶解能力很小并且本身低温黏度又很小的溶剂稀释原料，使蜡能结成较大晶粒，使油因稀释而黏度大为降低，这样就给油蜡分离创造了良好条件。目前广泛采用的溶剂是酮苯混合溶剂。其中酮可用丙酮、甲乙酮、甲基异丁基酮；苯类为苯和甲苯。

(4) 丙烷脱沥青

石油经减压分馏后，仍有一些相对分子质量很大、沸点很高的烃类不能汽化分馏出来而残留在减压渣油中，这是制取高黏度润滑油基础油的良好原料。

渣油中除了这些相对分子质量高的烃类以外，还含有大量胶状物质(沥青质、胶质和某些多环的烃类)。因此，为了取得这部分高黏度的原料，必须将其与沥青质、胶质分开，这个加工步骤叫做渣油脱沥青。

常用的脱沥青方法是丙烷脱沥青法。这种方法就是用丙烷把渣油中的烃类提取出来，即利用液态丙烷在其临界温度附近对沥青的溶解度很小，而对油(烷烃、环烷烃、少环芳香烃)溶解度大的特性来使油和沥青分开。丙烷在常温下为气体，在一定压力下为液体，因而该装置都在一定压力下进行操作。经过丙烷处理得到的脱沥青油和其他馏分油一样，要进行精制和脱蜡。

(5) 白土精制

经过溶剂精制和脱蜡后的油品，其质量已基本上达到要求，但一般总会含少量未分离掉的溶剂、水分以及回收溶剂时加热所产生的某些大分子缩合物、胶质和不稳定化合物，还可能从加工设备中带出一些铁屑之类的机械杂质。为了将这些杂质去掉，进一步改善润滑油的颜色，提高安定性，降低残炭，还需要一次补充精制。常用的补充精制方法是白土处理。

白土精制是利用活性白土的吸附能力，使各类杂质吸附在活性白土上，然后滤去白土以除去所有杂质。油品中加入少量(一般为百分之几)预先烘干的活性白土，边搅拌边加热，使油品与白土充分混合，杂质即完全吸附在白土上，然后用细滤纸(布)过滤，除去白土和机械杂质，即可得到精制后的基础油。

物理加工是用选择性溶剂分离的方法将基础油中的非理想组分蜡等分离出来，但对其他有害物如含氮含硫化合物分离能力很差，同时它不能改变基础油的烃类型，因而对原油的烃组成要求较严，资源利用受限制。

2. 润滑油加氢(化学加工路线)

润滑油加氢是生产润滑油的一种新工艺(见图 1-3)。即通过催化剂的作用，润滑油原料与氢气发生各种加氢反应，改变基础油的烃结构，如使非饱和烃或环烷烃变为黏温性能、润滑性能、抗氧性能好的饱和烃，使低温下易结晶的正构烷烃转变为不易结晶的异构烷烃。同时它又能：一方面除去硫、氧、氮等杂质，保留润滑油的理想组分；另一方面将非理想组分转化为理想组分，从而使润滑油质量得到提高；并同时裂解产生少量的气体、燃料油组分。

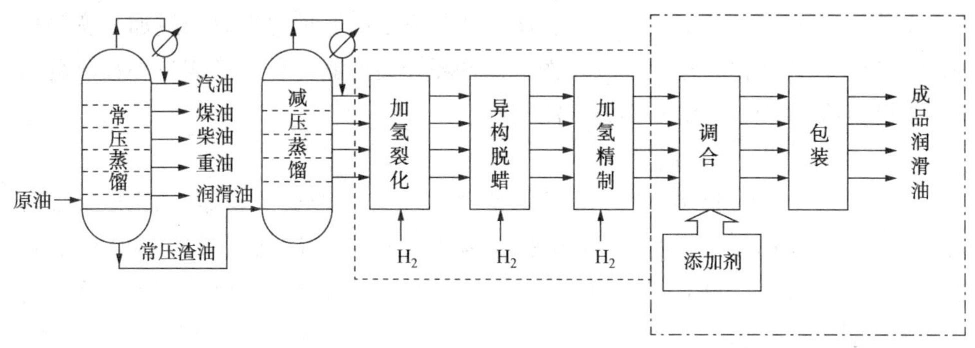

图 1-3 基础油化学加工路线

由于润滑油加氢工艺的发展，使一些含硫、氮高，以及黏温性能差的润滑油劣质原料也可以生产优质润滑油，既提高基础油的质量，又增加了对资源利用的灵活性。

润滑油生产中所用的加氢方法大致分为三类：即加氢补充精制、加氢处理(或叫加氢裂化)和加氢脱蜡(异构脱蜡)。

(1) 加氢补充精制

加氢补充精制后的油品，其颜色、安定性和气味得到了改善，对抗氧剂的感受性显著提高，而黏度、黏温性能等变化不大，并且油品中的非烃元素如硫、氮、氧的含量也降低了。

油品的色度和安定性主要取决于油品中所含的少量稠环化合物和高分子不饱和化合物。加氢时，这类化合物中的部分芳香烃变成环烷烃或开环，不饱和化合物则变为饱和化合物。这样就能使油品的颜色变浅，安定性提高。含有硫、氮、氧等非烃元素的润滑油在使用中会生成腐蚀性酸。加氢时，这类元素会与氢反应生成 H_2S、NH_3、H_2O 等气体从油中分离出来，因而使产品质量提高。

加氢补充精制的产品收率比白土精制收率高，没有白土供应和废白土处理等问题，是取代白土精制的一种较有前途的方法。

(2) 加氢处理(或称加氢裂化)

加氢处理工艺不仅能改变油品的颜色、安定性和气味，而且还可以提高黏温性能，可以代替白土精制和溶剂精制，具有一举两得的作用。

它的实质是在比加氢补充精制苛刻一些的条件下，除了加氢补充精制的各种反应以外，还有多种加氢裂化反应，使大部分或全部非理想组分经过加氢变为环烷烃或开环，并转化为理想组分。例如，多环烃类加氢开环，形成少环长侧链的烃，因此加氢处理生成油的黏温性能较好。

(3) 加氢脱蜡(异构脱蜡)

加氢脱蜡(异构脱蜡)工艺的操作条件比加氢处理更为苛刻。润滑油原料在催化剂的作用下发生加氢异构化和加氢裂化反应，使加氢过程不但有精制的作用，并且有使正构烷烃异构化的作用，从而使凝点较高的正构烷烃转化为凝点较低而黏温性能更好的异构烷烃或低分子烷烃，达到降低凝点的目的。

经过上述精制工艺所得到的油品，通常称之为“矿物油型润滑油基础油”。

合多年矿物型基础油的生产实践及目前国内外基础油情况，中国石化2012年11月提出润滑油基础油协议指标取代1996年4月标准(Q/SH R001—95)，并于2013年1月执行。协议指标见表1-3~表1-12。

表1-3　润滑油基础油分类

<table>
<tr><th rowspan="3">项　目</th><th colspan="10">类别</th></tr>
<tr><th>0</th><th colspan="3">Ⅰ</th><th colspan="2">Ⅱ</th><th colspan="2">Ⅲ</th><th>Ⅳ</th><th>Ⅴ</th></tr>
<tr><th>MVI</th><th>HVI Ⅰa</th><th>HVI Ⅰb</th><th>HVI Ⅰc</th><th>HVI Ⅱ</th><th>HVI Ⅱ+</th><th>HVI Ⅲ</th><th>HVI Ⅲ OEM专用基础油</th><th>PAO</th><th>其他合成油</th></tr>
<tr><td>饱和烃/%</td><td rowspan="2"><90 和/或 ≥0.03</td><td rowspan="2"><90 和/或 ≥0.03</td><td rowspan="2"><90 和/或 ≥0.03</td><td rowspan="2"><90 和/或 ≥0.03</td><td>≥90</td><td>≥90</td><td>≥90</td><td>≥90</td><td>—</td><td>—</td></tr>
<tr><td>硫含量/%</td><td><0.03</td><td><0.03</td><td><0.03</td><td><0.03</td><td>—</td><td>—</td></tr>
<tr><td>黏度指数</td><td>≥60</td><td>≥80</td><td>≥90</td><td>≥95</td><td>90≤Ⅵ<110</td><td>Ⅵ≥110</td><td>Ⅵ≥120</td><td>Ⅵ≥125</td><td>—</td><td>—</td></tr>
</table>

表 1-4 润滑油基础油黏度分类

溶剂精制中性油黏度牌号(40℃赛氏黏度整数值)

黏度等级	60	70	75	90	100	125	150	175	200	250	300	350	400	500	600	650	750	900
运动黏度范围(40℃)/(mm^2/s)	7.0~<9.0	9.0~<12.0	12.0~<16.0	16.0~<19.0	19.0~<24.0	24.0~<28.0	28.0~<34.0	34.0~<38.0	38.0~<42.0	42.0~<50.0	50.0~<62.0	62.0~<74.0	74.0~<90.0	90.0~<110	110~<120	120~<135	135~<160	160~<180

光亮油黏度牌号(100℃赛氏黏度整数值)

	90BS	120BS	150BS
运动黏度范围(100℃)/(mm^2/s)	17~<22	22~<28	28~<34

加氢基础油黏度牌号(100℃运动黏度整数值)

	2	3	4	5	6	7	8	10	12	14	16	20(90BS)	26(120BS)	30(150BS)
运动黏度范围(100℃)/(mm^2/s)	1.50~<2.50	2.50~<3.50	3.50~<4.50	4.50~<5.50	5.50~<6.50	6.50~<7.50	7.50~<9.00	9.00~<11.0	11.0~<13.0	13.0~<15.0	15.0~<17.0	17.0~<22.0	22.0~<28.0	28.0~<34.0

表 1-5 MVI 基础油技术要求

项目		MVI											试验方法
		75	100	150	250	350	400	500	600	650	750	900	
外观		透明无絮状物											目测[a]
运动黏度/(mm^2/s)	40℃	12~<16	19~<24	28~<34	42~<50	65~<74	74~<90	90~<110	110~<120	120~<135	135~<160	160~<180	GB/T 265
	110℃	报告											
色度/号	不大于	0.5	1.0	1.5	2.0	3.0		3.5	4.0		4.5	5.0	GB/T 6540

续表

项目		MVI											试验方法
		75	100	150	250	350	400	500	600	650	750	900	
饱和烃(质量分数)/%		报告											SH/T 0753
硫(质量分数)/%		报告											GB/T 387、GB/T 17040、SH/T 0689[b]、GB/T 11140、SH/T 0253
黏度指数	不小于	75				60							GB/T 1995、GB/T 2541
闪点(开口)/℃	不低于	150	165	170	190	200		215	220		225	235	GB/T 3536
倾点/℃	不高于	-9				-5							GB/T 3535
酸值/(mgKOH/g)	不大于	0.05						报告					GB/T 7304、GB/T 4945
残炭(质量分数)/%	不大于	—				0.10		0.15	0.3		0.40	0.50	GB/T 268、GB/T 17144
密度(20℃)/(kg/m³)		报告											GB/T 1884~1885、SH/T 0604
碱性氮/(μg/g)		报告											SH/T 0162
氧化安定性 旋转氧弹法[c](150℃)/min	不小于	180						130					SH/T 0193

[a]将油品注入 100mL 洁净量筒中，油品应均匀透明无絮状物，如有争议时，将油温控制在 15℃±2℃下，应均匀透明无絮状物。

[b]为仲裁方法。

[c]试验补充规定：1. 加入 0.8%T501。采用精度为千分之一的天平，称取 0.88g T501 于 250mL 烧杯中，继续加入待测油样，至总重为 110g(供平行试验用)。将油样均匀加热至 50~60℃，搅拌 15min，冷却后装入玻璃瓶备用。

2. 建议抗氧剂采用锦州石化公司生产的 2,6-二叔丁基对甲酚(T501)一级品。

表 1-6　HVI Ia 基础油技术要求

项　　目		HVI Ⅰa															试验方法
		60	70	75	100	125	150	250	350	400	500	650	750	90BS	120BS	150BS	
外观		透明无絮状物															目测[a]
运动黏度/(mm^2/s)	40℃	7.00 ~< 9.00	9.00 ~< 12.00	12.0 ~< 16.0	19.0 ~< 24.0	24.0 ~< 28.0	28.0 ~< 34.0	42.0 ~< 50.0	62.0 ~< 74.0	74.0 ~< 90.0	90.0 ~< 110.0	120 ~< 135	135 ~< 160	报告			GB/T 265
	100℃	报告												17~ <22	22~ <28	28~ <34	
色度/号	不大于	0.5		0.5	1.0	1.5		2.0	3.0	3.5	4.0	5.0		5.5		6.0	GB/T 6540
饱和烃(质量分数)/%		报告															SH/T 0753
硫(质量分数)/%		报告															GB/T 387、GB/T 17040、SH/T 0689[b]、GB/T 11140、SH/T 0253
黏度指数	不小于	85							80								GB/T 1995、GB/T 2541
闪点(开口)/℃	不低于	140(闭口)		175	185	200		210	220	225	235	255		275		290	GB/T 3536(GB/T 261)
倾点/℃	不高于	-12			-9				-5								GB/T 3535
酸值/(mgKOH/g)	不大于	0.01			0.05						报告						NB/SH/T 0836[c]、GB/T 7304、GB/T 4945
残炭(质量分数)/%	不大于	—							0.10		0.15	0.3		0.5	0.6	0.70	GB/T 268、GB/T 17144
蒸发损失[d](Noack 法)/%(250℃,1h)		—			报告				—								SH/T 0059、SH/T 0731
密度(20℃)/(kg/m^3)		报告															GB/T 1884~1885、SH/T 0604

续表

项目	HVI Ⅰa															试验方法
	60	70	75	100	125	150	250	350	400	500	650	750	90BS	120BS	150BS	
碱性氮/(μg/g)	报告															SH/T 0162
氧化安定性 旋转氧弹性[e](150℃)/min 不小于	180									130		110				SH/T 0193

[a]将油品注入 100mL 洁净量筒中，油品应均匀透明无絮状物，如有争议时，将油温控制在 15℃±2℃下，应均匀透明无絮状物。

[b] 为仲裁方法。

[c] 75 号及以下牌号采用该方法。

[d] 项目作为炼油过程中保证项目。结果有争议时，以 SH/T 0059 为仲裁方法。

[e] 试验补充规定：1. 加入 0. 8%T501。采用精度为千分之一的天平，称取 0. 88g T501 于 250mL 烧杯中，继续加入待测油样，至总重为 110g(供平行试验用)。将油样均匀加热至 50~60℃，搅拌 15min，冷却后装入玻璃瓶备用。

2. 建议抗氧剂采用锦州石化公司生产的 2,6-二叔丁基对甲酚(T501)一级品。

3. 试验用铜丝最好使用一次即更换。

表 1-7 HVI Ⅰb 基础油技术要求

项目		HVI Ⅰb															试验方法
		60	70	75	100	125	150	250	350	400	500	650	750	90BS	120BS	150BS	
外观		透明无絮状物															目测[a]
运动黏度/(mm^2/s)	40℃	7.00~<9.00	9.00~<12.00	12.0~<16.0	19.0~<24.0	24.0~<28.0	28.0~<34.0	42.0~<50.0	62.0~<74.0	74.0~<90.0	90.0~<110	120~<135	135~<160	报告			GB/T 265
	100℃	报告												17~<22	22~<28	28~<34	
色度/号	不大于	0.5			1.0	1.5	1.5	2.0	3.0	3.5	4.0	5.0		5.5		6.0	GB/T 6540
饱和烃(质量分数)/%		报告															SH/T 0753

续表

项目		HVI Ⅰb														试验方法
		60	70	75	100	125	150	250	350	400	500	650	750	90BS	120BS	150BS	
硫(质量分数)/%		报告															GB/T 387、GB/T 17040、SH/T 0689[b]、GB/T 11140、SH/T 0253
黏度指数	不小于	报告	90														GB/T 1995、GB/T 2541
闪点(开口)/℃	不低于	140(闭口)		175	185	200	200	210	220	225	235	255		275		290	GB/T 3536(GB/T 261)
倾点/℃	不高于	-12						-9			-5						GB/T 3535
酸值/(mgKOH/g)	不大于	0.005			0.03				0.05								NB/SH/T 0836[c]、GB/T 7304、GB/T 4945
残炭(质量分数)/%	不大于	—							0.10		0.15	0.3		0.5	0.6	0.70	GB/T 268、GB/T 17144
蒸发损失[d](Noack 法)/%(250℃,1h)		—			报告				—								SH/T 0059、SH/T 0731
空气释放值[e](50℃)/min		报告									—						SH/T 0308
密度(20℃)/(kg/m^3)		报告															GB/T 1884~1885、SH/T 0604
苯胺点/℃		报告															GB/T 262
氮(质量分数)/%		报告															GB/T 9170、SH/T 0704、SH/T 0657

[a]将油品注入 100mL 洁净量筒中，油品应均匀透明无絮状物，如有争议时，将油温控制在 15℃±2℃下，应均匀透明无絮状物。

[b] 为仲裁方法。

[c] 75 号及以下牌号采用该方法。

[d] 项目作为炼油过程中保证项目。结果有争议时，以 SH/T 0059 为仲裁方法。

[e] 作为汽轮机油、抗磨液压油专用基础油时增加本项指标。作为润滑油分公司验收项目。

[f] 试验补充规定：1. 加入 0.8%T501。采用精度为千分之一的天平，称取 0.88g T501 于 250mL 烧杯中，继续加入待测油样，至总重为 110g(供平行试验用)。将油样均匀加热至 50~60℃，搅拌 15min，冷却后装入玻璃瓶备用。

2. 建议抗氧剂采用锦州石化公司生产的 2,6-二叔丁基对甲酚(T501)一级品。

3. 试验用铜丝最好使用一次即更换。

表 1-8　HVI Ⅰc 基础油技术要求

项目		HVI Ⅰc															试验方法
		60	70	75	100	125	150	250	350	400	500	650	750	90BS	120BS	150BS	
外观		透明无絮状物															目测[a]
运动黏度/(mm^2/s)	40℃	7.00~<9.00	9.00~<12.00	12.0~<16.0	19.0~<24.0	24.0~<28.0	28.0~<34.0	42.0~<50.0	62.0~<74.0	74.0~<90.0	90.0~<110	120~<135	135~<160	报告			GB/T 265
	100℃	报告												17~<22	22~<28	28~<34	
色度/号	不大于	0.5			1.0	1.5	1.5	2.0	3.0	3.5	4.0	5.0		5.5		6.0	GB/T 6540
饱和烃(质量分数)/%		报告															SH/T 0753
硫(质量分数)/%		报告															GB/T 387、GB/T 17040、SH/T 0689[b]、GB/T 11140、SH/T 0253
黏度指数	不小于	95															GB/T 1995、GB/T 2541
闪点(开口)/℃	不低于	140(闭口)		175	185	200	200	210	220	225	235	255		275		290	GB/T 3536
倾点/℃	不高于	-21		-21	-18	-18	-15	-12						-5			GB/T 3535
浊点/℃		—									报告						GB/T 6986
酸值/(mgKOH/g)	不大于	0.005			0.03				0.05								NB/SH/T 0836[c]、GB/T 7304、GB/T 4945
残炭(质量分数)/%	不大于	—							0.10		0.15	0.3		0.5	0.6	0.70	GB/T 268、GB/T 17144
密度(20℃)/(kg/m^3)		报告															GB/T 1884~1885、SH/T 0604
苯胺点/℃		报告															GB/T 262

续表

项　　目	HVI Ic															试验方法
	60	70	75	100	125	150	250	350	400	500	650	750	90BS	120BS	150BS	
氮(质量分数)/%	报告															GB/T 9170、SH/T 0704 SH/T 0657
碱性氮/(μg/g)	报告															SH/T 0162
抗乳化性[c][50(40-40-0)]/min　不大于	10						15			—						GB/T 7305
蒸发损失[d](Noack 法)/% (250℃,1h)　不大于	—			22	20	17	11	—								SH/T 0059、SH/T 0731
空气释放值[e](50℃)/min	报告									—						SH/T 0308
氧化安定性 (旋转氧弹法)[f](150℃)/min　不小于	200									180		150				SH/T 0193

[a]将油品注入 100mL 洁净量筒中,油品应均匀透明无絮状物,如有争议时,将油温控制在 15℃±2℃下,应均匀透明无絮状物。

[b] 为仲裁方法。

[c] 75 号及以下牌号采用该方法。

[d] 项目作为炼油过程中保证项目。结果有争议时,以 SH/T 0059 为仲裁方法。

[e] 作为汽轮机油、抗磨液压油专用基础油时增加本项指标。作为润滑油分公司验收项目。

[f] 试验补充规定:1. 加入 0.8%T501。采用精度为千分之一的天平,称取 0.88g T501 于 250mL 烧杯中,继续加入待测油样,至总重为 110g(供平行试验用)。将油样均匀加热至 50~60℃,搅拌 15min,冷却后装入玻璃瓶备用。

2. 建议抗氧剂采用锦州石化公司生产的 2,6-二叔丁基对甲酚(T501)一级品。

3. 试验用铜丝最好使用一次即更换。

表 1-9　HVI II 基础油技术要求

项　　目		HVI II											试验方法
		2	4	5	6	8	10	12	14	20	26	30	
		—								90BS	120BS	150BS	
外观		透明无絮状物											目测[a]
运动黏度/(mm^2/s)	40℃	报告											GB/T 265
	100℃	1.50~<2.50	3.5~<4.50	4.50~<5.50	5.50~<6.50	7.50~<9.00	9.00~<11.0	11.0~<13.0	13.0~<15.0	17.0~<22.0	22.0~<28.0	28.0~<34.0	
色度/号	不大于	0.5								1.5			GB/T 6540
黏度指数	不小于	报告	100				95			90			GB/T 2541、GB 1995
硫(质量分数)/%	不大于	0.03(不含 0.03)											GB/T 387、GB/T 17040、SH/T 0689[b]、GB/T 11140、SH/T 0253
饱和烃(质量分数)/%	不小于	90											SH/T 0753
倾点/℃	不高于	-25	-12							-9			GB/T 3535
浊点/℃		—								报告			GB/T 6986
密度(20℃)/(kg/m^2)		报告											GB/T 1884~1885、SH/T 0604
闪点(闭口)/℃	不低于	145	—										GB/T 261
闪点(开口)/℃	不低于	—	185		200	220	230		240	265	270	275	GB/T 3536
蒸发损失[c](质量分数)/%	不高于	—	18	15	13	—							SH/T 0059、SH/T 0731
酸值/(mgKOH/g)	不大于	0.005	0.01							0.02			NB/SH/T 0836[d]、GB/T 4945、GB/T 7304
氧化安定性(旋转氧弹法)[e](150℃)/min	不小于	报告	280				250						SH/T 0193
残炭(质量分数)/%	不大于	—				0.05				0.15			GB/T 268、GB/T 17144

[a] 将油品注入 100mL 洁净量筒中，油品应均匀透明无絮状物，如有争议时，将油温控制在 15℃±2℃下，应均匀透明无絮状物。
[b] 为仲裁方法。
[c] 结果有争议时，以 SH/T 0059 为仲裁方法。
[d] Ⅱ-2 酸值测定采用该方法。
[e] 试验补充规定：1. 加入 0.8%T501。采用精度为千分之一的天平，称取 0.88g T501 于 250mL 烧杯中，继续加入待测油样，至总重为 110g(供平行试验用)。将油样均匀加热至 50~60℃，搅拌 15min，冷却后装入玻璃瓶备用。
2. 建议抗氧剂采用锦州石化公司生产的 2,6-二叔丁基对甲酚(T501)一级品。
3. 试验用铜丝最好使用一次即更换。

表 1-10　HVI II⁻基础油技术要求

项　　目		HVI II⁻								试验方法
		4	5	6	8	10	12	14	20	
		—							90BS	
外观		透明无絮状物								目测[a]
色度/号	不大于	0.5							1.5	GB/T 6540
运动黏度/(mm^2/s)	40℃	报告								GB/T 265
	100℃	3.50～<4.50	4.50～<5.50	5.50～<6.50	7.50～<9.00	9.00～<11.0	11.00～<13.0	13.0～<15.0	17.0～<22.0	
黏度指数	不小于	120								GB/T 2541、GB 1995
硫含量(质量分数)/%	不大于	0.03(不含 0.03)								GB/T 387、GB/T 17040、SH/T 0689[b]、GB/T 11140、SH/T 0253
饱和烃(质量分数)/%	不小于	90								SH/T 0753
倾点/℃	不高于	-18			-15				-12	GB/T 3535
浊点/℃		—							报告	GB/T 6986
密度(20℃)/(kg/m^3)		报告								GB/T 1884～1885、SH/T 0604
闪点(开口)/℃	不低于	185		200	220	230		240	265	GB/T 3536
蒸发损失[c](质量分数)/%	不高于	15		11	—					SH/T 0059、SH/T 0731
酸值/(mgKOH/g)	不大于	0.01							0.02	NB/SH/T 0836、GB/T 4945、GB/T 7304
氧化安定性(旋转氧弹法)[d](150℃)/min	不小于	300								SH/T 0193
残炭(质量分数)/%	不大于	—			0.05					GB/T 268、GB/T 17144

[a]将油品注入 100mL 洁净量筒中，油品应均匀透明无絮状物，如有争议时，将油温控制在 15℃±2℃下，应均匀透明无絮状物。

[b] 为仲裁方法。

[c] 结果有争议时，以 SH/T 0059 为仲裁方法。

[d] 试验补充规定：1. 加入 0.8%T501。采用精度为千分之一的天平，称取 0.88g T501 于 250mL 烧杯中，继续加入待测油样，至总重为 110g(供平行试验用)。将油样均匀加热至 50～60℃，搅拌 15min，冷却后装入玻璃瓶备用。

2. 建议抗氧剂采用锦州石化公司生产的 2,6-二叔丁基对甲酚(T501)一级品。

3. 试验用铜丝最好使用一次即更换。

表 1-11 HVI Ⅲ基础油技术要求

项目		HVI Ⅲ							
		4	5	6	8	10	12	14	20
									90BS
外观		透明无絮状物							
色度/号		0.5							1.5
运动黏度/(mm²/s)(100℃)		3.5~<4.5	4.5~<5.5	5.5~<6.5	7.5~<9.0	9.0~<11.0	11.0~<13.0	13.0~<15.0	17.0~<22.0
黏度指数	不小于	120							
硫含量(质量分数)/%	不大于	0.03(不含 0.03)							
饱和烃(质量分数)/%	不小于	90							
倾点/℃	不高于	-18				-15			报告
浊点/℃		—							报告
密度(20℃)/(kg/m³)		报告							
闪点(开口)/℃	不低于	185		200	220	230		240	265
蒸发损失(质量分数)/%	不高于	15		11					
酸值/(mgKOH/g)	不大于	0.01							<0.02
氧化安定性 (旋转氧弹法)(150℃)/min	不小于	300							
残炭(质量分数)/%	不大于				0.05				

注：氧化安定性测定时油中加 0.8%T501。

表 1-12　HVI Ⅲ OEM 专用基础油技术要求

项　　目		HVI Ⅲ OEM 专用基础油								试验方法
		4	5	6	8	10	12	14	20	
		—							90BS	
外观		透明无絮状物								目测[a]
色度/号	不大于	0.5							1.5	GB/T 6540
运动黏度/(mm^2/s)	40℃	报告								GB/T 265
	100℃	3.50~<4.50	4.50~<5.50	5.50~<6.50	7.50~<9.00	9.00~<11.0	11.00~<13.0	13.0~<15.0	17.0~<22.0	
黏度指数	不小于	125								GB/T 2541、GB 1995
硫含量(质量分数)/%	不大于	0.03(不含 0.03)								GB/T 387、GB/T 17040、SH/T 0689[b]、GB/T 11140、SH/T 0253
饱和烃(质量分数)/%	不小于	90								SH/T 0753
倾点/℃	不高于	-18			-15				-12	BG/T 3535
浊点/℃		—							报告	GB/T 6986
密度(20℃)/(kg/m^3)		报告								GB/T 1884~1885、SH/T 0604
闪点(开口)/℃	不低于	185		200	220	230		240	265	GB/T 3536
蒸发损失[c](质量分数)/%	不高于	14		9	—					SH/T 0059、SH/T 0731
酸值/(mgKOH/g)	不大于	0.01							0.02	NB/SH/T 0836、GB/T 4945、GB/T 7304
氧化安定性(旋转氧弹法)[d](150℃)/min	不小于	300								SH/T 0193
残炭(质量分数)/%	不大于	—			0.05					GB/T 268、GB/T 17144

[a] 将油品注入 100mL 洁净量筒中，油品应均匀透明无絮状物，如有争议时，将油温控制在 15℃±2℃下，应均匀透明无絮状物。

[b] 为仲裁方法。

[c] 结果有争议时，以 SH/T 0059 为仲裁方法。

[d] 试验补充规定：1. 加入 0.8%T501。采用精度为千分之一的天平，称取 0.88g T501 于 250mL 烧杯中，继续加入待测油样，至总重为 110g(供平行试验用)。将油样均匀加热至 50~60℃，搅拌 15min，冷却后装入玻璃瓶备用。

2. 建议抗氧剂采用锦州石化公司生产的 2,6-二叔丁基对甲酚(T501)一级品。

3. 试验用铜丝最好使用一次即更换。

目前国外通用的基础油为 API 分类(见表 1-13)。

表 1-13　API 基础油分类

类　别	硫含量/%	饱和烃/%	黏度指数
Ⅰ	>0.03	<90	80~120
Ⅱ	<0.03	≥90	80~120
Ⅲ	<0.03	≥90	>120
Ⅳ	聚 α-烯烃(PAO)		
Ⅴ	不包括在Ⅰ~Ⅳ组的其他基础油		

从表 1-13 中数据可看到，目前由溶剂精制加工(物理分离)的基础油属于Ⅰ类油，我国及国外大多基础油生产厂生产的及成品润滑油采用的均为Ⅰ类油；采用加氢处理、加氢脱蜡加工路线生产的基础油为Ⅱ类油；而全加氢路线中用异构化脱蜡工艺生产出来的基础油为Ⅲ类油。Ⅰ类基础油外观颜色较深，Ⅱ、Ⅲ类基础油外观颜色很浅，低黏度的为水白色。

Ⅱ、Ⅲ类基础油生产出来的润滑油质量好，抗氧性能优越，对很多添加剂的感受性好，生产流程短，建装置费用和生产费用与Ⅰ类油持平或更低，同时避免了由于使用溶剂而造成的环保和安全问题。再加上可用生产高黏度指数基础油的原油生产超高黏度指数基础油，用只能生产低或中黏度指数基础油的原油生产高黏度指数基础油，使得新建工厂都采用加氢工艺，连现在用溶剂工艺的工厂也改建或考虑改建加氢工艺，因而基础油中Ⅱ、Ⅲ类特别是Ⅲ类的比例越来越大，Ⅰ类油的比例将逐渐下降。但目前Ⅱ、Ⅲ类油的生产以中、低黏度为主，高黏度基础油仍是Ⅰ类油。

（二）合成基础油

以石油基基础油制成的成品润滑油的性能已能满足绝大部分润滑油的要求，其价格低廉，来源充足，因而目前绝大多润滑油的基础油均采用矿物油型基础油。但是，也有一些润滑条件较特殊，如高温、超低温、核辐射等，采用矿物油型润滑油不能满足要求，要用一些特殊的化合物作基础油加上特殊的添加剂配方，这就是合成油。合成油在润滑油总量中占的比例很少，价格昂贵，但能满足一些工作条件很恶劣的润滑要求(见表 1-14)。

用于矿物油的添加剂及其配方大多不能与合成基础油通用，各自有自身的添加剂配方技术。它们用于一些特殊用途，如高温润滑剂、抗辐射润滑剂，而且有的生物降解性好，有的有节能降噪音效果，有的氧化稳定性及热稳定性优越，可做成能满足各种特殊要求的润滑剂。

表 1-14　主要合成油简介

化合物	简　称	性能特点	价格比①
聚烯烃合成油	PAO，PIO	黏度指数高，倾点低，全面性能好于矿物油	3~4
酯类油	POE	不同酯类的某些特性，如热稳定、低温流性等好	4~6
醚类油	PAG	摩擦系数低，高温下分解无沉积物	3
磷酸酯		阻燃，抗磨，电绝缘	4~5
聚苯醚		抗辐射，高温稳定性好	8~10
硅化物		高温稳定性好，绝缘好，蒸气压低	4~6
聚丁烯	PIB	热稳定，消烟	2~3
烷基苯	BA	倾点低，电绝缘	1~3
氟化物		高温、低温稳定性好	50

① 价格比是与矿物油价格的比值，较详细的性能对比见表 1-15。

（三）环境友好型基础油

环境友好型基础油一般是指具有好的生物降解性能、好的再生性能和低毒的基础油。

随着环境保护在国民经济中地位的不断提高，因润滑油所造成的环境污染已引起人们的日益重视，再加上矿物型润滑油资源的不断减少，使得开发可以生物降解、可再生和低毒等的环境友好的绿色润滑油的努力在不断加强

环境友好的润滑油首先要求其性能应满足机械设备运转的要求，同时使用后要有好的生物降解性，无毒，原料能由人为生产而无需依赖地球开采。

能满足上述条件的主要是动植物油酯和某些化合物。天然植物油大多具有好的黏温性能，其摩擦系数优于矿物油，但黏度范围窄，低温流动性差，高温性能和抗氧性差，很多品种与矿物油及其添加剂不相容，很难直接用作润滑油，目前仅用作某些特定加工过程的专用润滑剂。

目前的工作一是开发有关评定方法，如评定润滑剂生物降解性能、毒性等；二是对天然植物油作化学改性的探索。其进展情况见表 1-16，部分供应商见表1-17。

表 1-15　矿物油与合成油的性能比较

（1）性能比较

品种＼项目	黏温性	倾点	黏度范围	氧化稳定性	热稳定性	蒸发损失	抗燃闪点	水解稳定性	腐蚀保护	密封件相容	油漆相容	与矿物油溶解	与添加剂溶解	润滑性	毒性	生物降解性	价格
矿物油	4	5	4	4	4	4	5	1	1	3	1	—	1	3	3	4	—
聚异丁烯	5	4	5	4	4	4	5	1	1	3	1	1	1	3	1	5	3~5
聚 α-烯烃	2	1	2	2	4	2	5	1	1	2	1	1	2	3	1	5	3~5
烷基苯	4	3	3	4	4	3	5	1	1	3	1	1	1	3	5	5	3~5
聚乙二醇	2	3	3	3	3	3	4	3	3	3	4	5	4	2	3	5	6~10
聚氟醚	4	3	1	1	1	1	1	1	5	1	2	5	5	1	1	5	500
聚苯醚	5	5	5	2	1	3	4	1	4	3	4	3	2	1	3	5	200~50
二羧酸酯	2	1	2	2/3	3	1	4	4	4	4	4	2	2	2	3	2/1	4~10
季戊烷聚酯	2	2	2	2	2	1	4	4	4	4	4	2	2	2	3	2/1	4~10
三芳基磷酸酯	5	4	2	2	2	2	1/2	4	4	5	5	4	1	1	4/5	2	5~10
三烷基磷酸酯	1	1	3	4	3	2	1/2	3	4	5	5	4	1	3	4/5	2	5~10
硅　油	1	1	1	2	2	2	3	3	3	3	3	5	5	5	1	5	30~100
硅酸酯	1	2	1	2	3	3	4	4	5	3	4	4	3	4	4	4	20~30
硅　烃	2	3	2	3	2	2	4	1	1	2	1	1	3	3	2	5	30~70
氟氯烃	4	3	5	1	2	3	1	2	5	4	3	5	5	1	2	5	300~400
环磷酸酯流体	5	3	4/5	3	3/4	3	1/2	3	3	3/4	3/4	5	4	2/3	2	—	30~50
二烷基碳酸酯	3	3	2	2	3	4	3	3	1	3	2	2	2	2	1	1	4~10
烷基环戊烷	3	3	1	2	4	1	5	1	1	2	1	1	3	3	1	5	3~8
PAMA/PAO 共聚物	2	2	2	2	3	1	4/5	2	2	1	1	1	1	2	1	4/5	5~10
菜籽油	2	3	3	5	4	3	5	5	1	4	4	1	3	1	1	1	2~3

1—最好；2—较好；3—中等；4—较差；5—最差

（2）优缺点比较

品　种	优　点	缺　点
聚异丁烯	有多种黏度，无腐蚀，无毒，燃烧无残渣，润滑性好，易与矿物油和合成烃混溶	中等氧化稳定性，挥发性高，中等低温流动性，黏温性能差
聚 α-烯烃	有多种黏度，倾点低至-60℃，低挥发性，加抗氧剂后热和氧化稳定性好，黏温性好，与矿物油和酯类无限混溶，摩擦行为好，抗腐蚀，水解好，无毒，密封相容好，价格适中	与许多密封件中等相容，擦伤和磨损保护差于矿物油、聚乙二醇和酯类，极压抗磨剂溶解性中等，无生物降解性
聚乙二醇	能有多种黏度，黏度指数高，高载荷能力，钢/磷青铜接触的摩擦行为好，加抗氧剂后氧化稳定性好，工作温度250℃以上，低倾点，无腐蚀，无毒，生物降解	与矿物油和合成烃混溶差，添加剂溶解性和感受性中等，黏压行为比矿物油差，只在水溶解后才能抗燃，只对部涂料和密封件有相容性
聚氟醚	优秀的热和氧化稳定性，低挥发，工作温度范围宽，承载能力强，抗燃，对密封件等相容好，低温流动性好	中等黏温性，表面张力低，湿润慢，腐蚀保护差，与添加剂和油混溶差，价高
聚苯醚	热和氧化稳定性最高，化学稳定性好，润滑性好，低挥发，与添加剂和油溶混性好，优秀水解性	只有几个黏度级，低温流动性最差，黏度指数为负，中等相容性，中等抗腐，与聚氟醚、硅油和聚乙二醇不溶，价高
双酯，聚酯	加抗氧剂的热和氧化稳定性比矿物油好，工作温度高，低倾点，黏温性好，与矿物油及大多合成油混溶，润滑性好，无毒，很多能生物降解，价格适中	仅有几个低黏度级，与很多密封材料相容差，水解稳定性差，中等腐蚀保护
磷酸酯	抗燃，含抗氧剂时氧化稳定性好，低温流动性好，润滑性好，三芳酯无毒，生物降解	黏温性差，易水解，中等腐蚀保护，仅与 FPM 相容，与矿物油不溶
硅　油	有多个黏度级，黏温性好，低倾点，低挥发，高闪点，与其他材料相容性好，抗腐和水解与矿物油类似，高化学稳定，电绝缘好，低表面张力，易湿润	润滑性差，承载力差，无法用添加剂改善，与矿物油及大多合成油不相混
PAMA/PAO 共聚物	黏度指数高，低挥发，低倾点，氧化稳定性好，密封件相容性好，与矿物油和添加剂溶解好，无毒	抗燃差，无生物降解，有限的黏度级，价高

表 1-16 可生物降解润滑剂进展历程

时 间	内 容
1975	合成酯类舷外机油
1976~1979	建主生物降解评定方法 CEC-L-33T-82
1985	液压油及链锯油
1989	德国链锯油"蓝色天使"标准颁布
1991	"蓝色天使"颁发给开放系统油
1992	可生物降解发动机油和拖拉机传动液
1994~1995	可生物降解液压德国标准颁布
~现在	对植物油作化学改性，某些可生物降解合成酯的应用等

表 1-17 化学改性植物油基润滑剂的部分供应商

公 司	润滑剂	制造地点	品 牌
Mobil	1，2，4	欧/美	Mobil EAL
Enviromental Lubricants Manufacturing，Inc，Iowa	1，2，3，6，7，8	美	SOYTrak，Soyeasy
Texaco	2	美/比	Biostar
Penewaable Lubricants	1，2，5，6，7，8，9，10，11	美	Biogrease/oil
Pennziol(Shell)	2	美	Ecolube
Fuchs	1，2，6，8	美/欧	Locolub eco
Cargill industrial&Lubricants	2，3，6，7，8	美/欧/日	Novus

注：1—脂，2—液压液，3—切削油，4—冷冻油，5—传动液，6—齿轮油，7—金属加工油，8—链条油，9—汽轮机油，10—真空泵油，11—曲轴箱油。

（四）几类基础油优缺点比较及发展趋势

1. 几类基础油优缺点比较

按物理分离原理生产的Ⅰ类油，其性质依赖原油性质，现最适于作润滑油基础油的石蜡型低硫原油日趋减少，很难满足润滑油生产的需求，同时生产过程中需大量的糠醛、苯类及丙酮等低毒和易燃溶剂，对环保和安全不利；Ⅱ类和Ⅲ类基础油从化学改性的角度，以生产适合润滑油性能要求为目标，更适用于生产更优质的润滑油产品，用时扩大了生产原料来源，随着生产规模的扩大，其成本会更有优势。下面对几种基础油的性质进行比较。

① 理化指标比较，见表 1-18。从表中看出，作为优质润滑油基础油，黏度指数、闪点、倾点、低温黏度、挥发性等Ⅰ类油都比Ⅱ、Ⅲ、Ⅵ类油差得多，Ⅲ类油很多指标与Ⅳ类很接近，但低温性能有明显差距，氧化安定性也稍低。

表 1-18　几种 150SN 基础油理化指标比较

项　目 \ 基础油类别	Ⅰ	Ⅱ	Ⅲ	Ⅳ
黏度(40℃)/cSt	30.1	29.6	32.5	31.1
黏度(100℃)/cSt	5.1	5.1	6.0	5.9
黏度指数	95	99	133	135
闪点/℃	216	222	234	240
倾点/℃	-12	-12	-15	-60
CCS(-20℃)/cP	2100	2000	1230	900
硫/ppm	5800	300	<10	<10
氮/ppm	12	4	<1	<1
NOACK 挥发性(质量分数)/%	17.0	16.5	7.8	7.0
备注	溶剂精制	加氢精制	加氢异构化	PAO

注：1cSt = 1mm²/s；1cP = 10^{-3}Pa·s；1ppm = 10^{-6}。

② 基础油对 MACK T-8 烟炱筛选试验影响，如图 1-4 所示。

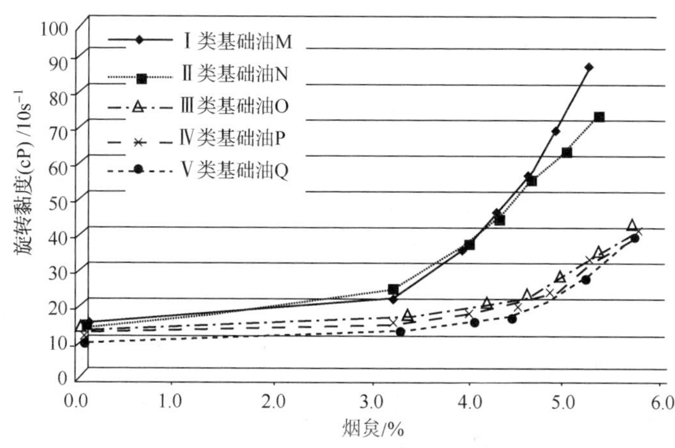

图 1-4　MACK T-8 台架试验中油中烟炱含量与所用基础油的关系

③ 基础油对 ISO32 液压油配方的氧化性能的影响，见表 1-19 和表 1-20。从表中看出：在相同添加剂配方下，Ⅰ类油的抗氧性能比Ⅱ、Ⅲ、Ⅳ类油差得多，Ⅰ类油对抗氧剂的感受性较差。

表 1-19　基础油对 ISO 32 液压油配方的氧化性能的影响

基础油	Ⅰ	Ⅱ	Ⅲ	Ⅳ	Ⅰ	Ⅱ	Ⅲ
UOT 氧化 170℃时 2mgKOH/h	100	115	145	148			
RBOT/min					105	400	620

表 1-20　基础油协议指标中各类基础油化安定氧性能比较

类　级	MVI，HVI Ⅰa		HVI Ⅰb，Ⅰc			HVI Ⅱ		HVI Ⅱ⁺	HVⅢ，OEM
	75～400	500～900	60～400	500～750	90BS～150BS	2～8	10～30	4～20	4～20
旋转氧弹法/min　≮	180	130	200	180	150	280	250	280	300

注：旋转氧弹法温度为 150℃，试验时基础油+0.8%T501 为试验油。

④ 用合成基础油的成品油有更长的使用寿命。延长时间的台架试验和行车试验对比如图 1-5～图 1-9 所示。从图中看出，以 PAO 合成油为基础油作 SYN-DEO 油的表现：

a. 把 IIIE 标准试验时间从 64h 延长 6 倍至 368h，黏度增长远低于合格值(≯375%)(见图 1-5)。

b. 马克 T-8 由于烟炱造成黏度增长远低于参比油 TMC-1004(见图 1-6)

c. 马克 T-7(标准 150h)延长试验时间 3 倍至 400～450h，黏度上升值远低于标准合格值(见图 1-7)。

d. NTC-400 试验时间延长 2 倍，机油耗仍低于标准合格值(见图 1-8)。

e. 二种机型(底特律 60 系列和康明斯 N14-430E)行车试验表明机油耗低于 CF-4 和 CG-4 参比油(见图 1-9)。

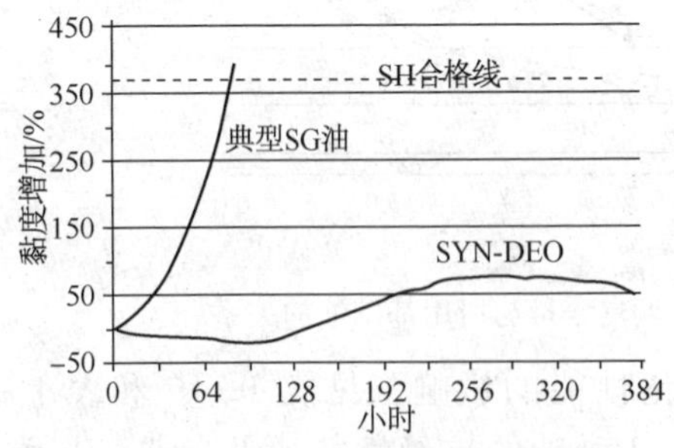

图 1-5　延长 IIIE 时 SYN-DEO 黏度增长

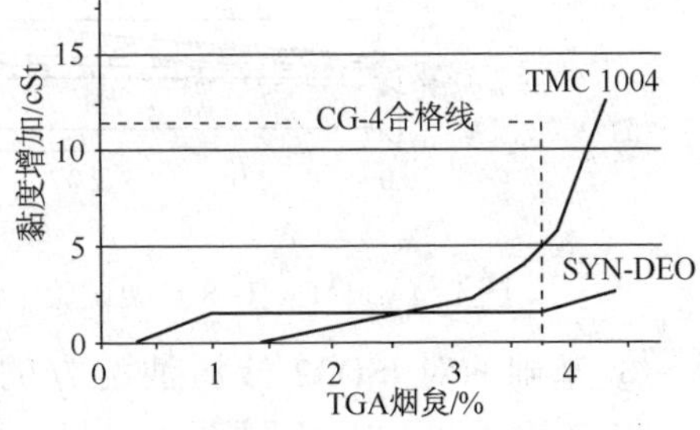

图 1-6　马克 T-8 黏度增加与参比油对比

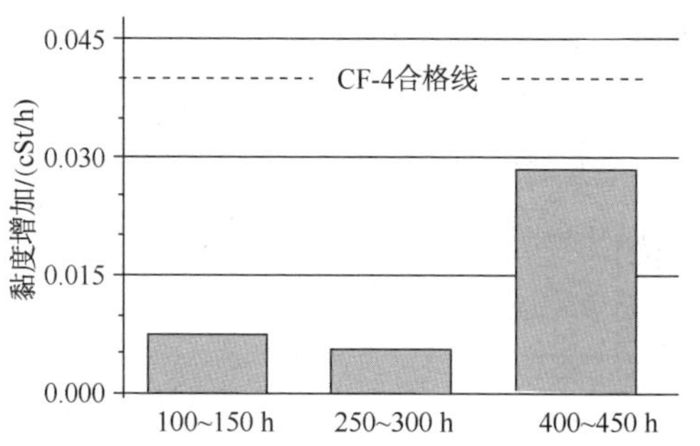

图 1-7　马克 T-7 延长时间时黏度增长

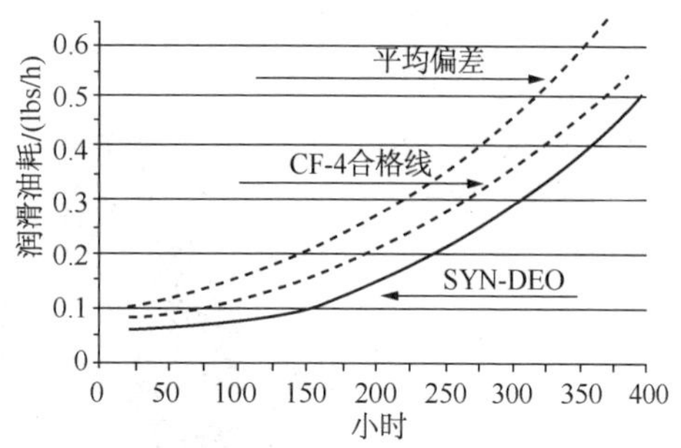

图 1-8　NTC-400 延长 2 倍时间的油耗比较

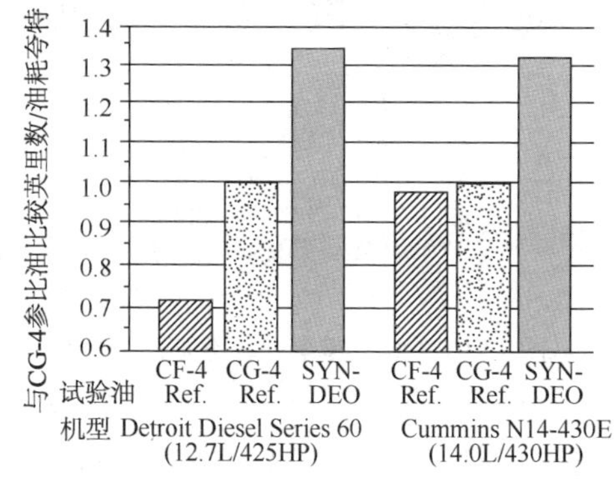

图 1-9　行车试验机油耗比较

⑤ 按目前Ⅱ、Ⅲ生产工艺，易于生产低黏度基础油，难生产高黏度基础油，如何通过加氢工艺生产高黏度基础油是今后要解决的问题。

2. 发展趋势

从图 1-10 可以看到，2012 年时Ⅰ类油产量占优势，但西欧和亚太的Ⅱ类油即将追平。

从表 1-21 可以看出 2014 年各类基础油的动态。

表 1-21　2005~2014 年全球基础油结构及动态

类　别	2005 年/%	2014 年/%	增长/%
Ⅰ	65	45	-30.77
Ⅱ	16	31	93.75
Ⅲ	5	11	120
环烷基	11	9	-18.8
再生油	2	4	100
总产能/(10^4t/a)	4987.33	5604.22	12.33

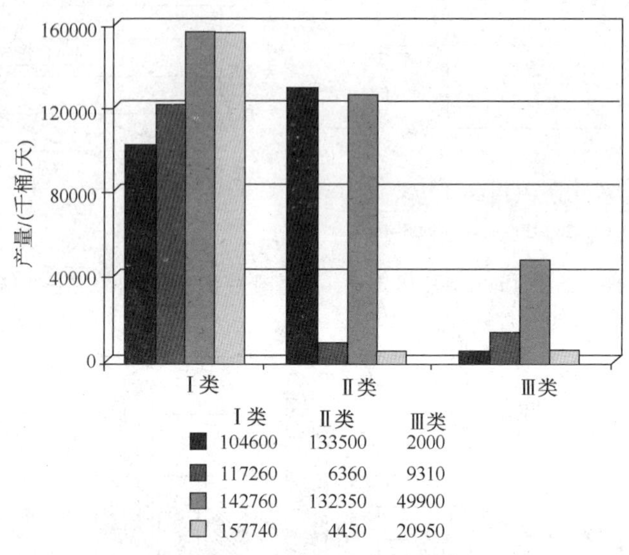

图 1-10 2012 年全球各类基础油产量

综上所述，通过加氢工艺生产的Ⅱ、Ⅲ类油和 Pao 合成油的全面性能比Ⅰ类油优秀得多，更能作为高性能润滑油的基础油，Ⅱ、Ⅲ类油的生产成本与Ⅰ类油在同一档次，随着生产规模的扩大，Ⅱ类油的成本会更低。因此Ⅱ、Ⅲ的需求及产品将继续提高，Ⅰ类油的占有率将不断萎缩，已有一些工厂将生产Ⅰ类油的"老三套"工艺改为生产Ⅱ、Ⅲ类油的加氢工艺。

二、添加剂

（一）添加剂主要品种

选用合适的基础油调成需要的黏度后，再加上相应的添加剂，就可以制成各种不同品种和不同档次的成品润滑油。在保证基础油的质量后，添加剂的质量及它们之间的配比，决定了成品润滑油的品种、质量和档次，因此添加剂是润滑油极重要的组分，也是高技术含量的核心。我国对润滑油的添加剂作了分类和编号，便于生产和使用，其代号为：T-×××，T 代表添加剂，头一个数字代表类别，现分为 1~9，后二个数字为顺序号，从添加剂问世先后命名。润滑油添加剂概况如表 1-22 所示。

表 1-22　润滑油添加剂简况

代　号	类　　别	作　　用	化合物品种	主要应用对象
T-1	清净分散剂	减少沉积物	磺酸钙，硫磷钡，水杨酸钙，丁二酰亚胺，硫化烷基酚钙	内燃机油
T-2	抗氧抗腐剂	抗氧抗腐抗磨	二烷基二硫代磷酸盐	内燃机油，工业用油
T-3	极压抗磨剂	极压抗磨	硫、磷、氯化合物	工业用油
T-4	油性剂	改善摩擦	硫化脂肪类	工业用油
T-5	抗氧剂	减缓氧化	酚盐和胺盐	工业用油
T-6	增稠剂	增加黏度，提高黏度指数	聚异丁烯，乙丙共聚物，聚苯乙烯共聚物，聚甲基丙烯酸酯	内燃机油，工业用油
T-7	防锈剂	阻止锈蚀	石油磺酸钡、钠，烯基丁二酸	防锈油脂
T-8	降凝剂	降低倾点	聚烯烃，聚丙烯酸酯	内燃机油，工业用油
T-9	消泡剂	减少泡沫	二甲基硅油，聚醚	内燃机油，工业用油
其他	染色剂、破乳剂、橡胶溶胀调节剂等			

表 1-22 中为量大面广的添加剂，还有一些专用的特殊化合物作添加剂用，如用于金属加工液的乳化剂、防霉剂、螯合剂等，将在谈到各个油品种时作介绍。

内燃机油、液压油和齿轮油占润滑油总量的一半以上，在它们的规格中除了有必要的理化指标外，还有大量的机械台架试验，这些试验费用大、时间长，给润滑油生产商开展添加剂配方研究造成很大困难。20 世纪 90 年代后各添加剂生产商除了生产添加剂外，还进行配方研究，它们把通过了规格试验的配方制成复合添加剂作为商品，润滑油生产商只需购来这些复合剂按要求的加入量与基础油调合成成品润滑油即可，大大节省了做配方研究的时间和费用。现在各润滑油生产商绝大多数采用复合添加剂生产上述三大类润滑油。

添加剂的使用有较高的技术含量。例如，某二种添加剂共用可能有增效作用，而某二种添加剂共用也可能有减效作用。很多添加剂有一最佳加入量，并非越多越好。有的添加剂还对不同基础油有感受性问题，都要进行大量的试验研究。下面对这些添加剂进行简要的介绍。

1. 清净分散剂

清净分散剂亦可细分为清净剂、分散剂，它是润滑油添加剂中使用量最大和最主要的添加剂之一，更是发动机油必需的添加剂。

发动机在工作过程中，其内部总会出现一些污垢。这些污垢主要是燃料（甚至包括部分进入燃烧室的发动机油)的不完全燃烧产物，以窜气形式通过活塞环及缸壁的间隙，进入曲轴箱和发动机油箱；另一部分则是润滑油在发动机内苛刻的工况条件下生成的氧化产物，它们以漆膜、积炭和油泥的形式吸附于活塞上，并黏附、沉积于曲轴箱和机油箱。

清净剂在高温运转条件下能够防止或抑制机油氧化而生成沉积物，并且能把在活塞及汽缸壁上形成的漆膜和积炭“洗涤”下来，从而使发动机内部表面保持清洁。

分散剂能够吸附在较低的运转温度下形成的油泥，防止其凝聚成油泥沉积物，并使其分散开来，悬浮于机油中。这时虽然机油的颜色会变深(黑)，但却不会堵塞机油管路和滤清器，也不会使油的黏度上升。

清净剂多半是金属有机化合物，而分散剂则多为不含金属的有机聚合物(即所谓的无灰分散剂)，它们的化学结构都是一些具有长的烃基链的某种酸的盐类物质。从它们的阳离子看，基本上是钙、钡、钠、镁、锌和胺的盐类；从它们的酸的类型来看，又可分为磺酸盐、磷酸盐、硫代磷酸盐、酚盐和水杨酸盐、丁二酸的胺盐(主要是它的酰亚胺)。

此外，清净剂多是高碱性物质。它们不仅具有好的清净性，而且能够中和因燃料燃烧后生成的硫、氮氧化物遇到同时产生的水分所变成的各种酸，从而保护发动机免受这些酸的腐蚀。

2. 抗氧化添加剂

润滑油的抗氧剂类型较多，如酚型、胺型、硫磷酸盐型、硼酸酯型、嗪型等。

抗氧剂按其作用机理，可分为自由基中止型和过氧化物分解型。按其使用温度，又可分为一般抗氧剂和高温抗氧剂。按其应用可分为抗氧防胶剂，用于防止油品在厚油层条件下的氧化；抗氧防腐剂，用于防止油品在薄层条件下的氧化。

3. 降凝剂

油品发生凝固有两方面的原因：一是油品随着温度的下降，黏度不断增加，温度下降到一定程度，也就是黏度增大到使油品很难流动时，就可以说是“凝固”了。另一种情况是油品常常在黏度增大到很难流动之前，就由于其中所含的蜡在温度下降时不断析出并呈片状和针状结晶，在油中相互连接而形成三维网状结构，吸附和包住了那些仍能流动的油，造成了油品整体上的凝固。可以说，油品的凝固经常是由于其中蜡的结晶而造成的。

为了得到低凝点的润滑油，通常采用两种方法：一种方法是进行深冷脱蜡，但这会减少基础油的收率，加工费用大，也可能使油品的某些性能变差；另一种方法就是采用降凝剂来降低油品的凝固温度。降凝剂的作用是它吸附于油中蜡的表面上，改变蜡结晶的增长方向，阻止其网状结构的增长，破坏结晶的结构，使之成为微小的、不影响油品流动的结晶。常用的降凝剂有：烷基萘、聚甲基丙烯酸酯、聚 α-烯烃等。

4. 黏度添加剂(黏度指数改进剂)

黏度添加剂加入油后，可以增加油品的黏度，也可以改善油品的黏温性能。因此，人们通常称黏度添加剂为增黏剂，但更准确的名称应该是黏度指数改进剂。

黏度指数改进剂都是一些油溶性适度的链状高分子聚合物。它在油中成不规则的线团状，就像棉纱球一样，并随着所用基础油的种类及所受温度的不同，其分子可采取线状伸胀或收缩的状态存在。比如，当温度上升、基础油黏度下降时，黏度添加剂在油中的溶解度增大，棉纱状的聚合物松开，体积变大，从而增加了油品流动的阻力，也就意味着增加了油品的黏度，起到了增加黏度指数的作用。

应注意的是，黏度添加剂存在一个机械剪切稳定性和热剪切稳定性的问题。这些高分子聚合物在机械剪切力或热应力下会断链而使相对分子质量下降，从而降低增黏能力，一般说来，相对分子质量越大其抗剪切能力越差。

目前常用的黏度添加剂有：聚异丁烯(PIB)、乙烯-丙烯共聚物(OPC)、聚乙烯基正丁基醚和苯乙烯共取物、聚甲基丙烯酸酯(PMA)等。

5. 油性添加剂

在低温轻载荷的运转条件下摩擦副处于流体润滑状态时，仅靠润滑油的黏性(油品黏度的体现)就可满足其润滑要求。但当负荷、温度增大时，两个作相对摩擦运动的金属表面则不易保持流动润滑，而呈边界润滑状态。因此，润滑油的润滑性能几乎完全和黏度无关，而主要取决于润滑油“油性”的好坏。通常认为“油性”是由于润滑油中极性化合物的吸附而产生的一种减少摩擦和磨损的效果。

这种极性化合物，我们称它为油性剂。油性剂多数都是由长链烃和极性基团组成。它的极性基团能与摩擦金属表面发生物理或化学的吸附(脂肪酸类化合物能和金属表面发生化学吸附，形成暂时性的脂肪酸金属皂)，形成比较坚固而致密的单分子或几个分子的薄层，使金属之间的滑动具有很低的摩擦系数，并降低磨损。

但是，油性剂一般只能在载荷和冲击振动不很大、温度不很高的条件下有效果，而当摩擦部件的温度达到 150℃、载荷接近 25MPa 时会脱附而失去油性作用，因此应采用极压抗磨剂解决问题。

油性剂多是一些长链脂肪酸，如油酸、硬脂酸，或是油醇等高级醇、胺、酯、硫化油脂、卤化油脂等。

6. 极压抗磨剂

极压抗磨剂是一种能在油性剂已失效的苛刻条件下起到润滑作用的添加剂。该添加剂在高温、高速、高载荷或低速、高载荷、冲击载荷时，一般能放出活性元素与金属表面起化学反应，形成低熔点、高塑性的反应膜。反应膜使金属表面凸起部分变软，减少碰撞时的阻力。同时，由于塑性变形和磨屑填平了金属表面的凹坑，增加了接触面积，降低了接触面的单位负荷，减少了摩擦和磨损。化学反应膜有较高的强度，能承受较重的载荷，可减少磨损，防止胶合、烧结等。目前常用的极压抗磨剂主要是硫、磷、氯等的有机极性化合物。

还有一些有机金属系的极压抗磨添加剂，如铅皂、二烷基二硫代磷酸锌和二硫化钼等。此外，还有一些硼、锡、钛、锗、硅等化合物。它们的作用机理不尽相同，除了上述形成化学反应膜的机理外，有的还会在金属表面形成吸附性很强的“弹性微球膜”而起作用。

7. 防锈剂

所谓“锈”，是由于氧和水的作用，在金属(主要是铁或铁合金)表面生在的水的氧化物，如氢氧化物。水和氧是锈蚀的必要条件。此外，温度的高低、酸度的强弱及其他催化性物质(杂质)的有无也是锈蚀的影响因素。

防锈剂是一种带有极性基的表面活性剂。其作用是：

① 防锈剂能在一定温度下(如100℃以下)优先于其他物质(包括水及其他添加剂)与金属表面牢固吸附，形成隔膜，以防止水分及空气的侵入。

② 使油相中的水滴被防锈剂的乳化层或吸附层溶解，从而防止水分与金属表面接触。

③ 使已在金属表面上吸附的水分，受防锈剂的作用而被防锈油(剂)所置换。

一般润滑油采用的防锈剂主要有以下几种：

① 磺酸盐类，如磺酸钡、钠、钙等。

② 羧酸及其盐类和酯类，如烯基丁二酸及环烷酸、环烷酸锌等。

③ 磷酸及磷酸胺盐。

④ 胺类。

从上述得知，一些酸性物质会加剧金属生锈。但是某些防锈剂也是酸值较高的酸性化合物，如工业润滑油中常用的“T746”烯基丁二酸，其酸值高达300mgKOH/g，它们的酸性不但不会造成金属的锈蚀，而恰恰是起到防锈作用的有效组分。这是判断一个油品防锈性好坏时，应该注意的问题。

8. 防腐蚀剂

防腐蚀剂是用来防止油品本身和油品氧化变质物质，以及防止像极压添加剂那样与金属反应活性大的物质对有色金属的腐蚀。

防腐蚀剂的主要作用，一是钝化酸性物，如一些含氮的化合物或胺类、酚化合物和 ZDDP，它们能与油中能生成腐蚀性物质的活性基因发生反应，从而阻止腐蚀性物质的形成，以防止腐蚀；二是形成金属表面的防腐蚀覆膜，如一些有机硫化物和磷化物，它们能在金属表面形成硫、磷化的金属化合物薄膜，从而起到防止腐蚀的作用。常有一些加有此类防腐蚀剂的油会使金属变色，这是因为防腐蚀覆膜形成的缘故，而非金属被腐蚀。

事实上，上述所提到的防锈剂，在广义上也是防腐剂。

9. 抗泡沫剂

液压油、齿轮油和发动机油的添加剂有很多为表面活性剂。由于循环系统的搅拌而较容易产生泡沫，泡沫造成假液面、液压系统压力不稳、导热差等问题，抗泡沫剂的作用就是破坏泡沫，缩短泡沫存在的时间。作为抗泡沫剂，必须具备如下条件：

① 不溶或难溶于油。

② 应有扩张性、分子间作用力小，和发泡分子有某种程度上的亲和性。

③ 充分分散于油中。

抗泡沫剂的作用原理是：

① 吸附在油的表面上，防止泡沫的产生。

② 附着于部分泡沫膜上或从局部侵入泡沫膜，使泡沫膜的局部表面张力下降或局部膜变薄，然后破裂。从客观上说，就是使小气泡结合成大气泡，在油面上破裂。

③ 破坏泡沫膜固有的稳定性，缩短泡沫的存在时间。

目前最常用和有效的抗泡沫剂是二甲基硅油。但此剂有二个缺点：一是它不溶解在油中而是以极小的颗粒分散在油中，若生产时分散不好或在使用中小颗粒相互碰撞而聚集为大颗粒后就会沉淀下来而失去抗泡作用；二是在消泡的同时会使油品的空气释放能力变差。因此，在对空气释放值有要求的液压油类中使用该剂时要慎重，或使用另外一些对油品空气释放性影响较小的非硅型抗泡沫剂，如丙烯酸酯与醚的共聚物。

（二）复合添加剂

每种成品润滑油都要求各自特定的多方面性能，因此要加入多种品种及配比不同的添加剂，这就是添加剂配方，一方面为了满足特定润滑油的各方面性能要求，要加入不同性能的添加剂，它们之间的比例要达到最佳；另一方面这些添加剂有的可能会相“克”，有的可能有“超加合”效应。因此要使一个配方既满足设备的润滑性能，又要有经济的加入量，需要进行大量的研发和评定，尽可能在保证润滑油性能合格的前提下降低成本，提高润滑油的主要技术含量。

添加剂供应商除了销售他们的各单品种添加剂外，还把产量最大的润滑油如内燃机油、齿轮油、液压油、涡轮机油等的添加剂配方中的主要功能添加剂按配方比例混合后打包供应，这就是复合添加剂。这些复合添加剂经配方研发性能评定等证明符合某特定规格的润滑油品种要求，润滑油供应商只需把复合添加剂按加入量与合格的基础油和辅助添加剂调合后即可生产出性能合格的产品。润滑油供应商使用复合添加剂减少了添加剂配方研发过程，现在市场上很多品牌润滑油商品大多采用复合添加剂进行生产。

由于润滑油添加剂配方研发由添加剂供应商承担，它既要生产单品种添加剂的研发和生产，又要进行润滑油添加剂配方的研发、评定及生产，因此这些公司规模都很大，都是全球性的跨国公司。现全球有四个这类国际性公司，即路博润 Lubrizol、奥纶耐 Oronite、润英联 Infineum、亚夫顿 Afton，也有规模小些专做某些特定润滑油复合剂的公司。

三、成品润滑油的生产

成品润滑油的生产是一个简单的物理混合过程，称为调合工艺。绝大多添加剂有好的油溶性，其过程是先按产品要求的黏度决定基础油的品种和比例，再把添加剂按配方的量加到基础油中加热 60~80℃ 搅拌约 1h 即成成品。取样检验合格后即可进成品油罐或灌装，生产中应注意如下问题：

① 生产不同类型润滑油时，有条件时应各有分开的独立系统，尤其是液压油类和电器用油类，避免被其他油类污染使某些主要指标受影响。若无条件，各品种间切换时应充分冲洗系统，油头油尾不能当产品出厂。

② 严格计量，基础油和添加剂的量必须准确无误。

③ 有些添加剂配方是有加入次序的，必须按工艺要求执行。

④ 某些添加剂油溶性较差或不溶于油，需做特别处理。

⑤ 基础油进入调合罐，调成成品油后进入成品罐，从成品罐出来进行灌装，每一步都应有过滤，尽量提高成品油的清洁度。

⑥ 调合方式多种多样，如清洁干燥空气搅拌、螺旋桨搅拌、静态混合器混合、油泵打循环等都有采用，无需计较哪种形式的优劣而肯定或否定某种调合方式。

⑦ 调合完成后取样分析一些主要指标，合格后方可进入下一步，若某指标

不合格应做重调。

工艺过程为：基础油+添加剂——→加热至 60～80℃，搅拌 60min ——→取油样化验合格后进成品罐——→灌装。

注意：在上述工艺过程中，如加剂量大的油品，应在 60～80℃的温度下搅拌 90min。

第三节　润滑油的基本性能

润滑油是一种技术密集型产品，是复杂的碳氢化合物的混合物，而其真正使用性能又是复杂的物理或化学变化过程的综合效应。润滑油脂的基本性能包括一般理化指标、性能指标和模拟台架试验指标。这些性能的指标数据会出现在产品的规格及质量检验报告中，我们应认识这些指标的意义，从而判断产品的质量及变化后对使用的影响。

一、一般理化指标

每一类润滑油脂都有其共同的一般理化性能，以表明该产品的内在质量。对润滑油脂来说，一般的理化性能如下。

1. 外观(色度)

对于基础油来说，油品的颜色往往可以反映其精制程度和稳定性。一般精制程度越高，其烃的氧化物和硫化物脱除得越干净，颜色也就越浅。黏度越高，颜色也越深，但是，不同油源和原油所生产的基础油，即使精制的条件相同，其颜色和透明度也可能是不相同的。不能仅凭颜色的深浅判别基础油的精制深度。

对于新的成品润滑油，由于各添加剂公司采用的技术不同，添加剂产品颜色深浅不同，颜色作为判断基础油精制程度高低的指标已失去了它原来的意义。因此，大多数的润滑油已无颜色的要求，只要能满足使用要求，颜色深浅都可以。

2. 密度

密度是润滑油最简单、最常用的物理性能指标。润滑油的密度随其组成中含碳、氧、硫的数量的增加而增大，因而在同样黏度或同样相对分子质量的情况下，含芳烃胶质和沥青质多的润滑油密度最大，含环烷烃多的居中，含烷烃多的最小。此指标一般用作体积和重量的换算，并无表示质量上的意义。

3. 黏度

黏度反映油品的内摩擦力，是表示油品油性和流动性的一项指标。黏度越大，油膜强度越高，在金属表面的黏附性越好，但流动性越差。润滑油的黏度一般有两种表示方法，一种是运动黏度，单位为 mm^2/s，工业润滑油一般测其40℃时的黏度，内燃机油和车辆齿轮油测其100℃时的黏度，采用低剪切力的毛细管黏度计测量；另一种为动力黏度，单位为 mPa · s，表示内燃机油和齿轮油等低温流动特性，测量温度由产品规格指定，采用高剪切力的旋转黏度计测量。很多润滑油产品以其运动黏度作为产品牌号。

4. 黏度指数

黏度指数表示油品的黏度随温度变化的程度。黏度指数越高，表示油品的黏度受温度的影响越小，其黏温性能越好，反之越差。一般石蜡基基础油的黏度指数大于90。

5. 闪点

把油加热使油蒸发，对其蒸气与空气混合物点火，能点着时的油温度为闪点，闪点是表示油品蒸发性的一项指标。油品的馏分越轻，蒸发性越大，其闪点也越低。同时，闪点又是表示石油产品着火危险性的指标。油品的危险等级是根据闪点划分的，闪点在45℃以下为易燃品，45℃以上为可燃品，在油品的储运过程中严禁将油品加热到它的闪点温度。在黏度相同的情况下，闪点越高越好。因此，用户在选用润滑油时应根据使用温度和润滑油的工作条件进行选择。一般认为，闪点比使用温度高20~30℃，即可安全使用。

有两种闪点，开口闪点是在敞开条件下测定，闭口闪点是在密闭条件下测定，一般易挥发性油品测其闭口闪点，而润滑油类绝大多数测其开口闪点。

6. 凝点和倾点

凝点是指在规定的冷却条件下油品停止流动的最高温度。油品的凝固和纯化合物的凝固有很大的不同。油品并没有明确的凝固温度，所谓“凝固”只是作为整体来看失去了流动性，并不是所有的组分都变成了固体。

润滑油的凝点是表示润滑油低温流动性的一个重要质量指标，对于生产、运输和使用都有重要意义。凝点高的润滑油不能在低温下使用。相反，在气温较高的地区则没有必要使用凝点低的润滑油。因为润滑油的凝点越低，其生产成本越高，盲目使用凝点低的润滑油会造成不必要的浪费。一般来说，润滑油的凝点应比使用环境的最低温度低5~7℃。但特别还要提及的是，在选用低温的润滑油时，应结合油品的凝点、低温黏度及黏温特性全面考虑。因为低凝点的油品，其低温黏度和粘温特性亦有可能不符合要求。

倾点表示在降温时被冷却油品能流动的最低温度。

凝点和倾点都是油品低温流动性的指标，两者无原则的差别，只是测定方法稍有不同。同一油品的凝点和倾点并不完全相等，一般倾点都高于凝点 2～3℃，但也有例外。我国 20 世纪 70 年代前的润滑油规格都采用凝点表示油品的低温流动性，而欧美都采用倾点作低温流动性指标，而后我国的润滑油规格都已从凝点改为倾点(少数老产品除外)。

7. 酸值、碱值和中和值

(1) 酸值

酸值是表示润滑油中含有酸性物质的指标，单位为 mgKOH/g。酸值分强酸值和弱酸值两种，两者合并即为总酸值(简称 TAN)。我们通常所说的“酸值”实际上是指“总酸值(TAN)”。

(2) 碱值

碱值是表示润滑油中碱性物质含量的指标，单位是 mgKOH/g。碱值亦分强碱值和弱碱值两种，两者合并即为总碱值(简称 TBN)。我们通常所说的“碱值”实际上是指“总碱值(TBN)”。

(3) 中和值

中和值实际上包括了总酸值和总碱值。但是，除了另有注明，一般所说的“中和值”，实际上仅是指“总酸值”，其单位也是 mgKOH/g。

新润滑油中的酸值、碱值及中和值一般表示油中含酸性或碱性添加剂的多少，常用油的这些指标表示油中残存的这些添加剂的多少或油的老化程度。

8. 水分

水分是指润滑油中含水量的百分数，通常用质量分数表示。

润滑油中水分的存在，会破坏润滑油形成的油膜，使润滑效果变差，加速有机酸对金属的腐蚀作用，锈蚀设备，使油品容易产生沉渣。总之，润滑油中水分越少越好。

9. 机械杂质

机械杂质是指存在于润滑油中不溶于汽油、乙醇和苯等溶剂的沉淀物或胶状悬浮物。这些杂质大部分是砂石和铁屑之类，以及由添加剂带来的一些难溶于溶剂的有机金属盐。通常，润滑油基础油的机械杂质都控制在 0.005%以下(机械杂质在 0.005%以下被认为是无)。

10. 灰分和硫酸盐灰分

灰分是指在规定条件下，灼烧后剩下的不燃烧物质。灰分的组成一般认为是一些金属元素及其盐类。灰分对不同的油品具有不同的概念，对基础油或不加添加剂的油品来说，灰分可用于判断油品的精制深度。对于加有金属盐类添加剂的油品(新油)，灰分就成为定量控制添加剂加入量的手段。

国外采用硫酸盐灰分代替灰分。其方法是：在试样被灼烧灰化后所剩残渣中，加入少量浓硫酸处理，再经煅烧，使添加剂的金属元素转化为硫酸盐。多用于如发动机油等含金属盐类添加剂的油品的灰分检定。

11. 残炭

油品在规定的实验条件下，受热蒸发和燃烧后形成的焦黑色残留物称为残炭。残炭是润滑油基础油的重要质量指标，是为判断润滑油的性质和精制深度而规定的项目。润滑油基础油中，残炭的多少，不仅与其化学组成有关，而且也与油品的精制深度有关。润滑油中形成残炭的主要物质是：油中的胶质、沥青质及多环芳烃。这些物质在空气不足条件下，受强热分解、缩合而形成残炭。油品的精制深度越深，其残炭值越小。一般来说，空白基础油的残炭值越小越好。

现在，许多油品都含有金属、硫、磷、氮元素的添加剂，它们的残炭值很高，因此含添加剂的油品，残炭已失去本来的意义。

油的残炭也包含了灰分，对同一油品其残炭值高于灰分值。

机械杂质、水分、灰分和残炭都是反映油品纯洁性的质量指标，反映了润滑油基础油精制的程度。

二、性能指标

上述指标一般称理化指标，是大多数润滑油共同具备的基本物理化学特性，而与实际使用性能更密切的更能表示各类润滑油特性的还有另外一些性能指标，它们检验起来比上述指标更费人力物力，因而在产品规格中往往作为保证项目，一般称性能指标。以下对这些性能指标作简要介绍。

1. 氧化安定性

氧化安定性说明润滑油的抗老化性能，一些使用寿命较长的工业润滑油都有此项指标要求，因而成为这些种类油品要求的一个特殊性能。

测定油品氧化安定性的方法很多，基本上都是一定量的油品在有空气(或氧气)及金属催化剂的存在下，在一定温度下氧化一定时间，然后测定油品的酸值、黏度变化及沉淀物的生成情况。一切润滑油都依其化学组成和所处外界条件的不同，而具有不同的自动氧化倾向。随使用过程而发生氧化作用，因而逐渐生成一些醛、酮、酸类和胶质、沥青质等物质，氧化安定性则是抑制上述不利于油品使用的物质生成的性能。

2. 热安定性

热安定性表示油品的耐高温能力，也就是润滑油对热分解的抵抗能力，即热分解温度的高低。一些高质量的抗磨液压油、压缩机油等都提出了热安定性的要求。油品的热安定性主要取决于基础油的组成，很多分解温度较低的添加剂往往对油品安定性有不利影响；加入抗氧剂并不能改善油品的热安定性。

3. 油性和极压性

油性是润滑油中的极性物在摩擦部位金属表面上形成坚固的理化吸附膜，从而起到耐高负荷和抗摩擦磨损的作用。而极压性则是润滑油的极性物在摩擦部位金属表面上，受高温、高负荷发生摩擦化学作用分解，并和表面金属发生摩擦化学反应，形成低熔点的软质(或称具可塑性的)极压膜，从而起到耐冲击、耐高负荷、耐高温的润滑作用。

4. 腐蚀和锈蚀

由于油品的氧化或添加剂的作用，常常会造成钢和其他有色金属的腐蚀。腐蚀试验一般是将紫铜条放入油中，在100℃下放置3h，然后观察铜的变化；而锈蚀试验则是在水和水汽的作用下，钢表面会产生锈蚀，测定防锈性是将30mL蒸馏水或人工海水加入到300mL试油中，再将钢棒放置其内，在54℃下搅拌24h，然后观察钢棒有无锈蚀。油品应该具有抗金属腐蚀和防锈蚀作用，在工业润滑油标准中，这两个项目通常都是必测项目。

5. 抗泡性

润滑油在运转过程中，由于有空气存在，常会产生泡沫，尤其是当油品中含有具有表面活性的添加剂时，则更容易产生泡沫，而且泡沫还不易消失。润滑油使用中产生泡沫会使油膜遭到破坏，使摩擦面发生烧结或增加磨损，并促进润滑油氧化变质，还会使润滑系统气阻，影响润滑油循环。因此抗泡性是润滑油的重要质量指标。

泡沫性的测定方法是油品通过空气时或搅拌时发泡体积的大小及消泡的快慢等性能，按GB/T 12579—2002法测定。其方法概要是：将200mL油样放入1000mL量筒内，按(Ⅰ)前24℃、(Ⅱ)93℃、(Ⅲ)后24℃三个程序进行测定。空气通过气体扩散头后产生大量泡沫，每个程序通空气5min(流量94mL/min)，立即记录油面上的泡沫体积，这个体积称为泡沫倾向或发泡体积。停止通气后，泡沫不断破灭，停止通气10min后再记录残留的泡沫体积，这个体积被为泡沫稳定性(或消泡性)。试验结果以泡沫的体积数表示：泡沫倾向(mL)/泡沫稳定性(mL)。

6. 水解安定性

水解安定性表征油品在水和金属(主要是铜)作用下的稳定性。当油品酸值较高，或含有遇水易分解成酸性物质的添加剂时，常会使此项指标不合格。它的测定方法是将试油加入一定量的水之后，在铜片和一定温度下混合搅动一定时间，然后测水层酸值和铜片的失重。

7. 抗乳化性

工业润滑油在使用中常常不可避免地要混入一些冷却水。如果润滑油的抗乳化性不好，它将与混入的水形成乳化液，使水不易从循环油箱的底部放出，从而可能造成润滑不良。因此抗乳化性是工业润滑油的一项很重要的理化性能。一般油品是将40mL试油与40mL蒸馏水在一定温度下剧烈搅拌一定时间，然后观察油层—水层—乳化层分离成40mL—37mL—3mL的时间；工业齿轮油是将试油与水混合，在一定温度和6000r/min下搅拌5min，放置5h，再测油、水、乳化层的毫升数。

8. 空气释放值

液压油标准中有此要求，因为在液压系统中，如果溶于油品中的空气不能及时释放出来，那么它将影响液压传递的精确性和灵敏性，不能满足液压系统的使用要求。测定此性能的方法与抗泡性类似，不过它是测定溶于油品内部的空气(雾沫)释放出来的时间。

9. 橡胶密封性

在液压系统中以各种类型的橡胶做密封件者居多。在机械中的油品不可避免地要与一些密封件接触，橡胶密封性不好的油品可使橡胶溶胀、收缩、硬化、龟裂，影响其密封性，因此要求油品与橡胶有较好的适应性。液压油标准中要求橡胶密封性指数，它是以一定尺寸的橡胶圈浸油一定时间的变化来衡量。

10. 剪切安定性

加入增黏剂的油品在使用过程中，由于机械剪切的作用，油品中的高分子聚合物被剪断，使油品黏度下降，影响正常润滑。测定剪切安定性的方法很多，有超声波剪切法、喷嘴剪切法、威克斯泵剪切法、FZG齿轮机剪切法，这些方法最终都是测定油品的黏度下降率。

11. 溶解能力

溶解能力通常用苯胺点来表示，是油品与等体积的苯胺在互相溶解为单一液相时所需的最低温度。该试验结果可表明油品中芳烃和极性物的含量。

12. 挥发性

基础油的挥发性与油耗、黏度稳定性、氧化安定性有关。这些性质对多级油和节能油尤其重要。

13. 防锈性能

这是专指防锈油脂所应具有的特殊理化性能。其试验方法包括潮湿试验、盐雾试验、叠片试验、水置换性试验，此外还有百叶箱试验、长期储存试验等。

14. 电气性能

电气性能是绝缘油的特有性能，主要有介质损失角、介电常数、击穿电压、脉冲电压等。基础油的精制深度、杂质、水分等均对油品的电气性能有较大的影响。

15. 其他特殊性能指标

每种油品除一般性能外，都应有自己独特的特殊性能。例如，淬火油要测定冷却速度，乳化油要测定乳化稳定性，液压导轨油要测防爬性能(静/动摩擦系数)，喷雾润滑油要测油雾弥漫性，冷冻机油要测絮凝点，低温齿轮油要测成沟点等。这些特性都需要通过基础油特殊的化学组成，或者加入某些特殊的添加剂来加以保证。

三、模拟台架试验

润滑油脂除了应具有好的性能指标外，还应有更能反映其实际使用性能的试验方法，这就是模拟和台架试验。它包括一些发动机试验。通过试验表明其表现良好，才能更放心使用。

具有极压抗磨性能的油品都要评定其极压抗磨性能。常用的试验机有四球机、梯姆肯环块试验机、FZG 齿轮试验机、法莱克斯试验机、滚子疲劳试验机等，它们都用于评定油品的耐极压负荷的能力或抗磨损性能。

评价油品极压性能应用最为普遍的试验机是四球机，它可以评定油品的最大无卡咬负荷、烧结负荷、长期磨损及综合磨损指数。这些指标可以在一定程度上反映油品的极压抗磨性能，但它与实际使用性能在许多情况下均无很好的关联性，因此在产品规格中很少采用。但由于此方法简单易行，做产品配方研究时相对比较方便，因而仍被广泛采用。

在高档的车辆齿轮油标准中，要求进行一系列齿轮台架的评定，包括低速高扭矩、高速低扭矩齿轮试验，带冲击负荷的齿轮试验，减速箱锈蚀试验及油品热氧化安定性的齿轮试验。

评定内燃机油有很多单缸台架试验方法，如皮特 W-1、AV-1、AV-B 和莱别克 L-38 单缸及国产 1105、1135 单缸，可以用来评定各档次内燃机油。目前 API 内燃机油质量分类规格标准中，规定柴油机油用 Caterpillar 单缸及 Mack、Cummins、GM 多缸机在典型的工况及使用条件下进行评定；汽油机油则进行 MS 程序 IID(锈蚀、抗磨损)、IIIE(高温氧化)、VE(低温油泥)等试验。这些台架试验，投资很大，每次试验费用很高，对试验条件如环境控制、燃料标准等都有严格要求，不是一般试验室都能具备评定条件的，只能在全国集中设置几个评定点来评定这些油品。

总之，由于各类油品的特性不一，使用部位又千差万别，因此必须根据每一类油品的实际情况，制定出反映油品内在质量水平的规格标准，使生产的每一类油品都符合所要求的质量指标，这样才能满足设备实际使用要求。

一般情况下，润滑油的理化指标反映了润滑油的基本性能，检验时配置简单、操作省时省力快速，是润滑油质量检验必做的项目。而性能指标的检验设备较贵，有的检验需较长时间，因而有的为必做项目，有的为保证项目(也就是只有变换配方，变换基础油时才做或每1~2年做一次)；模拟和台架试验设备昂贵，配置不普通，试验费用及时间较多，一般都为保证项目。

我国一些常用检验项目的方法编号与国外方法对照如表1-23所示。

表1-23 润滑油常用检验项目的标准对照

名　称	美国ASTM	英国IP	德国DIN	法　国	中　国	国际ISO
相对密度	D941	160	51757	T60101	GB 1884	R91
运动黏度	D455	71	51565	T60152	GB 265	3104
动力黏度	D2983	230	51569	T60152	GB 506	—
黏度指数	D2270	226	—	T60136	GB 1995	2909
倾　点	D97	15	51597	T60105	GB 3535	3016
开口闪点	D92	36	51376	T60118	GB 3536	2592
闭口闪点	D93	34	51758	M07019	GB 261	2719
残　炭	D189	13	51551	T60116	GB 268	6615
硫酸盐灰分	D874	163	51575	T60143	GB 2433	—
酸值,碱值	D974,664,2896	139,177,271	51558(1),51357	T60112	GB 264,SH 0251	6618,3771
水　分	D95	74	51582	T60113	GB 260	3733
抗氧化	D943	54	51587	T60150	GB 12581	4263.2
不溶物	D893	—	51365E	—	GB 8926	4496
馏　程	D85	123	—	—	GB 6535	3405
色　度	D1500	196	—	—	GB 6540	2049
抗泡沫	D892	146	51566E	T60129	GB 12579	6247
抗乳化	D1401	19	51599		GB 7305	6614
防锈性	D665	135	51585	—	GB 11143	—
铜片腐蚀	D130	154	—	—	GB 5096	2160
四球机磨损	D2783	239	51350	—	SH 0189	—

第四节　基础油的若干问题

1. 润滑油的闻味观色

用户对润滑油的质量并无检验手段，但能通过闻味观色了解一些情况。例如目前的各种齿轮油，基本上都加入含硫磷的添加剂，使油具有良好的抗磨极压性能，越是极压性能高的齿轮油含此类添加剂越多，此类添加剂有较浓的硫磺味，因此齿轮油闻起来应有一些硫磺味，使用时温度升高，也会散发这些味道。因此，如果一些所谓齿轮油闻起来无任何味道，则有可能是假冒伪劣品，用户因对此提高警惕。

润滑油的颜色受基础油和添加剂的颜色影响。基础油中的Ⅰ类油的精制深度与颜色有关，精制深度越深，颜色越浅，Ⅱ类和Ⅲ类基本无色透明。添加剂的颜色大多色深，其颜色深度与其性能和质量毫无关系，因此仅凭成品润滑油的颜色深度判断其质量高低是毫无依据的。成品润滑油的标准基本上都不对颜色作规定，因此光凭油的颜色就判断油的好坏是不足信的，只有通过仪器检验才是真实的。

由于需要，某些特定油品会在生产中加入某些染料或香精，使其具有特定的颜色或味道，这也需要用户仔细甄别。

2. 警惕非标基础油制品泛滥市场

表1-6~表1-12是Ⅰ类基础油的行业标准，只有用符合标准的基础油加上各类添加剂，才能生产出质量符合标准的各类成品润滑油。近年来由于基础油的供应较紧张，市面上出现很多所谓“非标基础油”，这些基础油的原料大多是小油田的小炼油厂把原油中的气、煤、柴油蒸馏出来后的重馏分，经硫酸处理除去重芳烃，再用碱中和过量酸制成的“基础油”。这类油由于用硫酸除去重芳烃，因而色浅透明，但按基础油的标准要求，很多指标都不合格，但由于原料便宜、生产过程简单、设备投资少，因而它的唯一优点是价格便宜，成了制造假冒伪劣品的“好原料”。用它作为“基础油”制造润滑油，有如下问题：

① 由于它无分馏过程，因此馏分范围非常宽，使用时产生积炭多，油耗大。

② 由于无脱蜡过程，它的倾点高，低温下会混浊或凝固，低气温下油在机器中流动性差。

③ 它的原料来源杂乱，大多黏度指数很低，黏温性能差，高温下变得很稀，低温下变得很稠，合格基础油的黏度指数在90以上，而非标基础油大多低于50以下。

④ 由于它是酸精制，产物的酸性大，一般酸值为2.0mgKOH/g(合格基础油

此值在 0.05mgKOH/g 以下)，这种高酸值润滑油在使用中会大大腐蚀机器中的各种金属特别是有色金属，使机器磨损加速，间隙增大，效率下降，油耗加大，直至寿命缩短。

可以说，用非标基础油生产出来的成品润滑油，都是不合格的润滑油。

使用非标基础油生产的润滑油在使用中对设备产生很大危害，说它是设备的慢性毒药也不为过，请广大用户切勿因贪图价格便宜而使用此类润滑油，润滑油价格便宜虽然给你减少了若干成本，但对比因此而使设备效率下降、油耗增加、故障增加，导致维修费用增加，缩短设备使用寿命所带来的成本增加，得不偿失。

为了更具体说明非标基础油的危害，在茂名市场随机抽取 5 个非标基础油，其理化指标如表 1-24 所示。

表 1-24　几种非标基础油理化数据对比

项　　目	1 号 非标油	2 号 非标油	3 号 非标油	4 号 非标油	5 号 非标油	Ⅰ类 MVI 基础油标准	液压 油标准
40℃黏度/cSt	95.15	93.17	274.2	69.87	131.0	90~110	
100℃黏度/cSt	7.310	7.529	13.88	7.068	9.049		
黏度指数	-33	-10	-12	32	-12	60	≮90
倾点/℃	-8	2	5	20	20	-5	-6
酸值/(KOH/g)	0.14	1.64	1.4	3.63	4.83		
氧化安定性/min	19	24	26	27	26	130	

注：氧化安定性采用旋转氧弹法：150℃。采用基础油+0.8%T501 进行测定。

从表 1-24 中可以看出，非标基础油的黏度指数、倾点、氧化安定性等与要求最低的 MVI Ⅰ类油标准比较，相差巨大，根本不能用作基础油，尤其是氧化安定性太差，酸值太大，新油的酸值已远高于一些油的报废指标(一般涡轮机油≯0.4；液压油≯0.3)。

总地说来，用非标基础油或含部分非标基础油不能生产合格的成品润滑油，这类润滑油不能保证设备润滑，只能增加磨损，造成异常故障，缩短设备使用寿命。因此，切莫贪图便宜使用含该类基础油的润滑油产品，否则结果是得不偿失。

非标基础油的简单鉴别法：①把油品放置在电冰箱的冷藏格(3~5℃)，很多非标油会凝固或浑浊，而合格品一般倾点在-10℃以下，不会凝固；②把油滴在 pH 试纸上，非标油呈酸性，而合格品为中性或微碱性；③若是液压油，往油中加少量蒸馏水，摇晃后静置，很多非标油会乳化或浑浊，而合格品会油水分离。

第二章　内燃机油

内燃机是国民经济各行业的主要动力机械之一，随着经济的发展，它在人民生活中也占有越来越重要的地位。内燃机润滑油的消耗量占润滑油总量的一半左右。随着环保和节能的立法及其法规指标的日趋严格，促使内燃机不断改进以符合法规的要求。改进了的内燃机使内燃机润滑油的工作条件越来越苛刻，对内燃机油性能提出新要求，环保和节能的趋势成了内燃机油不断升级换代的主要动力。这就是为什么在各种润滑油中内燃机油的研究最为活跃，升级换代的速度最快的主因。

第一节　内燃机油的主要性能要求和检测指标

一、内燃机的基本构造

内燃机的作用是把汽油或柴油雾化后与空气混合点火或压燃后爆发而产生动力，其主要的机构如表 2-1 所示。

表 2-1　内燃机的基本构造

机　　构	组　　成
机　体	内燃机的主体，支承整机，安装辅助系统，汽缸体，缸盖
曲轴-连杆	活塞组，连杆，曲轴，轴承，平衡组件
配　气	凸轮及其随动件，进排气阀
燃料供给	汽油机有油泵和汽化器或喷嘴；柴油机有油压，油管和喷嘴，滤清器
点火系统	汽油机的分电盘或电子点火装置，火花塞
冷却系统	冷却水泵，散热器
启动系统	电启动器等
润滑系统	机油泵，滤清器，油管

二、内燃机油的主要性能要求

1. 合适的黏度和黏温性能

内燃机的转速高，负荷大，要保证正常运转，需要合适的黏度。黏度太小则形成不了连续的油膜，造成大的摩擦和磨损；黏度太大则阻力大，散热慢，低温启动困难。一般按使用环境不同，100℃黏度应在 8~20mm²/s 之间。

内燃机各部分温度差别很大，汽缸-活塞表面温度 150~250℃，曲轴箱 80~100℃，轴承在 100℃以上，润滑油在这些部位都要有合适的黏度以保证良好的润滑（见图 2-1 和表 2-2）。同时，内燃机在一年四季和南方北方等不同气温下工作也要求内燃机油有合适的黏度，这就要求黏度变化随温度变化尽量小，也就是黏温性能好。

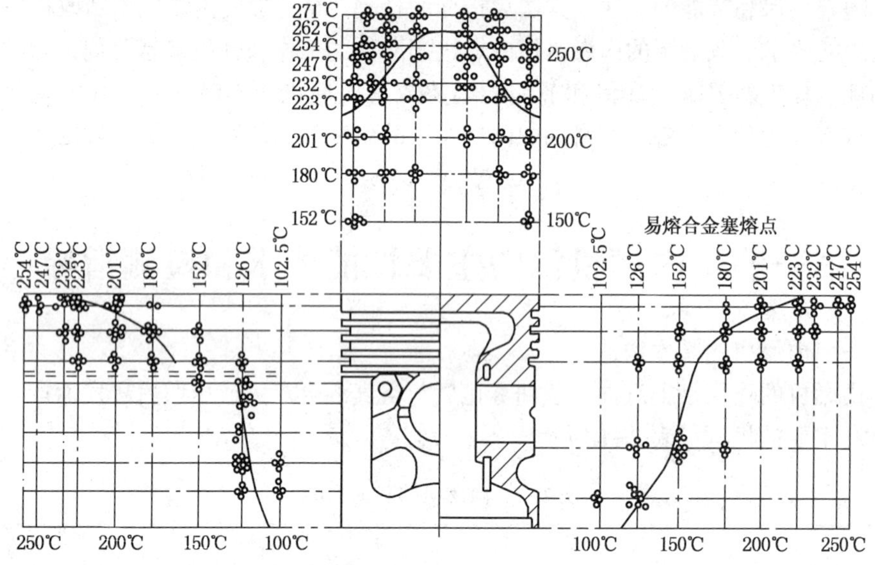

活塞部位	温度/℃		压力/MPa	
	汽油机	柴油机	汽油机	柴油机
	205	300	2	2.5
	150	250		
	135	150	1.5	2
	115	135		
	110	125	1	1.5
	85	95	1	1.2

图 2-1　发动机各部温度和压力

表 2-2 V8 发动机表面温度

发动机区域	排气阀头	排气阀杆	燃烧室燃气	燃烧室壁	活塞顶	活塞环	活塞销	活塞裙	汽缸壁顶	汽缸壁底	主轴承	连杆轴承
温度范围/℃	650~730	635~675	2300~2500	204~260	204~426	149~315	120~230	93~204	93~317	~149	~177	93~207

2. 良好的清净分散性和氧化稳定性

这是内燃机油主要特性之一。在内燃机油的工作过程中，曲轴箱油温为 80~100℃，还要不断流过 100~200℃的缸套表面和 150~250℃的活塞环区(见图 2-2)，有的还窜到 2000℃以上的燃烧室，在这些温度下与氧气和燃料燃烧的气体如氮氧化物、硫氧化物、水蒸气等接触，再加上发动机的金属催化，润滑油会产生如下变化：

① 燃烧 窜到燃烧室中的油高温燃烧后生成炭和灰。

② 氧化 润滑油为碳氢化合物，在一定温度下，与氧和燃料燃烧后的气体在金属的催化下，发生氧化反应，生成醇、醛、酸及不溶于油的氧化产物。

③ 分解 高温下长链的碳氢化物会分解成小分子碳氢化物或气体。

④ 缩合 烃的氧化物在高温和金属催化下能缩合成高分子固体物，如漆膜、胶质、沥青质等。

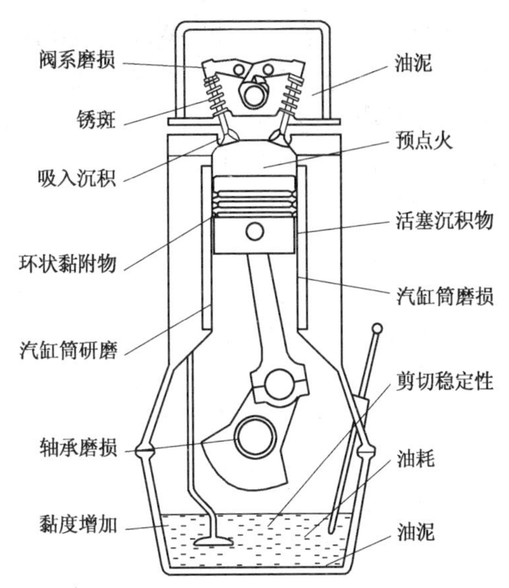

图 2-2 发动机内润滑点示意图

上述反应使内燃机油降解变质，失去润滑性能，使油变稠，对金属腐蚀性加大，使内燃机有大的腐蚀磨损，同时在其各部位生成积炭、漆膜和油泥等沉积物。轻则使内燃机效率下降，使用寿命缩短；重则发生黏环拉缸、油路堵塞等事故。沉积物简要情况见表 2-3。这就要求内燃机油有好的抗氧性能，减慢降解过程，同时要有好的清净分散性，使沉积物不附着在内燃机的金属表面和生成大颗粒，降低其危害。

表 2-3　内燃机油在内燃机各部位生成沉积物简况

沉积物	外　观	部位和温度范围	主 要 危 害
积　炭	硬质炭状物	>200℃，活塞顶岸及燃烧室	提前点火，缸套抛光，堵塞排气，减少燃烧室体积
漆　膜	薄有光泽漆层	150~250℃，活塞及活塞环区	阻碍传热，造成黏环拉缸
油　泥	泥状	<150℃，气门室及曲轴箱	堵塞润滑油路和滤清器，使供油受阻

3. 有一定的碱性

这样可以中和油在降解中生成的酸性物，减慢降解过程及减少降解产物的危害，也可中和含硫燃料燃烧后生成的酸。这些酸落在润滑油中会使内燃机体发生腐蚀磨损。

4. 好的抗磨损性能

内燃机中的润滑条件很恶劣，各运动部件如活塞-缸套、轴承、凸轮-挺杆等的负荷和温度等各有不同，又有油降解的酸性物存在，使得各类磨损都存在，易发生拉伤、抛光、抱轴等故障，因而要求有好的抗磨性能。而用于工业润滑油的很多抗磨添加剂不能用于内燃机的高温下，这是最为重要的特点。

5. 抗泡性

内燃机油在使用中不断激烈搅动，容易产生泡沫，油中的清净分散添加剂大多是表面活性剂，会促使泡沫的产生，油中的泡沫使供油系统受阻，因而内燃机油应具有好的抗泡性。

6. 好的低温流动性

汽车在不同气候下的室外行驶，北方的冬天气温很低，车用的内燃机油低温流动性要好，以保证汽车有良好的冷启动性能。

三、内燃机油特有的性能指标

内燃机油有它的通用理化指标，如黏度、黏度指数、闪点、倾点、碱值、抗泡等，这些前面已叙述，这里简单介绍内燃机油的专用性能指标项目。

1. 高温高剪切黏度

高温高剪切黏度(简写 HTHS)，是在剪速 10^6/s、油温 150℃下用特定的旋转黏度计测得，单位为 mPa·s，模拟润滑油在汽缸-活塞的典型温度和剪速下的实际黏度。此黏度数值大小与磨损和燃料节省程度有关(见图 2-3)。

2. 低温启动黏度和低温临界泵送温度

这两个指标都是表示与内燃机的冷启动有关的黏度指标。内燃机的启动性与内燃机油的黏度有关，解决低温流动性问题的方法是采用多级油，它是用低黏度基础油加上高分子聚合物作增稠剂组成。多级油的流变性具有非牛顿流体性质，它的黏度值与受到的剪切力有关，而无增稠剂的单级油具有牛顿流体性质，其黏度值与剪切力无关，因而用剪切力低的毛细管黏度计测多级油的低温黏度不反映油在内燃机中受到高剪切力时的黏度。为此，专门研制了一种高剪切力的旋转黏度计，用于测定多级油的实际低温黏度，称冷启动模拟器，简称 CCS，单位为 mPa · s。

后来发现除了低温黏度影响冷启动性能外，若不能及时把润滑油泵送到各润滑部位，启动仍失败，而此性能与 CCS 黏度无相关性，于是又发展了一个与泵送性有相关性的低温黏度测定方法，称微型旋转黏度计，简称 MRV，单位为 mPa · s。用 MRV 测出能满足泵送性能的黏度时的温度称临界泵送温度，内燃机油要同时满足规格中这二个要求，才能有好的冷启动性能。大多情况下大多低温启动黏度合格的油的低温临界泵送温度均能合格，因而低温启动黏度指标用得更多一些。

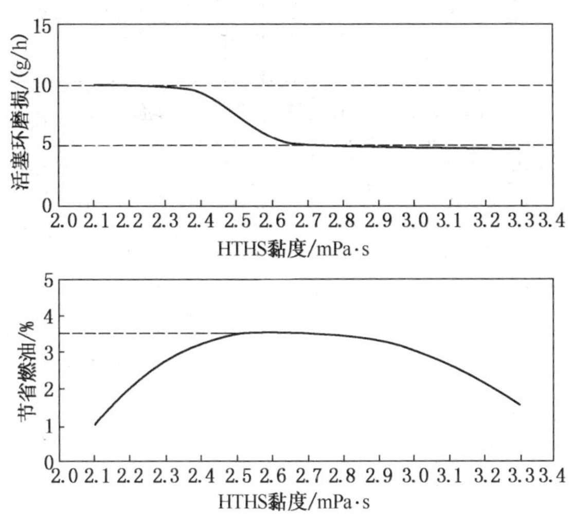

图 2-3 燃油效率和磨损与 HTHS 的关系

3. 内燃机台架试验

为了评定内燃机油的实际使用性能，采用当前有代表性的内燃机，选择有代表性的工况作为操作条件做台架试验。试验后评定有关部位如活塞区、凸轮挺杆等的磨损和沉积物情况。这些试验方法已标准化。由于机型不断升级换代，使用工况也在变化，这些变化反映了对内燃机油性能的要求不断提高，因而这些试验方法也随之不断变化。但这些试验方法消耗人力物力和时间很多，如做一套CJ-4柴油机油的台架试验所需费用就达数十万美元。

由于台架试验的影响因素多，其精密度比试验室理化试验要低得多，因而对油的规格要求为一个合格值而不是范围。

现在世界上应用范围较广或影响较大的是美国石油学会(API)内燃机油规格中用的方法和欧洲汽车制造厂协会(ACEA)内燃机油规格中所用的方法，简单列于表2-4~表2-6。

表2-4　美国汽油机油台架试验简述

MS程序	L-38	Ⅱ	Ⅲ	Ⅴ	Ⅵ
试验发动机	汽油单缸机	通用的V6或V8汽油机		福特的四缸或六缸汽油机	
试验时间/h	40	32	64	288	32
评定的性能	氧化和轴承腐蚀	液压挺杆锈蚀	高温氧化变稠	开开停 停低温油泥	节能
现　况	2011年SN 油改为VIII	2011年SN 油改为BRT,18h	2004年为ⅢG, 100h,油温150℃	现为VG,216h	VIB

表2-5　美国柴油机油台架试验简述

名　称	评定的性能	试验用机型	试验时间/h	备　　注
1G2	高温清净性	Caterpillar单缸机	480	已淘汰
1K	高温清净性，油耗	Caterpillar单缸机	252	
1M-PC	高温清净性，擦伤	Caterpillar单缸机	120	
1N	高温清净性，擦伤，油耗	Caterpillar单缸机	252	柴油含硫低于0.05%
1P	高温清净性，擦伤，油耗	Caterpillar单缸机	360	柴油含硫低于0.05%
1R	高温清净性，擦伤，油耗	Caterpillar单缸机	504	柴油含硫低于0.05%
Cummins M11	油泥，阀系磨损	Cummins370E	200	柴油含硫低于0.05%
Cummins M11 EGR	油泥，阀系磨损	CumminsL6	300	有排气循环系统(EGR)
Mack T-7	油变稠	EM6-285 L6	150	
Mack T-8	油变稠，油耗，油泥	E7	250	
Mack T-8A	油泥	E7	150	
Mack T-8E	油耗	E7	300	
Mack T-9	缸套磨损，轴承腐蚀	E7-350	500	
Mack T-10	缸套磨损，轴承腐蚀	L6	300	
EOFT Navistar	放气性	V-8	20	
RFWT	滚子随动件磨损	V6	50	
DD6V-92TA	缸套擦伤，环扭曲	V6，二冲程	100	

表2-4中，每个程序随着油的变化而变化，变化后的程序采用新的试验发动机及新的试验条件，名称一般在后面冠以A、B、C……，如程序Ⅲ，在1988年汽油机油升级为SG时，程序Ⅲ也升级为ⅢE，到2001年汽油机油升级为SL时，则升为ⅢF，只有L-38和Ⅱ在2001年后名称和试验方法才改变。

表2-6 欧洲汽、柴油机油台架评定简述

	名 称	油性能	试验用机型	试验时间/h	备 注
汽油机	M102E	黏环，凸轮摇臂磨损	4缸	160~225	
	M111SL	黏环，凸轮磨损	4缸16阀	286	
	M111FE	燃料经济性	4缸16阀	13步循环	次序为参比油-试验油-参比油
	PSA TU-3MS	凸轮磨损，随动件擦伤	4缸	100	
	PSA TU-3MH	黏环	4缸	96	
	PSA TU-5JP-L4	黏环，油耗	4缸，16阀	72	
柴油机	OM364A	缸套磨损，抛光，油耗	4缸	300	
	OM364LA	缸套磨损，抛光，油耗	4缸	300	
	OM441LA	磨损，缸套抛光，油耗	6缸	400	
	OM602A	凸挺磨损，抛光，油耗	5缸	200	
	VWTDI		4缸	60	
	XUD11BTE	油中烟炱	4缸	20+75	

注：欧洲内燃机油规格中也用美国的一些台架试验方法。

第二节 内燃机油的分类和组成

一、内燃机油分类

内燃机油有两种分类：黏度分类和质量分类。

1. 黏度分类

全球包括我国都采用美国汽车工程师学会(SAE) SAEJ 300内燃机黏度分类。此分类也在不断变化，变化后的版本在J300后加上此版本颁布的年份。现在最新的版本是2015年，如表2-7所示。

表 2-7 内燃机油黏度分类(SAE J300—2015)

SAE 黏度级	低温启动黏度(CCS)/ mPa·s ≯	低温泵送黏度(MRV)/ mPa·s ≯	运动黏度(100℃)/ (mm^2/s)		高温高剪速黏度(150℃)(HTHS)/ mPa·s ≮
			≮	≯	
0W	6200(-35℃)	60000(-40℃)	3.8	—	—
5W	6600(-30℃)	60000(-35℃)	3.8	—	—
10W	7000(-25℃)	60000(-30℃)	4.1	—	—
15W	7000(-20℃)	60000(-25℃)	5.6	—	—
20W	9500(-15℃)	60000(-20℃)	5.6	—	—
25W	13000(-10℃)	60000(-15℃)	9.3	—	—
8	—	—	4.0	6.1	1.7
12	—	—	5.0	7.1	2.0
16	—	—	6.1	8.2	2.3
20	—	—	6.9	9.3	2.6
30	—	—	9.3	12.5	2.9
40	—	—	12.5	16.3	3.5(0W40,5W40,10W40)
40	—	—	12.5	16.3	3.7(15W40,20W40,25W40,40)
50	—	—	16.3	21.9	3.7
60	—	—	21.9	26.1	3.7

2015 年版本与 2004 年版本区别较大，原 15 级取消，加入 8、12、16 三级。我国目前仍等效采用原 2004 年版本。

内燃机油黏度分类特点：

① 凡后面有“W”黏度级的都有低温黏度要求，即低温启动黏度(CCS)和低温泵送黏度(MRV)，而无“W”仅有高温黏度要求，有“W”的油可以在低温下使用。

② 有“W”的有 3 个黏度要求，即低温启动黏度(CCS)、低温泵送黏度(MRV)和运动黏度，无“W”的有 2 个黏度要求，即高温高剪速黏度(HTHS)和运动黏度。

在商品内燃机油中，做成一个既符合低温黏度要求又符合高温黏度要求的产品，称为“多级油”，如 15W40、5W30、20W50 等，做到南北通用，冬夏通用，方便用户；而只有高温黏度要求而没有低温黏度要求的油则称为“单级油”。后来发现，多级油在节省燃油耗上优于单级油，符合节能趋势，因此多级油在市场上的份额正在不断扩大。

2. 质量分类

现在世界上影响最大的内燃机油质量分类为美国石油学会(API)分类，我国也参照此分类制定自己的分类。后来欧洲汽车制造厂协会(ACEA)的分类影响也大起来。近年来又搞起全球的分类为国际润滑剂标准化和认可委员会(ILSAC)分类，基本上在API分类基础上补加要求而成。下面分述这三种分类。

(1) API分类

其规格含两类指标，即试验室试验指标和发动机试验指标。

① 试验室试验　共13项，包括黏度、挥发性、过滤性、抗泡、闪点、溶混性、TEOST(高温沉积)、胶凝指数、剪切稳定性、ROBO、催化剂相容性、弹性体相容性等。不同类油对上述项目会有取舍。

② 发动机试验指标　不同分类的内燃机油有指定的发动机试验，试验项目包含在表2-8和表2-9的分类中，每个试验概况见表2-4和表2-5。

表2-8　API汽油机油发动机试验

发动机试验	SH-1994	SJ-1997	SL-2001	SM-2004	SN-2011
L-38或Ⅷ	L-38	L-38	Ⅷ	Ⅷ	Ⅷ
Ⅱ或BRT	ⅡD	ⅡD	BRT	BRT	BRT
Ⅲ	ⅢE	ⅢE	ⅢF	ⅢG	ⅢG
Ⅳ	—	—	ⅣA	ⅣA	ⅣA
Ⅴ	ⅤE	ⅤE	ⅤG	ⅤG	ⅤG

表2-9　API柴油机油发动机试验

发动机试验	CH-4—1998	CI-4—2002	CI-4—2004	CJ-4—2007
ⅢF或ⅢG	v	v	v	v
卡特皮拉单缸	1P+1K	1P+1K或1R或1N	同左	1N
卡特皮拉多缸	—	—	—	C13
马克	T8E或T10或T12	T9或T12或T11	同左	T12
康明斯	M11或1SM	M11E-EGR或1SM	同左	1SM，1SB
RFWT滚子磨损	v	v	v	v
EOAT空气卷入	v	v	v	v

API分类分为二个系列。汽油机油以“S”为第一个字，后面按A、B、C……

次序，越往后档次越高，现在最高档为 SN。柴油机油以“C”为第一个字，后面按 A、B、C……次序，越往后档次越高，现在最高档的为 CJ-4，每一类在发展新的一档后，以前的就会被淘汰。现在还在美国执行的规格，汽油机油有 SH、SJ、SL、SM、SN 五种，柴油机油有 CH-4、CI-4、CI-4+、CJ-4 五种。这二个系列的主要内容，每种油与前一种的差别见表 2-10、表 2-11。

表 2-10 美国石油学会(API)使用性能分类

API 分类		使用性能说明	ASTM 发动机描述
汽油发动机油	SA	早先各种用途的汽油机和柴油机使用 适用于较老式、缓和条件下操作的发动机，不要求油品提供保护性能。除非被设备制造者专门指定使用外，已不在任何类型发动机上使用	除含有降凝和泡沫抑制剂外，不含有其他添加剂 (不必做试验评定)
	SB	低载荷汽油机使用 适用于操作条件较缓和的老型汽油机，仅能提供很小的保护性，可用于 20 世纪 30 年代的发动机。该油具有抗擦伤能力，抵抗油的氧化和防轴承腐蚀性。除非设备制造部门专门推荐外，将不在所有类型的发动机上使用	具有一定的抗氧和抗擦伤能力 (试验评定程序已废除)
	SC	保证 1964 年汽油机使用 用于 1964~1967 年的轿车和卡车的汽油发动机。要求油品在发动机中，具有能防止高温沉淀、抗磨损、防锈蚀和抗腐蚀能力	满足 1964~1967 年汽车制造商要求的油品，用于轿车汽油机，具有抗低温油泥和防锈能力
	SD	保证 1968 年汽油机使用 用于 1968~1970 年的轿车和卡车的汽油发动机，也可用于 1971 年某些型号，或手册中指定推荐的一些更晚车型。这种油在使用中比 SC 级油具有好的抗高温沉积性、抗磨损、防锈蚀和耐腐蚀性，也可用于使用 API SC 级油的汽油机	满足 1968~1971 年汽车制造商要求的油品，用于轿车汽油机，具有抗低温油泥和抗锈能力 (SC、SD 分类的试验程序已废除)
	SE	保证 1972 年汽油机使用 用于从 1972 年或某些 1971 年开始使用的轿车或卡车的汽油机。比 SC、SD 级油具有更好的高温抗氧、抗低温油泥、抗低温锈蚀的能力，也可用于使用 API SC、SD 级油的汽油机	满足 1972~1979 年汽车制造商要求的油品，用于轿车汽油机，具有高温抗氧、抗低温油泥和抗低温锈蚀能力 (试验程序有效)

续表

API 分类		使用性能说明	ASTM 发动机描述
汽油发动机油	SF	保证 1980 年汽油机使用 用于 1980 年开始使用的轿车和某些卡车的汽油机。它的开发是为了提高油品的抗氧化安定性并改进油品的抗磨性及具有更好的抗低温油泥、防锈蚀和抗腐蚀能力，也可用于使用 API SC、CD 和 SE 级油的汽油机	满足 1980 年以来汽车制造商要求的油品，用于轿车汽油机，具有抗低温油泥、抗漆膜、防锈蚀、抗磨损和防止高温黏结性能 （试验程序有效）
	SG	使用于 1989 年的汽油机 用于目前的客车、货车和轻型卡车，具有防沉积、抗氧化、抗磨、防锈、抗腐蚀性能。本油可用于使用 SE、SF、SF/CC 或 SE/CC 级油的发动机上	本油品通过ⅡD、ⅢE、ⅤE 试验，并通过 L-38、1H2 试验，具有良好的性能 （试验程序有效）
	SH	此类油 1992 年接受，取代 SG。与 SG 区别是采用 CMA 规则及基础油和黏度级变换原则，比 SG 性能全面提高，用于推荐使用 SG 级油及较早的车辆	ⅡD、ⅢE、ⅤE、L-38
	SJ	1996 年接受。其性能与 SH 相同。但 SJ 加上 GM 过滤试验、150℃抗泡、高温沉积、凝胶指数等试验，磷含量从 SH 的 0.12%降至 SJ 的 0.10%。适用于排放要求更严的汽车，也用于推荐使用 SH、SG 级油的车	ⅡD、ⅢE、ⅤE、L-38
	SL	2000 年接受。换代原因是 SH 的试验用发动机及配件已无法供应，需用当代的发动机做试验，同时加上节能（新油和行驶 6400km 后的油）要求	柱球锈蚀（BRT）、ⅤⅢ、ⅢF、ⅤG、ⅥB
	SM	2004 年通过。改善抗氧化、沉积物保护、磨损保护及低温性能	柱球锈蚀、Ⅷ、ⅢG+ⅢGA、VG、ⅣB
	SN	2010 年通过。燃料经济性及保持性、催化剂相容性、整体性能提高	BRT、Ⅷ、TBD（油泥）、ⅥD、ⅢG、ⅣA、TEOST MHT
	CA	轻载荷柴油机使用 用于温和至中等程度下工作，燃用高质量燃料的柴油机，也可偶尔用于在温和条件下工作的汽油机。在非增压柴油机上使用不会增加发动机异常磨损和沉积物。具有防止轴承腐蚀和环区的沉积能力，广泛使用于 20 世纪 40 年代晚期和 50 年代的柴油机。当前，除非被发动机制造商专门推荐外，已不再使用	油品质量满足 MIL-L-2104A 的要求，用于汽油机和使用低硫燃料的自然吸气的柴油机。MIL-L-2104A 标准是 1954 年颁布的 （试验程序已废除）

续表

API 分类		使用性能说明	ASTM 发动机描述
柴油发动机油	CB	中等载荷柴油机使用 用于温和至中等温度下工作，燃用高硫燃料柴油机，要求油品具有较好的抗磨损能力和防止沉淀物生成的能力，也可偶尔用于温和条件下工作的汽油机。1949 年开始用于燃用高硫燃料的自然吸气的柴油机上	油品用于燃用高硫燃料的自然吸气的柴油机，满足 MIL-L-2104A 补充 1 的油品标准 （试验程序已废除）
	CC	中等载荷柴油机和汽油机使用 用于中等至苛刻程序下工作的低增压柴油机，包括某些重载荷下工作的汽油机。该油 1961 年开始使用。在低增压柴油机中使用，有防止高温沉积能力；在汽油机中使用，有防止锈蚀、轴承腐蚀和抗低温沉积的能力	油品满足 MIL-L-2104B 的要求，具有抗低温油泥、抗锈蚀、抗高温沉积的能力 （试验程序有效）
	CD	重载荷柴油机使用 用于要求严格控制磨损和沉积物的高速高功率增压柴油机，并具有防止轴承腐蚀、抗高温沉积等性能，广泛地适用于燃用各种燃料的增压柴油机	油品通过 1G2、L-38 等试验 （试验程序有效）
	CD-Ⅱ	重载荷二冲程柴油机使用 用于要求严格控制磨损和沉积物的二冲程柴油机上。油品符合 API 分类的 CD 级使用性能要求	油品通过 1G2、6V-53T、L-38 试验 （试验程序有效）
	CE	重载荷柴油机使用 用于 1983 年后生产的增压或高增压重载荷柴油机的低速、高载荷和高速、高载荷工况下，油品也符合 API 分类的 CC、CD 级要求	此油通过 1G2、T-6、T-7、NTC-400、L-38 试验 （试验程序有效）
	CF-4	用于 1990 年后生产的苛刻柴油机，比 CE 有更好的改善机油耗及活塞沉积物，也可用于推荐用 CE 的柴油机	需通过 L-38、NTC-400、T-6、T-7及 1K 试验
	CF	用于预燃燃烧室柴油机，宽的柴油质量，包括含硫≥0.5%，有效控制沉积物、磨损及含 Cu 腐蚀，用于 1994 年后的柴油机及推荐用 CD 油的柴油机	L-38、Cat 1M-PC

续表

API 分类		使用性能说明	ASTM 发动机描述
柴油发动机油	CF-2	用于二冲程柴油机控制汽缸和活塞环表面擦伤和沉积物，此油于 1994 年确定，可用于推荐用 CD-Ⅱ油的柴油机	L-38、Cat 1M-PC、DD6V-92TA
	CG-4	用于高速高负荷四冲程公路(燃料含硫 0.05%)、非公路(燃料含硫<0.5%)柴油机，能有效控制高温沉积、磨损、腐蚀及烟炱积累。此油对符合 1994 年排放标准的柴油机特别有效，也能用于 1994 年后推荐用 CD、CE、CF-4 级油的柴油机	L-38、Cat 1N、MSⅢE、Mack T-8、GM6.2(>0.5%)，EOAT
	CH-4	用于高速高负荷四冲程用各种含硫量(>0.5%)柴油的柴油机，尤其符合 1998 年后排放要求的柴油机，也用于推荐用 CD、CE、CF-4、CG-4 级油的柴油机	Mack T-8E、T-9，Cat 1P、1K，MS Ⅲ E，Cummins Mll，Roller Follower 磨损试验(GM6.5)，EOAT
	CI-4	满足符合 2004 年排放法规的柴油机要求，尤其装有排气循环系统的柴油机使内燃机油中有大量烟炱而造成磨损增加，需用本类油加以克服	Cummins M11EGR，MackT-10、T-8E，Cat 1R、1N 或 1K，HEUI，RFWT，ⅢF
	CJ-4	2006 年通过。用于符合 2007 年排放标准的柴油机，具有更好的沉积物保护、对抗烟炱危害、更好的磨损保护性能	Cummins1SM，Cat 1N，GM6.5L，Mack T-12，Cat C-13，Cummins1SB，汽油机ⅢG，Mack T-11，Navistar7.3L

表 2-11　每档油比前一档油改进的要点

	改进的要点
SF	比 SE 提高了抗氧性能，ⅢD 试验后黏度(40℃)增加不大于 375%，SE 为 40h，SF 为 64h
SG	抗氧、抗磨、清净分散性能全面提高
SH	抗氧、抗磨、清净分散性能全面提高，增加了 HTHS、过滤性、蒸发损失等，含磷小于 0.12%
SJ	除上述性能同 SH 外，含磷小于 0.10%，增加 TEOST、凝胶指数及节能试验
SL	性能全面提高，节能试验不但对新油有要求，行驶 6400km 后也要保持节能效果
SM	性能全面提高，有的试验方法也改变
SN	提高燃料经济性和保持性以及催化剂相容性等
CE	除满足 CD 性能外，还加上 Mack、Cummins 等柴油多缸机的试验
CF-4	过去柴油机用预燃室，现改为直喷(DI)，本档油满足 DI 柴油机的新要求
CG-4	因环保要求，柴油含硫从 0.5% 改为 0.05%，本档满足用低含硫柴油而带来的新要求
CH-4	能兼容用含硫 0.5%和 0.05%柴油的不同要求，也满足柴油延迟喷射带来的新要求
CI-4	柴油机为满足排放要求而装排气循环装置(EGR)，带来油中烟炱多而造成油变稠和磨损大，本类油主要解决这类问题
CJ-4	满足更严格的排放的柴油机要求，试验方法更新很多

(2) 欧洲 ACEA 分类

欧洲分类分为三类，第一类为汽油机油，它的第一个字"A"，下一个字为数字，按顺序往后，2002 年最新版本为 A1、A2、A3、A4、A5，这些数字不完全表示质量高低顺序，有的级别号代表的是其他的用途，在后面有二个数字，表示修订的年份，数年后若修改就标上修改的年份，若不修改就仍用原年份；第二类为轻负荷柴油机油，第一个字为"B"，后面的字的规律同上，现有 B1、B2、B3、B4、B5；第三类为重负荷柴油机油，第一个字用"E"，后面的字的规律同上，现有 E2、E3、E4、E5。它们的具体内容见表 2-12。

表 2-12　2002 年 ACEA 内燃机油分类中各品种特点

	级别	特　点
汽油机油	A1	低摩擦，低黏度，HTHS 黏度为 2.6~3.5mPa·s
	A2	通用于大部分汽油机，正常换油期，某些高性能汽油机可能不合用
	A3	用于高性能汽油机，延长换油期，或低黏度全年通用，或苛刻的使用工况
	A4	留给将来发展的直喷汽油机
	A5	用于高性能汽油机，延长换油期，低摩擦、低黏度，HTHS 黏度为 2.9~3.5mPa·s
轻负荷柴油机油	B1	用于小汽车和货车柴油机，低摩擦、低黏度，HTHS 黏度为 2.6~3.5mPa·s
	B2	用于大多数小汽车和轻型货车柴油机(主要为直喷)，正常换油期
	B3	用于高性能小汽车和轻型货车柴油机，延长换油期，低黏度全年通用或苛刻工况
	B4	用于小汽车和轻卡的直喷柴油机，也用于 B3 的情况
	B5	延长换油期，低摩擦、低黏度，HTHS 黏度 2.9~3.5mPa·s
重负荷柴油机油	E2	一般非增压和增压重型柴油机，中等工况，正常换油期
	E3	用于苛刻工况下排放符合 Euro1、2 的柴油机，延长换油期
	E4	用于苛刻工况下排放符合 Euro1、2、3 的柴油机，大大延长换油期
	E5	同 E4，更进一步控制磨损和增压器沉积物

2002 年后 ACEA 分类经过 2004 年、2007 年、2008 年、2010 年、2012 年多个版本的换代，现最新的 2012 年版本如表 2-13 所示。

表 2-13　ACEA 2012 年内燃机油分类

名　称		分　类
Ⅰ	汽油机和轻负荷柴油机油	A1/B1，A3/B3，A3/B4，A5/B5
Ⅱ	与催化剂相容的汽油机和轻负荷柴油机油	C1，C2，C3，C4
Ⅲ	重负荷柴油机油	E4，E6，E7，E9

每类后面带有颁布时间，现最新的为2012年颁布，表示为A1/B1-12。由于ACEA分类于1996年才首次颁布，相对API分类70年代颁布，历史短，因此各著名汽车制造商在ACEA颁布前各自提出的润滑油规格(OEM)的影响仍很强大，很多大品牌润滑油除了满足ACEA分类要求外还同时要满足各OEM规格要求。

分类中的质量指标也分为两类指标，即试验室试验指标和发动机试验指标。

① 试验室试验　共12项，包括黏度、剪切稳定性、高温高剪切黏度、蒸发损失、总碱值、硫酸灰分、硫含量、磷含量、氯含量、弹性体相容性、抗泡、高温起泡趋势。

② 发动机试验　不同分类内燃机油中Ⅰ类和Ⅱ类指定的发动机试验完全相同，共9项，每类对试验中要求的指标有区别。Ⅲ类的发动机试验有6项，有4项采用API的马克T-8B、T-11、T-12、康明斯1SM，只有2项采用欧洲的OM6446LA(磨损)和OM501LA(汽缸抛光)。这些试验概况见表2-14。

表2-14　ACEA 2012内燃机油发动机试验

试验	A1/B1	A3/B3	A3/B4	A5/B5	C1	C2	C3	C4	E4	E6	E7	E9
TU5JP-L4	v	v	v	v	v	v	v	v				
VG	v	v	v	v	v	v	v	v				
TU3M	v	v	v	v	v	v	v	v				
M271	v	v	v	v	v	v	v	v				
M111	v	–	–	v	v	v	v	v				
DV4TD	v	v	v	v	v	v	v	v				
OM646-LA	v	v	v	v	v	v	v	v	v	v	v	
VWDI	v	v	v	v	v	v	v	v				
马克T8E												v
OM501-LA									v	v	v	v
康明斯1SM											v	v
马克T12										v	v	v

对比欧美的分类，有如下特点：

① 美国分类由于发展历史久，分类条理清楚，规律易于掌握。欧洲由于各大汽车厂的协调仍未完全磨合好，显得有点乱，规律性不如美国分类。

② 欧洲内燃机油的规格中也使用部分美国的台架试验。

③ 柴油机油也用少量汽油机台架试验。

④ 除了用台架试验控制质量外，越来越多的模拟试验加到规格中作为控制质量的项目。

⑤ 同档次的油，欧洲比美国要求更严，同一方法其合格标准更高，又加上了欧洲自己的要求和方法，如汽缸磨光、黑油泥等。

(3) 国际润滑剂规格咨询委员会(ILSAC)内燃机油分类

其分类见表 2-15。

表 2-15　ALSAC 内燃机油分类

规　格	颁布时间	要　求
Gf-1	1992 年	API SH+节能要求
GF-2	1996 年	API SJ+节能要求
GF-3	2000 年	API SL+节能要求
GF-4	2004 年	API SM+节能要求
GF-5	2006 年	API SN+节能要求+生物燃油抗乳化+磷保持性
GF-6	2017 年	IIIG→IIIH，IVA→IVB，VG→VH，VID→VIE，改善早燃，正时链条磨损保护

(4) 我国内燃机油分类

内燃机油 按黏度分类(GB/T 14906 或 SAE J300)。

汽油机油(GB 11121—2006)分为 SE、SF、SG、SH、GF-1、SJ、GF-2、SL、GF-3，共 9 种。

柴油机油(GB 11122—2006)分为 CC、CD、CF、CF-4、CH-4、CI-4，共 6 种。

各类油的规格指标都等效采用 API 分类要求。下面分别列出汽油机油和柴油机油最高的一档 SL 和 CI-4 的规格指标作代表，见表 2-16 和表 2-17。

表 2-16　SL 汽油机油规格指标(GB 11121—2006)

	项目		质量指标	要求
理化性能	黏温性能		按 SAE J300	
	水分/%	不大于		痕迹
	泡沫性/(mL/mL)	不大于	(前 24℃)10/0，(93. 5℃)50/0，(后 24℃)10/0，(150℃)100/0	
	蒸发损失/%	不大于	诺亚克法(250℃，1h)：15；气相色谱法(371℃馏出量)方法 3：10	
	过滤性/%	不大于	EOFT 流量减少	50
			EOWFT 流量减少，用0. 6%、1. 0%、2. 0%、3. 0%水	50
	均匀性和混合性		与 SAE 参比油混合均匀	

续表

	项目		质量指标		要求
理化性能	高温沉积物/mg	不大于	TEOST MHT		45
	凝胶指数	不大于			12
	机械杂质/%	不大于			0. 01
	闪点(开口)/℃	不低于	200(0W、5W 多级)，205(10W 多级)，215(15W、20W 多级)，220(30)，225(40)，230(50)		
	磷/%	不大于			0. 10
发动机试验	程序Ⅷ		轴瓦失重/mg	不大于	26. 4
			剪切安定性，运转 10h 后运动黏度		在本级黏度范围内
	球锈蚀试验		平均灰度值/分	不小于	100
	程序ⅢF		运动黏度增长(40℃，80h)/%	不大于	275
			活塞裙部漆膜平均评分	不小于	9. 0
			活塞沉积物评分	不小于	4. 0
			凸轮加挺杆磨损/mm	不大于	0. 020
			热黏环		无
			低温黏度性能		报告
	程ⅤE		平均凸轮磨损/mm	不大于	0. 127
			最大凸轮磨损/mm	不大于	0. 380
	程序ⅣA		平均凸轮磨损	不大于	0. 120
	程序ⅤG		发动机平均油泥评分	不小于	7. 8
			摇臂罩油泥评分	不小于	8. 0
			发动机漆膜平均评分	不小于	7. 5
			机油滤网堵塞/%	不大于	20. 0
			压缩环热黏结		无
			环冷黏结、机油滤网残渣/%、油环堵塞/%		报告

表 2-17　CI-4 柴油机油规格指标(GB 11122—2006)

	项　目		质　量　指　标
理化性能	黏温性能		按 SAE J300
	水分/%		痕迹
	泡沫性/(mL/mL)	不大于	(前 24℃)10/0，(93. 5℃)20/0，(后 24℃)10/0
	蒸发损失/%	不大于	诺亚克法(250℃，1h)：15

续表

	项　目	质　量　指　标		
理化性能	机械杂质/%　　不大于	0.01		
	闪点(开口)/℃　　不低于	200(0W、5W 多级), 205(10W 多级), 215(15W、20W 多级), 220(30), 225(40), 230(50), 240(60)		
	碱值/(mgKOH/g)、硫酸灰分/%、硫/%、磷/%、氮/%	报告		
使用性能	柴油喷嘴剪切试验	XW-30	XW-40	
	剪切后 100℃运动黏度/(mm^2/s)　　不小于	9.3	12.5	
	卡特皮拉 1K 试验	一次试验	二次试验平均	三次试验平均
	缺点加权评分(WDK)　　不大于	332	347	353
	顶环槽充碳(TGF)/%　　不大于	24	27	29
	顶环台重碳(TLHC)/%　　不大于	4	5	5
	平均油耗(0~353h)/[(g/kW)/h]　　不大于	0.5	0.5	0.5
	活塞、环、缸套擦伤	无	无	无
	卡特皮拉 1R 试验	一次试验	二次试验平均	三次试验平均
	缺点加权评分(WDR)　　不大于	382	396	402
	顶环槽碳(TGC)评分　　不大于	52	57	59
	顶环台碳(TLC)评分　　不大于	31	35	36
	最初油耗(0~252h)平均值/(g/h)　　不大于	13.1	13.1	13.1
	最终油耗(432~504h)平均值/(g/h)　　不大于	IOC+1.8	IOC+1.8	IOC+1.8
	活塞、环、缸套擦伤	无	无	无
	环黏结	无	无	无
	马克 T-10 试验	一次试验	二次试验平均	三次试验平均
	优点评分　　不低于	1000	1000	1000
	马克 T-8 试验(T8E)	一次试验	二次试验平均	三次试验平均
	4.8%烟炱量的相对黏度(RV)　　不大于	1.8	1.9	2.0

续表

	项目	质量指标			
使用性能	滚轮随动件磨损试验(RFWT)	一次试验	二次试验平均	三次试验平均	
	液压滚轮挺扦平均磨损/mm 不大于	0. 0076	0. 0084	0. 0091	
	康明斯 M11(EGR)试验	一次试验	二次试验平均	三次试验平均	
	气门塔桥平均失重/mg 不大于	20. 0	21. 8	22. 5	
	顶环平均失重/mg 不大于	175	186	191	
	机油滤清器压差(250h)/kPa 不大于	275	320	341	
	平均发动机油泥 CRC 优点评分 不小于	7. 8	7. 6	7. 5	
	程序ⅢF 发动机试验	一次试验	二次试验平均	三次试验平均	
	黏度增长(40℃，80h)/% 不大于	275	275(MTAC)	275(MTAC)	
	发动机油充气试验	一次试验	二次试验平均	三次试验平均	
	空气卷入(体积分数)/% 不大于	8. 0	8. 0(MTAC)	8. 0(MTAC)	
	高温腐蚀试验	0W、5W、10W、15W			
	试后油铜浓度增加/(mg/kg) 不大于	20			
	试后油铅浓度增加/(mg/kg) 不大于	120			
	试后油锡浓度增加/(mg/kg) 不大于	50			
	试后油铜片腐蚀/级 不大于	3			
	低温泵送黏度	0W、5W、10W、15W			
	(马克 T-10 或 T-10A 试验，75h 后试验油，-20)/mPa·s 不大于	25000			
	如检测到屈服应力				
	低温泵送黏度/mPa·s 不大于	25000			
	屈服应力/Pa 不大于	35			
	橡胶相容性	丁晴橡胶	硅橡胶	聚丙烯酸酯	氟橡胶
	体积变化/%	+5/-3	+TMC1006/-3	+5/-3	+5/-2
	硬度限值	+7/-5	+5/-TMC1006	+8/-5	+7/-5
	拉伸强度/%	+10/-TMC1006	+10/-45	+18/-15	+10/-TMC1006
	拉伸率/%	+10/-TMC1006	+20/-30	+10/-35	+10/-TMC1006

注：MTAC 为多次试验通过准则缩写，TMC 为标准油代号。

从内燃机油商品外包装标志能看出该油的种类、品种和质量档次。

如内燃机油商品名称 5W50 SJ/CF，表示此油的低温流动性符合 5W 要求，同时高温黏度达到 50 号要求，性能上既满足 SJ 汽油机油级又满足 CF 柴油机油级，可冬夏通用和汽油机柴油机通用。习惯上，性能级别高的写在前面，如上例，SJ 在汽油机油中级别排序高于 CF 在柴油机油中的排序，故 SJ 写在前面，表明此油虽然汽柴通用，但汽油机油性能更强些。具体表示说明如图 2-4 所示。

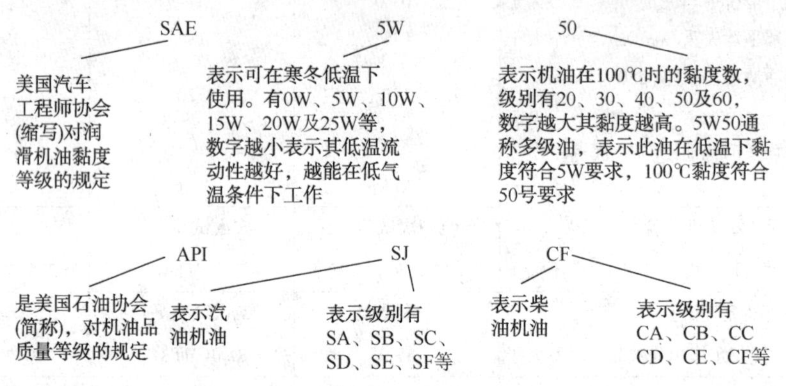

图 2-4　内燃机油商品名 5W50 SJ/CF 图解

3. 分类小结

上面关于分类的介绍，并非要润滑油的用户去记它，甚至也无需搞清楚它，只需知道下面二点就够了：

① 内燃机油的质量要通过各种严格的试验把关，有的生产商技术缺乏，设备简陋，但他们宣称能生产高档油，售价很低廉，能相信吗？

② 在实际应用中，很多内燃机油做成通用油(即符合不同黏度级别要求的多级油)既符合低温流动性要求的“W”级，又符合高温黏度要求。例如 15W/40，它的低温流动性符合 15W，高温黏度符合 40 号，可做到冬夏通用和南北通用。质量档次上也同时满足汽油机油和柴油机油的某档次要求，如 CF-4/SG，既可满足柴油机油 CF-4 的级别要求，也可满足汽油机油 SG 的级别要求，这样就可减少品种和方便管理。也就是内燃机油的名称是：黏度级别加性能级别。

二、内燃机油组成

1. 基础油

绝大多内燃机油的基础油都是矿物油，而且用Ⅰ类油为多。近年来多级油的高档油逐渐采用加氢工艺的Ⅱ类或Ⅲ类油，甚至用 PAO 合成油。由于多级油要保证好的低温黏度，就要用高黏度指数的低黏度基础油，而又要求其蒸发损失要低，这二个性能是矛盾的，用Ⅰ类油解决这矛盾较难，Ⅱ、Ⅲ类油和PAO则易于解决。但加氢油和PAO对添加剂的溶解性不够好，在高档油添加剂加入量很大时需加入少量某些酯类合成油解决溶解性问题，且生产成本也较高。

2. 添加剂

内燃机油用的添加剂有清净分散剂、增黏剂、抗氧抗腐抗磨剂、降凝剂、抗泡剂等，使用量最大的是清净分散剂。多级油都要用一定量的增黏剂。要把这些添加剂做成配方使之加到基础油中能通过某档次的一系列试验，需大量人力物力和时间。20世纪80年代以来，很多大的添加剂公司把自产的添加剂进行配方研究，所得的成果做成复合添加剂出售，润滑油生产厂原则上无需做配方研究，只需购买添加剂公司的复合添加剂，按要求的加入量加到基础油中就可调制成某档次的内燃机油。

第三节 内燃机油的应用

一、选用、代用和混用

现已有很多好的服务方式可使用户较易选用合适的品种，本文提出几个原则：

① 按所在的地理位置和当时气候选用黏度　如图2-5所示。同时也要考虑内燃机的新旧，新内燃机的配合间隙小，要选低黏度油，旧机的配合间隙大，应选用高黏度油。

② 按内燃机和润滑油的产品说明资料选用　汽车或内燃机的用户手册大都有推荐此机用什么品牌的什么品种的润滑油，润滑油特别是瓶装油都有说明此种油适用在哪些有代表性的机型上，这些都可作参考。

③ 按此机型问世的年代选用　从内燃机油分类看出，内燃机油的升级换代是由于新内燃机型的问世而推动，而新机型又由排放和节能法规指标的日趋严格而推动，因而可从此机型或与其同类型的代表性机型问世的年代，选用此年代以后出现的内燃机油的档次。

④ 按工况、使用环境等选用　如负载情况，是持续高工况还是间歇高工况，使用环境的温度、湿度、烟尘浓度等在选用时都应考虑。

⑤ 代用和混用　应明确代用是权宜之计，在原用品种暂缺时才临时代用，在有条件后应立刻改为原用品种。代用原则一是要同一品种或同类品种；二是质量上以高代低；三是黏度尽量接近，代用油的质量档次应高于原用油，若代用油档次较低，应勤加监控，并缩短换油期。对于档次较高的润滑油或较为重要的用油设备，应向润滑油供应商咨询。混用则可能是原用品种暂缺时的应急措施，也

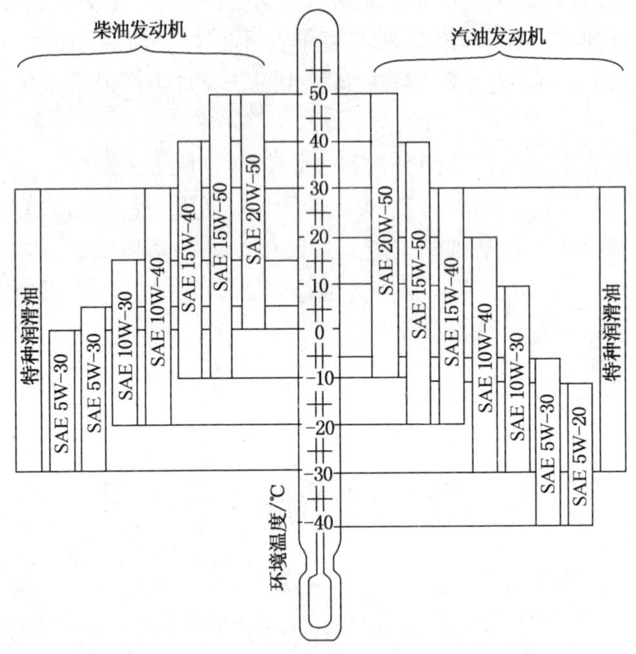

图 2-5 BMW 发动机润滑油建议

可能是改换不同品牌油品时的过渡阶段，若是前种情况，其原则与代用相同；若是后种情况，应先做混对试验。

二、使用中的监控和换油

内燃机油在使用中受到高温、氧气、燃料燃烧产物、水及其他污染物的作用而逐渐降解老化，油中的添加剂不断消耗，使油的清净分散性、抗磨性逐渐下降，沉积物增加，对金属的腐蚀性上升，不再适于润滑，此时就要换油。这个过程如图 2-6 所示，其变化过程从缓慢到快速，之间有一拐点，在拐点前换油较为合理。但这拐点仅是理论值，如图 2-6(a)所示，由于中途要补加新油，油在使用中消耗，使拐点不会很明显，如图 2-6(b)和(c)所示，要通过使用中对油的质量监控作出判断。油中常用的理化指标在使用中的变化见表 2-18。已有很多试验得到一些换油指标作为换油指导，很多大的汽车制造商、润滑油制造商都提供这方面的有关资料，并已开展研究工作，为用户提供方便快速的指示式仪表以确定换油期。这里提供的是有关内燃机油换油期的国家标准，见表 2-19 和表 2-20。表 2-21 给出了部分汽车商推荐的换油期。图 2-7 则表明了不同工况与换油期的关系。

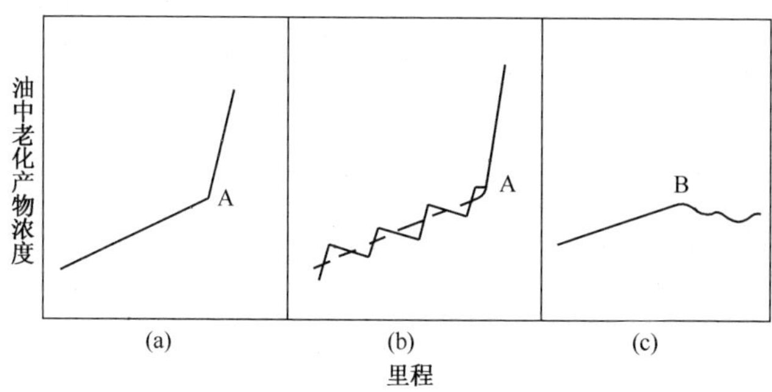

图 2-6 机油衰败曲线

表 2-18 内燃机油使用中几个理化指标的变化情况

项目	上升因素	下降因素	备注
黏度	高温氧化，烟炱污染，轻组分蒸发	燃料稀释，黏度添加剂降解	
酸值	油氧化，含硫燃料燃烧产物污染	有酸值的添加剂消耗	一般为上升
闪点	轻组分蒸发	燃料稀释	
残炭	污染和氧化	—	一般为上升
碱值	—	中和酸性物，碱性添加剂消耗	一般为下降
不溶物	油降解，污染	—	一般为上升
金属元素	磨损颗粒，外来污染物	添加剂消耗	一般为上升

表 2-19 柴油机油换油指标的技术要求(GB/T 7607—2010)

项目		技术要求			
		CC	CD，SF/CD	CF-4	CH-4
运动黏度(100℃)变化率/%	大于	±25		±20	
闪点(闭口)/℃	小于	130			
碱值下降率/%	大于	50			
酸值增值(以 KOH 计)/(mg/g)	大于	2.5			
正戊烷不溶物(质量分数)/%	大于	2.0			
水分(质量分数)/%	大于	0.20			
铁含量/(μg/g)	大于	200，100[a]	150，100[a]	150	
铜含量/(μg/g)	大于	—	—	50	
铝含量/(μg/g)	大于	—	—	30	
硅含量增加值/(μg/g)	大于	—	—	80	

[a]适合于固定式柴油机。

表 2-20 汽油机油换油指标的技术要求(GB/T 8028—2010)

项目		换油指标	
		SE，SF	SG，SH，SJ(SJ/GF-2)，SL(SL/GF-3)
运动黏度变化率(100℃)/%	大于	±25	±20
闪点(闭口)/℃	小于	100	
(碱值-酸值)(以 KOH 计)/(mg/g)	小于	—	0.5
燃油稀释(质量分数)/%	大于	—	5.0
酸值(以 KOH 计)增加值/(mg/g)	大于	2.0	
正戊烷不溶物(质量分数)/%	大于	1.5	
水分(质量分数)/%	大于	0.2	
铁含量/(μg/g)	大于	150	70
铜含量增加值/(μg/g)	大于	—	40
铝含量/(μg/g)	大于	—	30
硅含量增加值/(μg/g)	大于	—	30

表 2-21 部分汽车制造商推荐换油期(2005~2013 年)

汽车制造商	指定润滑油	轿车换油期/km	重负荷柴油机车/km
Daimler	MB229.1&3-229.5&51	30000~40000(1 年)	
	MB2281		30000
	MB228.3		40000
	MB228.5&228.51		100000
BMW	BMW 长寿油	30000(或 2 年)	
DAF	ACEA-E6，E9，API-CCJ4		标准 90000
	ACEA E6		延长 150000
FIAT	FIAT 认可/ACEA	25000(2 年)	
IVECO	ACEA E2		40000~50000
	ACEA E3.E5/E7		80000~100000
	ACEA E7		150000
VOLVO	VDS		15000~30000
	VDS-2		60000
	VDS3		90000~100000

续表

汽车制造商	指定润滑油	轿车换油期/km	重负荷柴油机车/km
Ford	913-D/948-B	20000(1年)	
Toyota	TGMO 或 ACEA	15000(1年)	

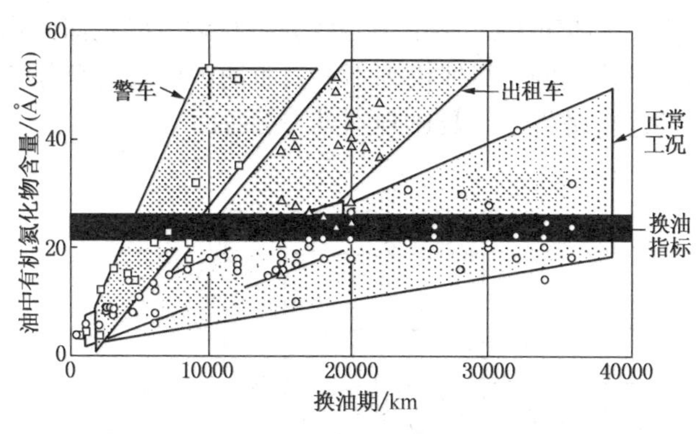

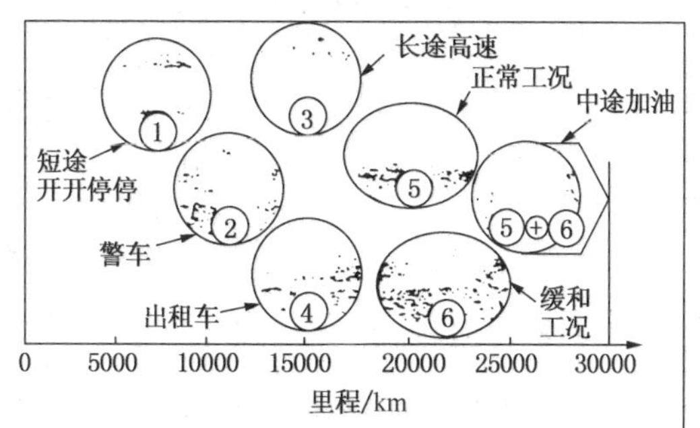

图 2-7 不同工况与换油期

(①≥1年，②约1.5年，⑤+⑥≥2年，③、④、⑤、⑥按里程换油)

1Å = 10^{-10}m

从表2-21可以看出，小轿车换油期都不长，最长为40000km，且同时有里程和时间(年)供选择，而柴油机载重卡车则较长，最长可达150000km。其原因是汽油机多用于小汽车，作为短途行驶和日常生活代步，行驶里程积累慢，一般年行驶一二万公里，因此换油期太长意义不大；而载重车或大轿车用柴油机大多用于生产营运，可24h不停而由司机倒班，行驶里程积累快，可月行驶数千公里，年行驶可达十多万公里，因此需较长换油期。

在使用中应按一定的里程或时间间隔取油样进行上述指标的分析，只要其中一项超标就要换油。有时由于条件局限，无法及时送检，也可采用一些简单快速的现场试验法。由于简单快速，其试验结果只能是定性的或半定量的。下面是几种简单易行的方法。

1. 滤纸斑点试验

在圆形的定量滤纸中心滴 3～5 滴在用润滑油，放平让油在纸上扩散约 4h，纸上会出现如图 2-8 的扩散图。图中中心区为沉积物，颜色深面积大表示沉积物多，中心区与扩散区之间的分界线模糊不清表明油中仍有清净分散能力，若分界线清晰表明已无清净分散性了。具体判别见表 2-22。

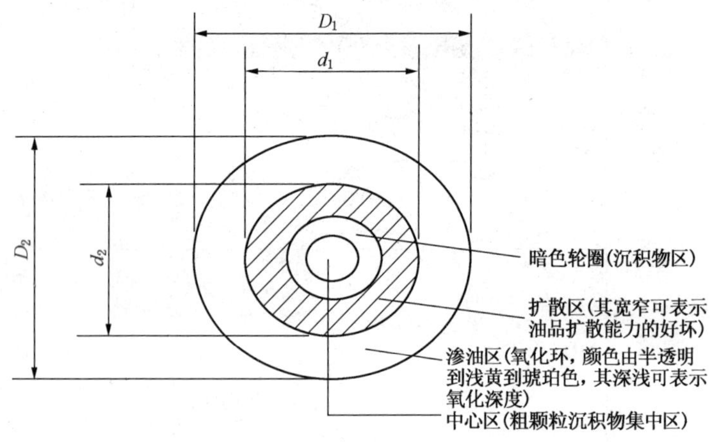

图 2-8　内燃机油滤纸斑点形态示意图

表 2-22　内燃机油滤纸斑点试验结果判别

<table>
<tr><th>级</th><th>斑点形态</th><th>鉴　别</th><th colspan="2">判　断</th></tr>
<tr><td>1</td><td>中心区和扩散区光亮无色或浅色，无沉淀圈</td><td>新油或使用时间很短的油</td><td>新油</td><td rowspan="4">可继续使用</td></tr>
<tr><td>2</td><td>中心区与扩散区界限不明，扩散带宽，氧化环明亮</td><td>轻微污染，分散能力好</td><td>良好</td></tr>
<tr><td>3</td><td>中心区暗黑，扩散带宽，氧化环明亮</td><td>污染重，分散能力尚好</td><td>一般</td></tr>
<tr><td>4</td><td>中心区深黑，扩散区开始缩小，氧化环浅黄</td><td>污染重，沉积物增多，分散性下降</td><td>较差</td></tr>
</table>

续表

<table>
<tr><th>级</th><th>斑点形态</th><th>鉴　　别</th><th colspan="2">判　断</th></tr>
<tr><td>5</td><td>中心区深黑甚至呈油泥状，不易干，扩散区窄，氧化环大呈黄色</td><td>污染严重，分散性差，添加剂将耗尽</td><td>接近报废</td><td rowspan="2">不合格，应换油</td></tr>
<tr><td>6</td><td>扩散区消失，余下黑色沉淀圈和棕黄色氧化环</td><td>污染严重，沉积物凝聚，添加剂耗尽，分散能力消失</td><td>报废</td></tr>
<tr><td>备注</td><td colspan="4">① 油报废的特征是扩散区消失，沉积区变黑。如继续使用，黑色的沉积区会变成一个环痕清楚的中心圆圈，表明使用时间过长，油中的沉积物已从油中沉淀下来。
② 如沉积物区出现黑色不规则环，表示油被水污染。</td></tr>
</table>

2. 爆裂试验

在一块薄铁板或铝板上加热到滴下水滴可蒸发（表示板表面温度达100℃以上）时，把在用油滴上，若听到爆裂声，表示油中含水量大于0.1%，从爆裂声的程度可判断含水量多少。

3. 过滤试验

用汽油稀释少量使用过的内燃机油，用滤纸过滤，从留在滤纸上的沉积物的性质、数量，可大致了解此油的新旧和受污染程度，如有固体物还可以用磁铁吸，检查有无铁末等磨损颗粒。

第四节　内燃机油应用要点

1. 汽车油压亮红灯之谜

多级内燃机油在我国不断推广，尽管其价格较单级油高，但由于它的良好低温流动性及其他性能受到用户的欢迎，其销售量不断增加。但在推广中也接到一些反映，一是看到它较“稀”，怀疑它是否有足够的油膜强度保证润滑；二是在有些车上由于油压低而亮红灯警告，用户害怕供油不足出事故，这些担心有无必要？

（1）低油压红灯亮的原因

汽车发动机运转时润滑油在一定压力下维持油的循环，保证有足够的油量达到各运动部位，从机械角度来看，如果油压太低，发出警告可能有下列情况，需及时处理，否则有可能不能保证润滑而出故障：

① 机油泵工作不良，供油量不足。

② 因固体物堵塞部分滤清器或油道，影响供油量。

③ 润滑系统中有某些部位受损而产生超量泄漏，影响油的正常循环。

④ 油箱油量不足，不能完全淹没油泵吸入口。

⑤ 运动部件间隙过大。

⑥ 润滑油由于各种原因使黏度过低。

(2) 润滑油性能对油压高低的影响

从上述原因可看出，出现低油压主要是机械故障。另一个问题是在不存在上述机械故障的情况下，在用单级油时油压正常，而换了多级油后油压即低至警告线而亮红灯。

我们注意到有此类投诉的仅是很少的部分，而且全部是旧车，它们经长期使用，运动部件磨损严重，其配合间隙超过该机的极限。机油在一定油压下保持在润滑系统循环，要有二个基本条件，一是机油泵工作正常；二是系统内的油泄漏量(也相应于运动部件的配合间隙)稳定。运动部件间的油流失量可用下式表示：

$$q = \Delta p \cdot a\ I/\mu L$$

式中，q 为泄漏量，a 为间隙半径，I 为泄漏缝隙宽度，μ 为黏度，L 为泄漏长度，Δp 为压降。

从式中看出，泄漏量与配合间隙成正比，与油黏度成反比。也就是说机器的间隙越大(大多由于设备旧，磨损过大造成)，油压越低。按上述关系，我们来讨论油的黏度与油压的问题。

① 黏温性能是关键，多级油与单级油最大区别是黏温性能的改善(即黏度指数提高)，各种多级油的最低黏度指数如表 2-23 所示，多在 100 以上，而单级油按标准仅为 75 到 90。相同高温黏度级的多级油和单级油，如 SAE 15W/40 和 40，在不同的发动机部位的实际黏度如表 2-24 所示。

表 2-23　多级油的最低黏度指数(*VI*)

SAE	5W/20	5W/30	5W/40	5W/50	10W/30	10W/40	10W/50	20W/30	20W/40	20W/50
VI	122	179	206	229	144	168	189	92	113	130

表 2-24　多级油与单级油在内燃机各部位实际黏度比较

温度/℃	黏度/(mm^2/s)			
	230	150	100	40
SAE 40	1.9	4.9	14.5	160
SAE 15W/40	2.3	5.6	14.5	110
部　位	汽缸活塞上部	轴承	曲轴箱	启动时

从表2-23、表2-24可看到，对相同黏度级的油，黏度指数高的多级油在100℃以下的黏度要比单级油低，这就是为什么在常温下看起来多级油比单级油“稀”的原因，但在100℃以上，在发动机的重要部位，如活塞-汽缸、轴承等，多级油黏度要大大高于单级油，因而用户的担心是不必要的。事实证明，无数用多级油的车辆无一因油“稀”而造成烧瓦拉缸。同理，由于油箱及油管道的油温一般都低于100℃，多级油的黏度就会低于单级油，按上述公式，油压就会低些，但保证润滑是没有问题的。

② 多级油的流变特性降低了流动阻力，矿物油是一种牛顿流体，也就是其黏度变化与承受的剪切力无关。多级油是矿物油与高分子聚合物的混合物，其流动性能呈非牛顿性质，在受到剪切应力时，会产生“瞬时黏度下降”，在剪切力消失后又回复到原来黏度（又称黏弹性），而发动机各部位有不同剪切力，因而也在各部位产生不同“瞬时黏度下降”（见图2-9）。其结果是减少了油的流动阻力，使油不需那么大的压力即可保持原来的供油量（油泵负荷减轻）。

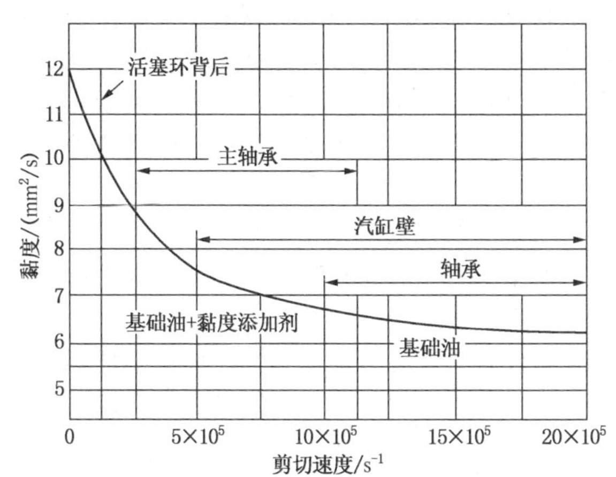

图2-9 发动机各部分剪切速度与多级油真正黏度

综上所述，多级油由于黏温性能好，在100℃以下的黏度低于同黏度级的单级油，而油箱中油温一般低于100℃，因而油压会低，但在高于100℃时多级油黏度高于单级油，发动机的主要运转部位都高于100℃，在这些部位多级油的黏度高于单级油，完全能保证润滑。另一方面，多级油具有非牛顿流体特性，在发动机各运转部位受到不同剪切力时产生“瞬时黏度损失”，减少流动阻力，油泵不需那么大压力即可保持油流通，因而用多级油时油压较单级油低时不必担心供油不足。就像人的高血压，并不表示身体各部供血充足，而代表的是人因血液黏度过大或血管硬化而造成的流动阻力大。

虽然由于多级油造成的低油压红灯亮与机械原因造成的不同，不会因供油不足而出事，但给操作者造成较大的心理压力，因而也要采取措施消除亮红灯情况，建议做法如下：

① 根本措施是更换磨损大间隙大的零部件，使机器在正常状态下工作。

② 在油泵或滤清器附近有一油压调节阀，调节油的回流量使油压达到正常值。

③ 更换高一级黏度的机油，如用15W/40时若亮红灯，一般换用20W/50后油压即可升到正常值。

④ 测定有亮红灯现象的在用油的黏度，若此黏度与新油黏度相差不多，可排除油质量的原因。若黏度明显下降，就有二个可能：一是被燃油稀释，需再测其闪点，若闪点比新油明显下降，此原因即可肯定，可检查是否燃油泄漏或雾化不良；二是油中黏度指数改进剂解聚，表明此油质量差，要换用其他品牌。

（3）小结

在有些使用时间长而维修少的车辆上，换用多级内燃机油后有时会出现油压偏低而亮红灯警告的现象。它不同于由于机械故障造成供油不足。一方面是多级油黏温性能好，在低于100℃时黏度较小而使油压较低；另一方面是它的非牛顿流变特性，在流向有剪切应力的运动部位时产生“瞬时黏度下降”，降低了流动阻力，使流动更为顺畅，无需较高压力即可流通。因而这种低油压不会造成因供油不足而出事故。

解决的最根本办法是维修发动机，使运动部位的配合间隙符合要求；其次是调节调压阀，把油压调上去；再就是换用高一黏度级别的油。

2. 内燃机油补加型添加剂的效果

早在20世纪80年代就有几种所谓加拿大补加型添加剂进入中国市场，宣传势头很猛，声称其使用效果十分神奇，带有让外行人听起来很有道理的“理论”和以国外最新科技产品面目出现，再加上经营利润太高(此类化合物国内制造成本每吨低于1万元，加上稀释剂溶剂汽油，卖给中国的终端用户为每吨十多万元)，曾一度卖得很俏。在此虚热的鼓舞下，又陆续有几种不同类型的补加型添加剂进入国内。但经十多年的时间考验，当初叫得很响的几种品牌有的已黯然退出市场，现存的也今不如昔。原因不外一是用户发现使用后效果与宣传相去甚远，甚至造成事故；二是用户自我保护意识渐趋成熟，不再那么盲目相信一些并无严格验证的“神奇”产品；三是经有关方面对这些东西剖析发现：有的是国内外早已淘汰的齿轮油抗磨剂环烷酸铅，有的是普通的用以提高润滑油黏度的聚异丁烯，有的干脆就是高档内燃机油成品。近几年这类产品在市场再度崛起，宣传手法更注重“科学”，带有更多“理论”根据和更多的“应用实例”。如“第x代磁性流体”、“纳米技术”、“陶瓷材料”等，但不管新老产品，其宣传手法和内容并无多大变化，主要如下：

① 毫无例外地以此产品能极大降低内燃机的摩擦作为宣传主体，以此派生出一些独特理论，如能填充金属表面的粗糙度、润滑形式的改变等。

② 从20世纪80年代至今，不管何公司、何产品，都离不了用同一种小型轴承试验机作减摩效果演示，都用无油行车试验宣传其效果。

③ 宣传其产品的使用效果主要在四方面：一是节能，可降低燃油耗10%以上，最高达50%；二是改善排放质量，大大减少有害气体含量；三是可大大延长换油期；四是可延长设备使用寿命数倍。

到底上述效果有无可能，下面加以评述，为了叙述方便，下面此类产品统称“节能剂”。

也有一些真正有减摩效果的添加剂，如油溶性有机钼化合物，国外目前也在使用，但效果决没有上述“节能剂”宣传的那么巨大。国内的钼盐产品经销时对使用效果的宣传也较为实事求是，本文的内容不包括这类产品。

(1) 关于内燃机的摩擦和磨损

① 与减少燃油消耗、改善排放有直接关系的是改善燃料燃烧效率而不是摩擦，现代内燃机在燃烧室设计、燃料的雾化、供油、点火、进排气定时、增压等方面已改善(包括使用电子技术)到使用燃料燃烧臻至完善，这是内燃机行业的事情，润滑油质量对此并无帮助。

② 改善各运动件的摩擦能提高有用功，在相同有用功时可节省燃料，这种潜力有多大？典型的内燃机总功率分配如图2-10所示，从图看出，480kW的燃料能量消耗在机械摩擦上约40kW，也就是10%以下，而正常的润滑油已使大部分摩擦减至很低，余下的从润滑油再改进去克服摩擦而节能的潜力只能在4%以下。

③ 美国石油学会(API)润滑油分类中最新的一档汽油机油SL(2001年推出)

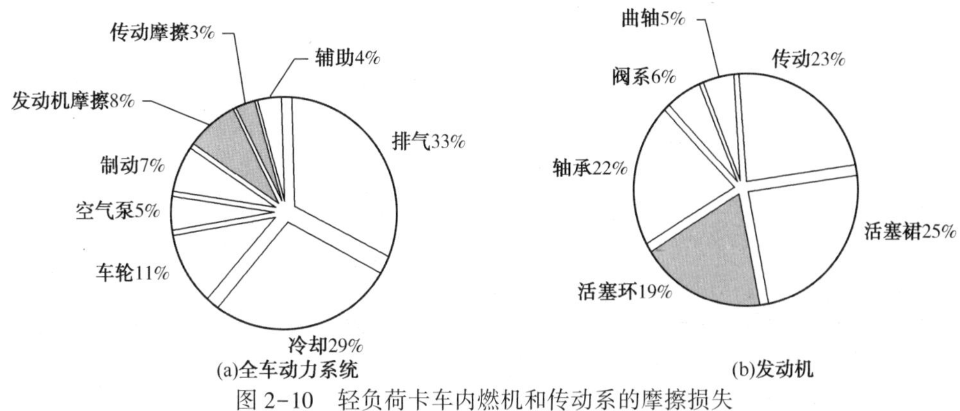

图2-10 轻负荷卡车内燃机和传动系的摩擦损失

中有节能要求，要通过标准台架试验方法ⅥB，最高的节能Ⅱ类是比参比油的燃油耗降低2.7%。

④ 改善排放是改善燃料燃烧和排气后处理的问题，与润滑油降低摩擦根本不是一回事。

⑤ 把金属表面粗糙度填满不一定是好事情，汽缸套都要珩磨，珩磨后汽缸表面有均匀的微观磨痕起储油作用，保证汽缸的润滑。当润滑油质量很差时，会把磨痕磨掉而失去储油作用，造成苛刻的汽缸磨损，称抛光(polish)，这是件坏事情。因此欧洲内燃机油规格中专门有一个评定汽缸抛光性能的台架试验和质量指标。

⑥ 发生在内燃机中的磨损有几类，其中腐蚀磨损占有较大比例，而节能剂仅改善摩擦，对改善腐蚀磨损并无作用。而且由于该类剂的性能不稳定，在很大程度上还会增加机械的腐蚀磨损。

⑦ 在美国市场上也有类似的商品，称 Aftermarket Additive(售后添加剂)，也是利用宣传广告大力渲染其效果，行内对此的反应如何？刊登于美国的"润滑剂世界"杂志上的一段话也许有代表性：美国通用汽车公司(GM)研究和开发中心燃料和润滑剂部部长米切尔·麦克米伦先生说："相反，这些售后添加剂搞乱了已严格平衡好的内燃机油添加剂配方，造成内燃机损害，磨损增加，进一步影响排放和燃料经济性，这就是为什么 GM 的用户手册中特别提醒反对售后添加剂的原因。出售添加剂的人说能减少磨损30%，作为一个化学工程师，我强烈反对这种说法。我对他们说，给我数据！若这些添加剂能减少磨损，阻止金属-金属接触，改善燃料经济性，应是很容易证明的，只要在工业界认可的发动机试验中做对比试验得出数据即可。我向多个供应商要这数据，但我在 GM 工作25年以上，没有一个供应商给我这种数据。"(摘自 Hart's Lubricants World. 1998. 1. p2)

(2) 关于小型轴承试验机

每一个试验机，其试验数据的重复性、区分性都要达到一定要求，其试验数据才有意义，而作为行业标准化的试验方法均达到此要求才能成为标准方法。润滑油行业评定润滑油的摩擦磨损性能有几个方法，如四球机试验、FZG试验、梯肯姆试验等为国内外行业公认并作为润滑油产品规格的项目之一。"节能剂"均无这些试验方法的数据而不约而同地钟情于小型轴承试验机作演示，显然是钻这个试验的重复性和区分性达不到标准化要求的空子(也就是可在操作手法的变化而左右试验结果)，可提供假象的可能性。此外，上述几个标准化的润滑油摩擦磨损试验并不能用于评定内燃机油的减摩或减磨效果，因为其试验副的摩擦状态及工作条件与内燃机相差甚远，试验结果间无相关性，小型轴承试验机的工作条件与内燃机相差更大，其试验结果的好坏与内燃机中的表现能有一致性吗？

(3) 关于无油行车试验

很多“节能剂”宣传其产品加入在使用机油中运转后把油放掉，此车能在无机油润滑的情况下运转若干公里，以证明此产品的油膜效果多么好。

① 作为液体的润滑油，除了减少摩擦磨损这一主要作用外，还有冷却(带走燃料总热量的7%~16%)和清洗(通过流动把烟炱、脏物等带去滤清)作用，无油运转时后两个作用不存在，因而只能维持较短时间，时间太长会造成汽缸-活塞或轴承过热而胀死。我们的用户也发生过由于司机不知机油漏光而无油行驶一定里程而平安无事的实例。说明加或不加节能剂都可短期无油行驶，其距离长短与发动机结构及油质量都有关。

② 姚广涛等对专用东风 EQ6100 和夏利 TJ376 汽油机做无油运转台架试验，采用市场上三种“节能剂”，机油中加入 10%的上述节能剂在中轻工况下进行无油试验，发现 EQ6100 中加与不加剂无甚差别，TJ376 中加剂油最长能延长约半小时，认为效果的差异源于其轴承材质的不同(《润滑与密封》1999.3 和 2000.4)。

(4) 几点疑问

① 宣传说加入“节能剂”能大幅延长换油期和设备使用寿命，一般汽车的使用寿命近十年以上，而这些“新科技”产品近年才问世，又如何得知能延长使用寿命?

② 评定润滑油的各性能和节能效果，国内外都有对口专业机构，它们拥有行业公认的已标准化的试验方法，正规的润滑油产品都有这些评定数据。为什么这些节能剂都没有这些试验报告，而宣传的是不规范试验结果，出示证明的是一些似乎有关但非直接有关的管理机构甚至对民事作公证的公证书?

(5) 编者的观点

① 市场上的大多数节能剂本身是润滑油的各类抗磨添加剂，对提高油的抗磨性应有好处，但有不实之处：一是并非放在什么油中都有作用，因为每种剂都有特定的适用范围；二是把其效果过分夸大，以此把价格抬高，从而得到高额利润。

② 为什么节能剂只用小型轴承试验机和无油行车试验这类非标准化而又不严格的试验以显示其效果，却没有提供行业标准化的方法数据? 是不知道有这些试验方法还是因试验结果不符合其宣传口径而不敢出示?

③ 本文上述美国通用汽车公司米切尔·麦克米伦先生的观点是客观和合理的。

3. 环保和节能是内燃机油升级换代的主要推动力

为了改善人类的生存环境，从法规上不断严格排放标准，一切发展均要服从环保的要求，成了时代的趋势。很多商品为了赶时髦，纷纷贴上环保标签作为新卖点，以标榜产品的高技术含量和时代先进性，很多润滑油尤其是内燃机油也在大打环保牌以争取市场。

润滑油发展与环保有关的有二方面：

① 与环保有间接关系　由于内燃机排放指标不断严格，促使从二方面改进以符合法规：一方面改进发动机，使燃料燃烧更完全，排出的氧化氮颗粒更少，它们排出来也要进行催化转化成无害物，如汽油机采用燃料喷射、电子点火、排气后处理，柴油机采用燃料直喷、加装排气循环(EGR)等；另一方面对燃料提出要求，如汽油无铅化、柴油含硫量限制等。这些改进对润滑油提出新的要求，润滑油为了满足这些要求而不断升级换代。也就是说，润滑油的质量与环保和排放没有直接关系，它的改进是由于内燃机和燃料为了满足排放要求而改进后，原来的润滑油已不能适应而需要开发新品种。

② 与环保直接有关　润滑油在使用中泄漏到环境中，废机油有一部分抛弃到环境中都会污染环境，因此要发展能生物降解，对人体无毒害的新型润滑油以达到环境保护，下面分别叙述。

(1) 排放法规不断严格促使内燃机油升级换代

欧美等经济发达国家的汽车排放法规不断严格(见表2-25、表2-26)。

表2-25　欧洲汽车排放标准　g/km

年　份	汽油机			柴油机	
	CO	NO_x	HC	NO_x	PM
1992(欧Ⅰ)	2.8	1.0	1.0	8.0	0.36
1996(欧Ⅱ)	2.3	0.3	0.3	8.0	0.25
2000(欧Ⅲ)	2.3	0.15	0.2	5.0	0.10
2005(欧Ⅳ)	1.0	0.08	0.1	5.0	0.02
2009(欧Ⅴ)				2.0	0.02

表2-26　美国汽车排放标准　g/km

年　份	汽油机			柴油机	
	CO	NO_x	HC	NO_x	PM
1991	2.6	0.75	0.78	6.8	0.34
1996	2.6	0.38	0.193	6.8	0.13
2000	2.1	0.19	0.16	5.4	0.13
2004	1.06	0.125	0.078	2.7	0.13
2007	1.06	0.125	0.078	0.27	0.013

由于排放法规的严格，发动机要采取各种措施如改善燃烧和加上各种尾气后处理辅助装置以符合法规，这些措施一方面同时改善燃料经济性，另一方面对润滑油提出新要求，促进了质量的升级换代。这些措施如表 2-27 所示。

表 2-27 一些尾气后处理系统

尾气后处理系统		对润滑油的限制		
		灰分	硫	磷
颗粒捕捉器	DTF	x	—	—
三元催化剂	TWC	—	—	x
Nx 催化剂	LNC	—	—	x
Nx 捕捉器	LNT	—	—	x
柴油氧化催化剂	DOC	—	x	x
选择性催化剂	SCR	—		

排放法规不断严格，内燃机要不断改进才能符合排放要求，改进了的内燃机对润滑油提出新的要求，内燃机油要提高性能才能满足新要求，升级换代成为必然(见表 2-28、表 2-29)。

表 2-28 柴油机油规格发展与排放法规

级 别	年 份	排放法规	柴油机改进	润滑油性能	试验台架特点
CD	1988 前	未规定排放	预燃室柴油机		
CE	1988	限制颗粒排放	直喷柴油机	单级黏度变多级	增加多缸机试验
CF-4	1991	颗粒排放 <0. 25g/bhp · h	控制机油耗，减少磨损	主要性能全面提高	以 1K 代 1G2
CG-4	1994	<0. 1g/bhp · h	柴油硫小于 0. 05%	总碱值降低	多缸机试验升级+模拟试验
CH-4	1998	NO_x 4g/bhp · h	延迟喷油定时	克服油中烟炱的负影响	多缸机试验升级
CI-4	2002		装 EGR	克服 EGR 的负影响	试验机装 EGR
CJ-4	2006	NO_x、PM 大降		全面性能提高	增加三个新台架试验

表 2-29 汽油机油升级与排放法规

级 别	年 份	法规及油的有关性能	试 验
SF	1980	换油期长，抗氧性更好	L-38，ⅡD，ⅢD，ⅤD
SG	1987	全面性能提高	L-38，ⅡD，ⅢE，ⅤE

续表

级别	年份	法规及油的有关性能	试验
SH	1993	避免排气催化剂中毒，限制磷含量	试验同上，但应遵守CMA规则，再加理化及模拟试验
SJ	1996	油中磷的要求从0.12%降至0.10%	
SL	2001	汽油机符合更严格的排放要求，性能全面提高	ⅢF,ⅣA,ⅤG,ⅥB,Ⅷ,BRT
SM	2004	提高燃料经济性及保持性、催化剂相容性	ⅢG、BRT，Ⅷ，ⅣA等
SN	2010	整体性提高	ⅢG、BRT，Ⅶ，ⅣA等

(2) 环境友好型润滑油的发展

据估计，润滑剂在使用中，约消耗了55%，剩余45%为废机油。在经济发达国家中废机油的1/3作为燃料，1/3拿去再生，余下1/3抛弃，造成环境污染。随着环保被日益重视，润滑剂的环境友好性已提到日程上来。这包含二个内容：一是对人体无毒；二是生物降解性强。但由于此题目的研究工作开展较晚，很多有关内容尚未有成熟的结论，环境友好型润滑油还在研制或试用过程中，或成本较高或资源较窄，真正推向市场广为使用的较少。

① 基础油的生物降解性能　从表2-30看到，现在应用最广泛的矿物油生物降解性差，Ⅱ、Ⅲ类油和聚α-烯烃合成油有些品种较好，酯类合成油更好一些，最好的还是植物油。而前几种价格较高，有些用于矿物油的添加剂配方技术不通用，需再行开发。植物油虽然成本与矿物油相差不多，资源也很丰富，但其性能尤其是高温性能比矿物油差得多，通过改性或添加剂技术使之达到矿物油的水平的研究还在进行中，目前仅在一些品种如液压油、一次性消耗的二冲程汽油机油和某些金属加工油上采用植物油。

表2-30　各类基础油生物降解性(CEC L32-A-93 21天)　　%

加氢油	白油	矿物油	光亮油	植物油	PAO	烷基苯	双酯	多羟基酯	芳基酯	聚丙醇醚	聚乙二醇醚
25~80	25~45	10~45	5~15	75~100	20~80	5~25	50~100	5~100	0~95	10~30	10~70

② 添加剂的生物降解性　大多含金属的磺酸盐、硫磷酸盐的生物降解性约为50%~80%，好于矿物油。而作为抗磨剂、油性剂的脂肪和它的硫化产物，作为抗氧剂的胺盐、酚盐，生物降解性较好，在成品润滑油中的含量也不大，对成品润滑油的生物降解性无不良的影响。

③ 毒性　绝大多数润滑油与人体仅有很少的接触皮肤机会，只有用于食品加工机械的润滑剂才有少量进入人体消化系统的可能。从与皮肤接触的角度来看，润滑剂基本上是安全的，用于食品加工机械的润滑剂，需有专职部门核准的

食品级润滑剂。

总的来说，环境友好型润滑剂的研究还刚刚起步，要广泛代替目前占领绝大多数市场的环境不够友好的矿物油基润滑剂为时尚早。因而目前市场上很多号称环保型的润滑剂只是间接与环保有关，它本身还不是环境友好型产品。

(3) 汽车燃油耗要求日趋严格

全球对汽车燃油耗要求见表 2-31。发动机技能措施见表 2-32。

表 2-31 全球对汽车燃油耗要求

北美		欧洲		日本		中国	
美国乘用车 CAFÉ		CO_2 标准				以发动机排量为基准	
2016	35. 5mile/gal	2015	130g/km	2015 年比 2010 提高 29. 4%		2015	6. 9L/100km
2025	54. 5mile/gal	2020	95g/km			2020	5. 0L/100km

表 2-32 发动机节能措施

发动机	节能措施
汽油机	直喷，增压直喷，涡轮增压，均质压燃，可变排量，滚子随动件
柴油机	单轨泵高压电喷，高压共轨，活塞汽缸设计优化，增压中冷

表 2-32 中的很多措施可能会对节能和排放同时改善。通过这些措施改善节能和排放后，对润滑油提出了新要求，原润滑油不再适用，因此产生了升级换代的新品种。这些新品种评定方法中的试验用的发动机也都采用这些措施，使得评定方法也随之升级换代。例如汽油机采用汽油直接喷射加增压，即 T-GDI，使燃油耗改善 24%，CO_2 排放改善 25%，但同时使机油变稠，轴承磨损增加，产生早燃，这就促使润滑油为了克服上述问题而改进配方，进行升级换代。

4. 国产油是否真的不如洋品牌油

在润滑油市场上同档次的润滑油价格，洋品牌油比国产油高 20% 以上。用户的设备发生故障后若用洋品牌油，用户会从其他方面找原因，若用国产油则润滑油质量会成为第一个怀疑对象。种种现象表明普遍的认识是对国产润滑油质量信心不足。用户的这种心理完全可以理解，因为一是洋品牌油历史长，在全球市场上覆盖面大，在用户心目中早已扎根；二是所有的洋设备的用户手册推荐的都是几个著名洋品牌润滑油；三是洋品牌油在服务、市场推广、宣传上做得非常到位。反观国产油从 20 世纪 80 年代末才真正开始升级换代，历史很短，在服务、市场开发和宣传上力度都不足，再加上很多“山寨厂”低价的假日伪劣油品充斥市场，更败坏了国产油的声誉。究竟国产正牌油品比洋品牌油质量是否真有差距，差距有多大呢？通过对比使用试验应是最有说服力的，下面我们举二个例子。

（1）矿山载重车试验

① 试验车辆：二台机况相似的载矿石车，载重 31.75t，在矿山路面上行驶试验

柴油机型号：康明斯 KT1150

液力变速器型号：艾里逊 CLBT-750

② 试验油：美孚黑霸王 15W/40 CF-4/SG

南海牌 15W/40 CF-4/SG

③ 试验时间：1998 年 4~9 月，气候炎热季节

地点：广东省某硫铁矿区

④ 试验方案：每种油品装一台车，工况相同，每 50~100h 取油样，每个油样分成二份，一份交美孚，一份交南海，各自进行分析后相互核对分析数据。第一阶段 300h，在柴油机上试验；第二阶段 450h，在柴油机和液力变速器上一起试验，从油的变化评定油的品质。

⑤ 试验结果：二公司对同一油样的分析数据十分吻合。

第二阶段美孚油仅做 300h，只有南海牌油延长至 450h，后 150h 无法对比，表 2-33 仅列 300h 数据。

表 2-33 国产油与洋品牌油在矿山运输车上使用试验中油的变化对比

试验机	柴油机					液力变速器				
时间/h	0	300	0	300	300	0	300	0	300	300
项目	$\nu_{100℃}$/(mm²/s)		TBN/(mgKOH/g)		Fe/(mg/kg)	$\nu_{100℃}$/(mm²/s)		TBN/(mgKOH/g)		Fe/(mg/kg)
美孚	14.20	13.66	10.31	9.07	22	14.13	11.90	10.22	10.33	22
南海	14.37	13.60	10.57	9.33	34	13.34	12.36	10.08	8.80	111

从上数据看出，二种油在使用中变化不大，大大低于换油的限制值，经试验后矿山管理部门把换油期定为 400~450h，用南海牌油至今。

（2）公共汽车试验

① 试验车辆：六台新公共交通车

柴油机：大柴 6110

② 试验油：加德士 15W/40 CF-4 市售

南海牌 15W/40 CF-4

南海牌 15W/40 CD

③ 试验时间：1998 年 6~ 8 月，每天约行驶 18h

试验地点：广州市某公交公司同一线路

④ 试验方案：每二辆车装一种试验油，试验 90 天，每 18 天取油样，分析变化情况。

⑤ 试验结果如表 2-34 所示。

表 2-34 公交车辆国产油与洋品牌油在使用中变化的对比

试验油	南海牌 15W/40 CD			南海牌 15W/40 CF-4			加德士 15W/40 CF-4		
项目	$\nu_{100℃}$/(mm^2/s)	TBN/(mgKOH/g)	Fe/(mg/kg)	$\nu_{100℃}$/(mm^2/s)	TBN/(mgKOH/g)	Fe/(mg/kg)	$\nu_{100℃}$/(mm^2/s)	TBN/(mgKOH/g)	Fe/(mg/kg)
0 天	14.5	7.43	—	14.6	9.37	—	14.6	9.97	—
90 天	10.8	4.11	178	11.5	5.94	171	11.6	5.74	268

从表 2-28 看出，洋油和国产油的 CF-4 试验后的变化都不大，相差也很少，都比 CD 油好。

上述试验都由用户安排，公交公司所用试验油均从市场上购买，并非由厂家专门提供。因而从上面的二个大型实际使用试验可看出，国产著名品牌的润滑油与著名洋品牌润滑油不存在任何差距，应放心使用。

从上述可看出，与质量有关的三大要素为：加工过程、添加剂配方和基础油质量。润滑油的加工是简单的物理混合，无高技术含量可言。中外大型润滑油公司用的都是几大国际著名添加剂公司的复合剂，基础油质量也都相同，我国每年有数万吨基础油出口，所差的就是质量管理了。对于早已得到 ISO 9000 系列认证的企业，管理已踏上正轨，不可能有大的差错。

从我们受理多年用户的投诉，可分为几类：一是用户用油知识贫乏而用油不合理甚至用错油，只要服务工作到家就可解决；二是心理作用，先入为主的对国产油质量有疑虑，用国产油后平时没注意的问题都算在国产油头上，后来我们请他与洋油对比，才发现用洋油时也有同样问题甚至更严重，只是用洋油时没注意，当成理所当然的事情；三是由于各种原因而转移责任。真正属于油质量的投诉并不多，问题是用户要认清有信誉的国产品牌而不要轻信低廉的价格和各种似是而非的宣传和“包装”。

5. 低黏度化、多级油化、高档化是内燃机油应用的趋势

我国是一个发展中国家，但从贫穷落后→小康→部分富裕的步伐太快，西方要花上百年的时间我国仅用了三十多年。车辆及生产设备，从过去清一色的“解放牌”汽车和“傻大黑粗”设备到现在的接近国际水平的过程太快，形成一是现在

汽车设备旧、中、新在市场上同时并存，旧设备的淘汰速度慢，新设备增加快；二是人们的认识滞后，比如前多久还在开手扶拖拉机的人现在开宝马汽车，他们的用油认识仍停留在对多级油、中高档油等价格较高的润滑油持怀疑和不接受的态度，使我国润滑油市场在往现代质量的推进中阻力很大，硬件的快速转变与观念和认识的慢转变存在较大的时间差。近年来由于老、旧车辆淘汰速度的加快，加上润滑油行业的不懈努力和事实的证明，上述用油的落后认识总算慢慢得到纠正，目前用油已趋于低黏度化、多级油化和高档化。

下面的试验证明了低黏度油的优势：试验发动机为排量 2. 5L 涡轮增压柴油机，有 EGR 装置，试验在有测功机的台架上进行；有三种工况：一是按城市行驶工况；二是长途行驶工况；三是高功率工况。试验油物理数据见表 2-35，试验结果见表 2-36。

表 2-35　试验油物理数据

试验油	A	B	C	D	E
基础油类型	矿物油	矿物油	合成油	矿物油	半合成油
黏度添加剂	—	—	—	有	—
SAE 级	40	20	20	10W40	40
100℃黏度/cSt	16. 21	6. 74	6. 62	16. 29	16. 22
黏度指数	108	109	152	179	108
挥发性/%	11	11	11	11	4

表 2-36　试验结果

项　目	工况	单位	A	B	C	D	E
燃油耗	城市	L/1000km	11. 06	9. 46	9. 65	10. 07	10. 80
	长途		6. 71	6. 46	6. 41	6. 53	6. 73
试验结束油温	城市	℃	83. 5	75. 3	73. 5	79	83. 5
	长途		97. 3	90. 3	89. 5	94. 3	96. 2
颗粒排放	城市	k/km	0. 075	0. 072	0. 082	0. 059	0. 068
	长途		0. 054	0. 054	0. 052	0. 046	0. 047
油耗	高功率	g/1000km	999	764	773	949	918
功率	高功率	kW	84. 8	85. 5	85. 5	84. 2	83. 7
油温		℃	136. 2	121. 8	121. 5	133. 8	136. 3
油压		MPa	0. 47	0. 38	0. 37	0. 45	0. 47

从表 2-36 的试验结果可以看出：①SAE 20 的燃油耗比 SAE 40 的低，10W40 与 SAE 20 接近；②低黏度油和多级油的油温低于高黏油；③黏度与排放无甚规律；④低黏度油和多级油的机油耗低于高黏度油；⑤用低黏度油和多级油较高黏度油有高的输出功率；⑥低黏度油比高黏度油的油压低。由此可见，低黏度油比高黏度油能更好地满足用户的需要，低黏度油的市场占有率趋于上升，单级油将退出市场，内燃机油低黏度化的趋势已经确立(见表 2-37~表 2-39)。

表 2-37 我国汽油机油市场黏度级分布 %

黏度级	20Wxx	15W40/50	10W40	10W30	5W40/50	5W30	5W20 以下
2015 年	11	27	24	17	9	7	5
2020 年(估)	6	15	22	20	10	15	12

表 2-38 我国柴油机油市场黏度级分布 %

黏度级	20Wxx	10Wxx 以下	15Wxx	单级油
2015 年	30	8	42	14
2020 年(估)	30	20	50	—

表 2-39 美国 2012 年重负荷柴油机油市场黏度级分布 %

黏度级	30	15W40	10W40	10W30	5W40
分布	1.7	89.8	0.7	6.1	1.7

此外，市场上多级油、高档油的分额也在逐步上升，见表 2-40 和表 2-41。

表 2-40 我国汽油机油档次市场分布 %

质量级	SJ 以下	SL	SM	SN	Dexos1	Acea
2015 年	21	31	13	7	4	24
2020 年(估)	13	25	9	16	6	32

注：Dexos1 是近年来美国通用汽气公司提出的 OEM 规格油。

表 2-41 我国柴油机油档次市场分布 %

质量级	CF-4 以下	CH-4	CI-4	其他
2015 年	32	36	9	23
2020 年(估)	22	58	13	7

相对于低档油和单级油，中高档油和多级油的价格较贵，从以上趋势可看出，人们的消费观念在走向理性，为了保证车辆的良好润滑和长使用寿命，选用

优质的润滑油是第一位的，而价格则在其次。人们逐渐切身体会到，购质量档次低或假冒伪劣品的低价油，可能省了少量费用，但因此造成发动机故障维修费用大及使用寿命短是得不偿失的。

6. 内燃机的冷启动与热启动

在多级内燃机油面世前，汽车的冷启动是一个很困难的事情。天气寒冷时，内燃机油中的润滑油黏度很大，一方面油泵很难把油迅速打到各摩擦副表面作润滑，另一方面太稠的油对运动部件的阻力很大，再加上蓄电池因冷电液变稠而电量下降，使内燃机达不到启动转速而使启动失败。人们采取对发动机火烤、浇开水甚至长期不敢熄火等措施使机子能及时启动，但上述方法除了给人造成麻烦外，还造成机子磨损大、能耗大和润滑油降解加快。多级内燃机油面世较好地解决了冷启动问题，方便了用户，减少了能耗和保护了发动机。现在人们可按气温选用不同低温黏度的多级油，可以不采取任何辅助措施而在寒冷天气下顺利启动车辆。

汽车的热启动是指汽车在停车后在发动机热状态下立即启动。导致热启动失败，需多次启动才能启动成功的原因是：发动机停车时冷却液及润滑油同时停止对运动部位的供应，此时金属储存的热释放出来，使其温度上升至比工作时还高，一方面金属膨胀使配合间隙变小甚至产生金属-金属接触，另一方面摩擦表面油因高温使油膜变稀而加快流失，此时再启动就会产生干摩擦而阻力大，使启动失败，要多次启动使冷却液及润滑油再次供到运动部位才能启动成功。这种情况多发生在发动机较新、档次较高、配合间隙较精密的发动机上。热启动失败的效果是给发动机造成较大的磨损。解决方法一是待车子温度稍冷时再启动，二是采用黏度稍高的油或提高油的高温黏滞性能，如图 2-11 所示。

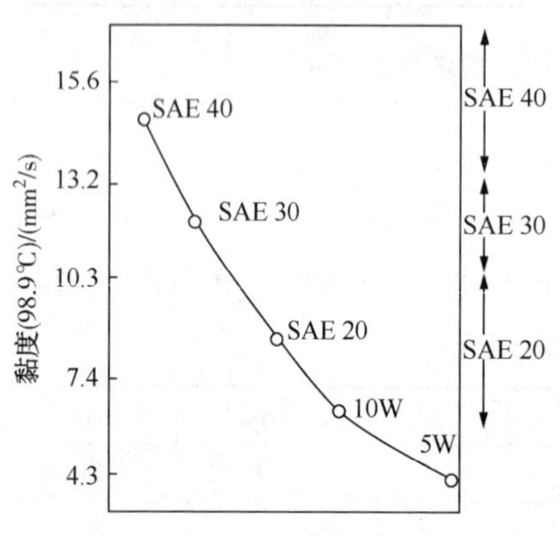

图 2-11　内燃机油热启动校正曲线

7. 持续的开开停停工况及持续高速和超载工况都使内燃机油加速老化和内燃机磨损加大

有的车辆如城市公共汽车要在不断开开停停和功率较低的工况下行驶，此时一是机子温度不高，燃料燃烧后产生的水达不到露点而形成水滴掉到油箱，使润滑油乳化和生成油泥，堵塞油道和滤清器；二是在低工况下燃料燃烧不完全，产生较多的 CO、烟炱和雾化不良的燃料液滴等掉到油中，使油变脏，其中的硫氮氧化物与水形成酸性物，使金属产生明显的腐蚀磨损，造成油劣化加速，发动机磨损严重，如图 2-12 所示。

有的车辆如载重卡车在持续超载、超速工况下行驶，其发动机在高强度运转，使润滑油长时间在 100℃以上工作，氧化速度加快，使油黏度变稠（见图 2-13），酸值变高，造成腐蚀磨损严重，油膜变薄，也使发动机磨损增加，高温沉积物如积炭、漆膜和黏环加剧。

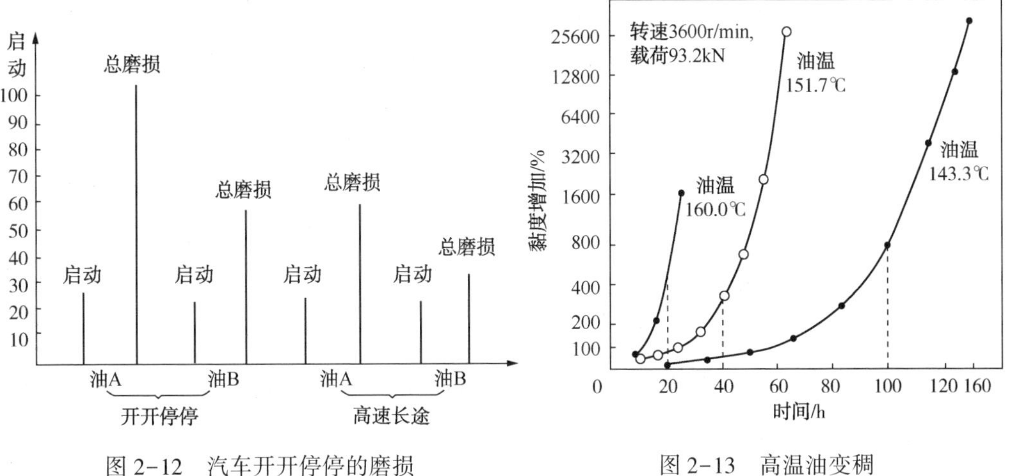

图 2-12　汽车开开停停的磨损

图 2-13　高温油变稠

若车辆长期在上述二种工况下行驶，建议缩短换油期。

第五节　几种专用内燃机油

API 内燃机油分类主要指车用内燃机油。还有很多其他用途的内燃机，各有特殊要求，用的润滑油量又比较大，搬用 API 分类中的品种并不能满足，这就需要开发专用的油品，下面我们也作叙述。

一、二冲程汽油机油（含四冲程摩托车油）

摩托车、油锯、扫雪机、农药喷雾器、移动式小型发电机组及舷外机等，大多以二冲程汽油机为动力。与四冲程汽油机相比，相同功率的二冲程汽油机质量轻、体积小、便于携带、结构简单，因而被上述这些要求轻便而功率大的设备采用为动力，而且大多为风冷，更便于水源不便的用途，特别是作为摩托车的动力，近年来在我国得到长足的发展。从 2000 年以来，我国摩托车的保有量和年产量均居世界第一位，其中汽油机排量在 100mL 以下的绝大多数是二冲程，因而二冲程汽油机所用的润滑油已成为人民日常生活用品的一部分。

二冲程汽油机也有较大的缺点，一是噪音较大，二是排烟质量较差，三是燃油耗较大，这也与对润滑油的质量要求有关。

1. 二冲程汽油机的润滑方式

二冲程汽油机有以下两种润滑方式。

(1) 润滑油与燃料预混合

把润滑油与汽油按一定比例[一般(1：20)~(1：50)]混合后从汽化器进入曲轴箱和汽缸，在进气冲程时有一定真空度及在部件热表面上混合物中汽油部分蒸发，润滑油留在轴承和缸套润滑运动部件，用过的油少量排出，大部分与汽油一起燃烧。这种方式的优点是无润滑机构，使发动机结构简化，缺点是润滑油消耗大，怠速时进油少，润滑不够充分，润滑油燃烧也会恶化排烟质量。

(2) 独立润滑系统

即CCI机构，它有油箱、油泵、油管和喷油嘴，可把润滑油注到各润滑部位，此方式优点是润滑可靠，润滑油消耗少，缺点是结构复杂些。

2. 二冲程汽油机的润滑特点及其对润滑油的要求

(1) 热载荷高

二冲程汽油机功率大，转速高(5000r/min以上)，大多采用风冷，因而热载荷比相应的四冲程汽油机高得多，活塞表面温度很高(见表2-42)，润滑油在高温下易生成炭状沉积物，造成黏环和拉缸，因此要求润滑油有优异的高温清净性。

表2-42 在50km/h、80km/h时活塞各部位的温度

（活塞示意图：x_1、x_2、x_3、x_4、x_5）	x_i/mm	50km/h		80km/h	
		温度/℃		温度/℃	
		吸入侧	排气侧	吸入侧	排气侧
	63.5	220~240	277~300	270~290	370~375
	49	190~195	200~225	215~240	290
	36	175~180	190~215	180~200	240
	20	165~170	175~190	165~190	200~220
	6	160	170~175	155~180	190~200

(2) 机械载荷高

和热载荷的情形相同，二冲程汽油机的机械载荷也大大高于相应的四冲程汽油机，而且像摩托车类的风冷机，汽缸四周冷却不均匀，行驶中迎风方向冷却好，背风方向冷却差，热胀冷缩不均匀，使汽缸变形(见图 2-14)，易于擦伤和磨损，因此润滑油要有高的油膜强度和极压性能。

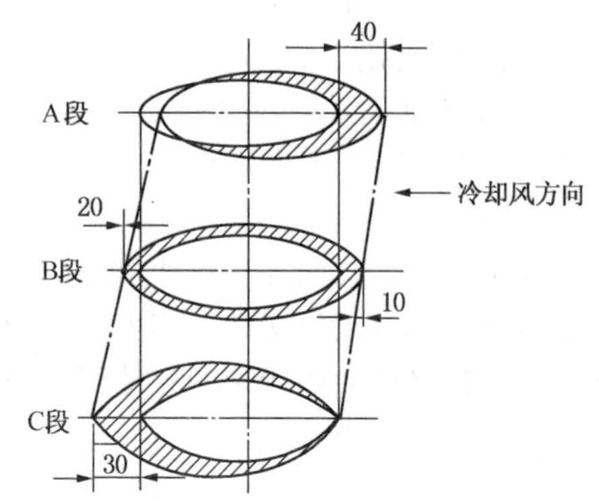

图 2-14 汽缸运行时热变形(单位：mm)

(3) 润滑油和燃料燃烧后排出产生的问题

润滑油与汽油一起燃烧后从排气中排出，这是二冲程汽油机与四冲程汽油机的一大区别。由于润滑油的馏分重，燃烧后生成较多的沉积物，这些沉积物对发动机的正常工作会产生如下的危害：

① 这些沉积物堵塞进排气口，造成进排气不畅，从而降低输出功率；

② 在火花塞电极上生成沉积物，造成跨连，使功率下降甚至停机，也降低火花塞寿命；

③ 燃烧室的高温沉积物造成提前点火，工作程序紊乱，导致功率下降。

这就要求润滑油灰分要低，燃烧后产物松软，易于脱落及排出，高功率二冲程汽油机油如舷外机油要用纯无灰添加剂。

(4) 与汽油的混溶性好

能迅速与汽油均匀混合。

(5) 好的抗水性和防锈性

以二冲程汽油机为动力的舷外机装备在船上，与水的接触机会大，对抗水性和防锈性有要求。

(6) 消烟性能好

二冲程汽油机的固有构造造成燃料燃烧不如四冲程燃烧完全，加上润滑油也燃烧排出，使排烟质量差。在以二冲程汽油机为动力的摩托车普及后，其排放使空气污染，经济发达国家已制定排放法规，因而如何改善二冲程汽油机的排放质量是今后这类机型的生死存亡的大问题。当然主要是发动机的改进问题，同时也要求润滑油有好的消烟性能。

以上是二冲程汽油机油与四冲程汽油机油相比较有特殊要求之处，同时与四冲程汽油机油相比，二冲程汽油机油也有一些不是必要的要求：

① 由于不是循环润滑，没有废机油，不存在使用寿命和换油期，因而不要求好的抗氧性能。

② 由于润滑油在汽油机启动后才进去，不会由于它的流动性而造成启动阻力，因而也没有低温流动性要求。

③ 抗泡要求不高。

综上所述，与四冲程汽油机油(即常用的汽车用机油)相比，二冲程汽油机油除了有些要求可以忽略外，其主要性能都有特殊要求，所以绝不能互换使用，二冲程汽油机必须使用专用的二冲程汽油机油。

3. 二冲程汽油机油的分类

二冲程汽油机油的分类也经历了不同变化，美国、欧洲和我国都有过分类，但最新的也是现在有关行业普遍采用的是日本的分类(JASO M345)。它分为 FB、FC、FD 三类，要求三个理化指标，六个指数(润滑性、清净性、活塞漆膜、排烟、排气系统堵塞和初力矩等六个台架试验)以及溶混性和低温流动性，见表 2-43 和表 2-44。

表 2-43　二冲程汽油机油要求(JASO M345—2004/ISO 13738—2011)

ISO(国际标准组织)目标	EGB	EGC	EGD
JASO(日本汽车标准组织)规格	FB	FC	FD
JASO M345 工作台试验			
闪点/℃	70	70	70
100℃运动黏度/cSt	6.5	6.5	6.5
硫酸灰分/%	0.25/0.18	0.25/0.18	0.18
JASO/ISO 指数			
润滑性(M340)	95	95	95
清净性(M341)	85	95	125①
活塞漆膜(M341)①	85	90	95
排烟(M342)	45	85	85
排气系统堵塞(M343)	45	90	90
初力矩(M340)	98	98	98

① 仅 ISO 要求。

表 2-44　二冲程油溶混性和流动性要求

SAE 级	布氏黏度/cP　不大于	与参比油的溶混性
1	3500/0℃	VI-GG
2	3500/-10℃	VI-FF
3	7500/-25℃	VI-D
4	17000/-40℃	VI-II

4. 使用和购买的注意事项

① 不能把普通的车用机油用于二冲程汽油机，更不能把二冲程汽油机油用于四冲程汽油机。从表2-45可看出，二冲程汽油机油中含有10%以上的煤油类溶剂以提高溶混性，用在汽车上会把发动机搞坏。

表2-45 二冲程汽油机油和四冲程汽油机油组成的区别

类别	基础油			添加剂									灰分/%	总碱值
汽油机油	矿物油	溶剂	光亮油	稠化剂	降凝剂	ZDDP	消烟剂	清净剂	无灰剂	防锈剂	消泡剂	染料		
四冲程	*	0	α	α	α	*	0	*	*	α	*	α	0.15~1.5	3~12
二冲程	*	*	*	0	α	0	α	0	*	α	α	*	0~0.2	0.5~8

注：*——一定要用，α—可能要用，0—不用。

② 最好选用FC。

③ 不能靠近明火或高温环境，因为油中含有低闪点溶剂。

5. 二冲程汽油机油应用要点

(1) 要让用户用到真正的二冲程摩托车润滑油

有一个极其明显的矛盾令中外润滑油行家大惑不解：中国的摩托车产量和保有量全球第一，以二冲程汽油机为动力的摩托车约占总量的近一半，大部分作为交通工具而不是作为休闲娱乐用，理论推算全国二冲程汽油机油的用量应远大于10×10^4t，但从中国石化和中国石油两大集团公司及几大国外名牌润滑油公司的统计的总和却少得可怜(仅数千吨)。这个事实说明广大的摩托车用户并没有用到真正的二冲程汽油机油。原因只有二个可能：一是用户常用的不是二冲程汽油机油，而是一般的车用汽油机油；二是大部分用了一些地方小厂低价的所谓“摩托车油”，这些油的质量无法保证，数量无法统计。为了解开此谜，我们做了两方面的社会调查。一是到上海和广州的几个大型摩托车零配件市场，可看到五花八门的摩托车机油，这里唱主角的并不是名牌产品，而是多而陌生的品牌油，他们唯一的优势就是价格便宜，有些价格低到比正规的基础油还低。我们曾随机购了两种油回去化验，有一种肯定是再生油或无精制的馏分油。也有高价的，包装精美，甚至有几个英文或日文，但质量同样低劣。二是我们编制了一个问卷请摩托车主回答，从广东省茂名市的数百份问卷的答案得到：①绝大部分车主购润滑油时考虑第一位的是要质量好，价格则在第三、四位；②大多车主加油方式是到摩托车维修店，选用润滑油品牌听从维修店人员的推荐。

通过以上的社会调查，使我们初步对此谜有了答案：

① 车主要爱护他的车，要用好油，好油的价格与他们的摩托车价值相比，与他们的维修费用相比都不成为负担，但因对润滑油不了解，无知识，大多不懂加油换油而信赖于摩托车维修店，因而用低质价廉润滑油的责任不在他们，他们也是受害者。

② 关键在于摩托车维修店。首先，这类维修店本身的素质是参差不齐的，他们的本行——摩托车维修能否够格已有疑问，作为润滑油指导肯定是不合格的。其次，在利益的驱动下，他们不愿意向用户推荐进出货价较透明的名牌产品，因其价差较小，而推荐的是来货价低、名气不大而可以卖高价的产品，从中得到较大价差。因此，他们最卖力推荐的品牌是能给予他们最大利益或推销商许诺给予他们某些实惠的品牌，而不是质量最好的品牌。

③ 摩托车油的质量没有得到社会有力的监管。

为此提出两条忠告：

① 名牌润滑油专卖店应开展免费为用户换油加油的服务，并向摩托车主普及用油知识。

② 摩托车主不要相信摩托车维修人员对润滑油的推荐，因为他们的润滑油知识并不比你多，应自行购买信得过的品牌润滑油，到维修店请他们代换油或加油。

(2) 把车用汽油机油用在您的二冲程汽油机摩托车上，有害无益

一般汽油机油是专用于四冲程汽油机的，用在二冲程汽油机上会发生一系列问题，如提前点火、火花塞跨连(行驶中有断火现象)、火花塞寿命短、排烟浓、机器磨损大等。如果有上述情况，先检查用的润滑油对不对，再去找机器的毛病。总之，爱护摩托车，一定要用真正的二冲程汽油机油，最好是 FC 油。

6. 四冲程摩托车油

很多外国公司把摩托车油不管四冲程或二冲程都称为小型发动机油，这是因为用于摩托车的四冲程油与车用汽油机油虽然在性能要求上大致相同，也采用它的分类，但仍有一个特殊要求，就是摩托车的内燃机油与其湿式离合器在一起，而新的汽油机油因有节能要求而加入摩擦改进剂，这类添加剂会使湿式离合器打滑和损失动力，因而要有 SAE No2 摩擦试验以控制此性能。

日本颁布了四冲程摩托车油规格 JASO T903—2011，具体见表 2-46~表 2-48。

表 2-46　四冲程摩托车油性能要求(JASO T903—2011)

标　准	级
API	SG，SH，SJ，SL，SM，SN
ILSAC	GF-1，GF-2，GF-3
ACEA	A1/B1，A3/B3，A3/B4，A5/B5，C2，C3，C4

表 2-47 四冲程摩托车油理化要求(JASO T903—2011)

项目	硫酸灰分/%	蒸发损失/%	抗泡/mL	磷/%	剪切稳定性	黏度/cSt	HTHS/mPa·s
要求	1.2	20	10/0，50/0，10/0	0.08~0.12	xW30>9	xW40>12	2.9

表 2-48 四冲程摩托车油摩擦特性(JASO T903—2011)

	MAA	MA2	MA1	MB
动摩擦指数 DFI	≥1.30 和<2.50	≥1.85 和<2.50	≥1.30 和<1.85	≥0.50 和<1.30
静摩擦指数 SFI	≥1.25 和<2.50	≥1.70 和<2.50	≥1.25 和<1.70	≥0.50 和<1.25
停止时间指数 STI	≥1.45 和<2.50	≥1.85 和<2.50	≥1.45 和<1.85	≥0.50 和<1.45

我国中石化也建立了四冲程摩托车油企业标准 Q/SH PRD057-2007，共 20 个品种，即 SE MA、SE 、SF MA、SF MAB、SG MA、SG MA1、SG mA2、SG MB、SJ MA、SJ MA1、SJ MA2、SJ MB、SL MA、SL MA1、SL MA2、SL MB、SM MA、SM MA1、SM MA2、SM MB，规格的性能指标与相应的 API 和 JASO 要求基本相同，也有一些差别，本文不详述。

7. 舷外机油

二冲程汽油机油中还有一类为舷外机油。舷外机用于小型船艇作动力，用于赛艇、游艇、沿海短途交通及军用舟桥，要求机身轻巧而功率高，一般采用二冲程汽油机。这种用途的二冲程汽油机与摩托车用的区别一是它的功率很大，从单缸到十缸以上，从 10kW 以下到 100kW 以上都有，热负荷和机械负荷大大高于摩托车用发动机；二是基本为水冷；三是与水接触的可能大；四是多为预混合进油，因而舷外机油的性能要求与二冲程摩托车油有很大区别，除了高温清净分散性更好外，还有锈蚀、防提前点火、混溶性等要求，一般为无灰型，添加剂量在 10%以上。其质量要求及分类由 NMMA(国际船用制造者协会)制定，先后制定的规格有：TC-W、TC-WⅡ、TC-W3、再认证 TC-W3。前三类已取消，1994 年决定 TC-W3 必须由二次 Mercury Marine 15hp 发动机试验再认证，成为现在的规格，见表 2-49。

表 2-49 再认证 TC-W3 舷外机油规格试验

项　目	合格指标
相容性	与每个掺比油混合并储存 48h 后外观均匀
-25℃布氏黏度/mPa·s	7500

续表

项　目	合格指标
-25℃可混性	与燃油混合后翻转次数不能比燃油与参比油混合后翻转次数多10%
锈蚀	等于或低于参比油
可滤性	流量减少不低于 20%
OMC40hp(98h)	平均活塞漆膜和黏环评分不低于同级参比油 0.6 分
OMC70hp(100h),活塞漆膜	评分不低于同级参比油 0.5 分
黏环(油环黏结)	0.537+4.4 必须等于或大于参比油评分
Mercury15hp(100h),黏环评分	≥8.0 在一排中必须通过二个试验
压缩损失/psi①	<20
第二环岸积炭评分	≥6.0
绕圆周擦伤/%	≤15
面积擦伤/%	≤20
环摩擦/%	≤5
滚针轴承评分	通过
Yamaha CE50S 胀紧和润滑性	力矩下降等于或低于参比油在 90%可信度内
Yamaha CE50S 提前点火(100h)	主要提前点火等于或低于参比油

① 1psi=6894.76Pa。

近年来又开发了四冲程水冷汽油机作舷外机，于是 NMMA 又发布了舷外机用四冲程汽油机油规格 FC-W 油和 FC-W 催化剂相容性油二种。NMMAFC-W 为 API SG 以上，除了抗泡、HTHS、挥发性 EOST 等理化指标外，还加上用 Yamaha 115hp 发动机评无损害试验和 ASTM B117 评定锈蚀。NMMA FC-W 催化剂相容性油则是 API SM，其他与 FC-W 相同。

二、铁路内燃机车柴油机油

20 世纪 50 年代前我国火车头的主要牵引车动力为蒸汽机车。它的热效率低，操作条件差，排气中的大量 CO 气体在隧道中会危害旅客的人身安全，因而逐渐由较先进的电力或柴油机所代替。欧美等先进国家在 20 世纪 60 年代已完成了这个替换过程，欧洲以电力为主，美洲则内燃机化。我国这个过程周期较长，电力和柴油机同时并进。现在蒸汽机车已全部退役，铁路柴油机一般采用中-高速增压柴油机，整机功率范围一般为 1000~3000kW。

1. 内燃机车柴油机的运行特点及对润滑油的要求

① 都采用增压技术，其热负荷及机械负荷都高于车用柴油机，要求润滑油有很高的清净分散性。

② 润滑油箱容积较大，换一次油费用高，因而要求换油期长，一般在 10×10^4km 以上。

③ 柴油机的储备功率较大，以备上坡和超载时用，正常行驶时仅用部分功率，而且站与站间距离不长，因而怠速工况占的比例大。一般怠速时间占总运行时间的 1/3~1/2，而低工况占的比例也不少，如表 2-50 所示。这就有三个问题：

表 2-50 美国内燃机车不同负荷下行驶时间比例统计

油门开度	不同工况下行驶时间比例/%				
	工况 1	工况 2	工况 3	工况 4	调度车
8(全负荷)	17	15	13	10	0.1
7	3	3	3	2	0.1
6	3	2	3	3	0.2
5	3	2	3	3	0.4
4	3	3	3	3	1
3	3	5	3	4	2
2	4	6	3	5	8
1	4	6	3	6	8
空转	49	46	54	52	80
刹车	12	12	9	10	0

一是缸套表面温度经常在露点以下，易与柴油中的硫燃烧后的氧化硫溶解成强酸，造成剧烈的腐蚀磨损。这就要求润滑油有高的总碱值，在使用同等含硫量的柴油时，内燃机车柴油机油的总碱值要高于车用柴油机油。而且由于换油期长，润滑油的碱值保持性要好。

二是由于低工况比例多，燃料燃烧不完全，易生成大量油泥，使机油滤清器负荷重，因此润滑油要有优异的分散性。在内燃机车中，换滤清器滤芯周期长短也是内燃机车柴油机油质量的重要指标。

三是低工况较多造成柴油喷嘴雾化不良，润滑油极易被柴油稀释，因而黏度要高些，一般为 SAE 40。近年也提倡 20W/40，可以有节能效果。

内燃机车柴油机油的分类，由于全球内燃机车以美国的工作做得最早，产量和保有量最多，主要生产厂家为通用汽车公司(GM)和通用电气公司(GE)，因而美国机车保养成员协会(LMOA)参考这二家公司对内燃机车柴油机油的要求提出分类如表 2-51 所示。我国内燃机车柴油机油有国家标准 GB/T 17038—1997，见表 2-52 所示。

表 2-51　LMOA 内燃机车柴油机油分类

LMOA 分类		一代油	二代油	三代油	四代油	五代油
GE 公司分类			优质Ⅰ	优质Ⅱ	超性能	
硫酸盐灰分/%		0.3~0.6	0.5~0.7	1.0~1.2	1.5	2.3
总碱值/(mgKOH/g)	D644	3.5~5.0	5.0~6.5	7.0~8.0	10~11	17
	D2896	5	7	10	13	20
添加剂量/%		4~5	7~10	10~14	13~15	19
推荐年份		1950	1964	1969	1977	1980

表 2-52　内燃机车柴油机油(GB/T 17038—1997)

项　目		质量指标				
		三　代	四　代			
		—	含　锌		非　锌	
黏度等级		40	20W/40	40	20W/40	40
运动黏度(100℃)/(mm^2/s)		14~16	14~16	14~16	14~16	14~16
低温动力黏度(-10℃)/mPa·s　不大于		—	4500	—	4500	—
边界泵送温度/℃　不高于		—	-15	—	-15	—
黏度指数　不小于		90	—	90	—	90
总碱值/(mgKOH/g)　不小于		8	11	11	11	11
闪点(开口)/℃　不低于		225	215	225	215	225
倾点/℃　不高于		-5	-18	-5	-18	-5
沉淀物/%		0.1				
水分/%		痕迹				
硫酸盐灰分/%		报告	—	报告	—	报告
钙含量/%		0.35	0.45	0.42	0.45	0.42
锌含量/%		0.09	0.09	0.10	—	—
泡沫性(泡沫倾向/泡沫稳定性)/(mL/mL)	24℃　不大于	25/0				
	93℃　不大于	150/0				
	后24℃　不大于	25/0				

续表

项目		质量指标				
		三代	四代			
		—	含锌		非锌	
氧化安定性试验(强化法),总评分 不大于		10	8	8	—	—
CE 氧化试验	运动黏度下降(100℃)/% 不大于	—	—	—	10	10
	碱值下降/% 不大于	—	—	—	28	28
高温摩擦磨损试验(B 法)摩擦评价级/mm 不大于		0.30				
承载能力试验,失效载荷/级 不小于		9	9	9	7	7
剪切安定性试验,运动黏度(100℃)/(mm^2/s) 不小于		—	12.5	—	12.5	—
高温氧化和轴瓦腐蚀试验	轴瓦腐蚀失重/mg 不大于	90				
	活塞裙部漆膜评分 不小于	9.0				
高温清净性和抗磨损性试验	顶环槽积炭填充体积/% 不大于	80				
	加权总评分 不大于	300				
	活塞环侧间隙损失/mm 不大于	0.013				

我国大多还在用三代油，少量用四代甚至五代油。

内燃机车柴油机油的黏度一般为 SAE40，近年来也推广使用 SAE20W/40，有一定的节能效果。内燃机车柴油机油的组成，采用的基础油和添加剂品种与通常的柴油机油相似，但其配方针对内燃机车的工作特点作了必要的修正。

2. 内燃机车柴油机油的管理和采购

在用的柴油机油要定期采样分析，尤其要做黏度、闪点和总碱值项目分析，考查油被燃料稀释和总碱值下降程度。表 2-53、表 2-54 是在用油换油指标。

表 2-53 我国内燃机车柴油机油选用和换油指标

机型		东风 1,2,3	东风 4	北京	东方红	NY,ND2	ND4,5
润滑油		40CC	2~3 代				4 代
换油期	×10000km	5	8~10	8~12	6~8	5.5	6

续表

机型		东风1,2,3	东风4	北京	东方红	NY,ND2	ND4,5
换油指标	$\nu_{100℃}$/(mm²/s)	-9.5+17	-10.5+18			-11+18	-13+19
	闪点/℃	低于170	低于180				
	水分/%	0.1	0.1				0.2
	不溶物/%	3.5	5	7	4	6	5
	pH值	4.5	5				
	碱值/(mgKOH/g)		2.5				0.5(D644)
	斑点试验级	4	4				
	备注	国家标准	专业标准				专业标准

表2-54 内燃机车柴油机油换油指标(TB/T 1739—2005)

项目			指标		
			北京，东风4A，东风5，东风7系列，东方红系列及老车	东方4B，东风4C，东风4D，东风8系列，东风11系列，NY6，NY7	ND5
运动黏度(100℃)/(mm²/s)	三代油		<10.5或>18	<11或>18	—
	单级四代油		<10.5或>18	<11或>18	<13或>18
	多级四代油		10.5或>18.5	<11或>18.5	<13或>18.5
石油醚不溶物/%	三代油	体积法	>12		
		重量法	>3.8		
	单级和多级四代油	体积法	>14		
		重量法	>4.5		
闪点(开口)/℃			<180		
水分/%			>0.1		
总碱值/(mgKOH/g)			<3.0		
斑点/级	三代油		≥4(a≥1.4)		
	单级和多级四代		—		

三、船用柴油机油

中小型船用柴油机一般与车用柴油机相同，所用的柴油机油也和车用的柴油机油一样，采用API分类的CC、CD、CF-4、CH-4、CI-4等。但排水量在2000t以上的近海和远洋轮船，由于要求功率大、可靠性高，采用重油及劣质燃料油，以柴油机为动力所装备的机型则有别于小型船只，一般采用二冲程十字头低速柴油机和中速筒状活塞柴油机，这些柴油机的构造、参数、燃料与小功率的柴油机区别较大，对润滑油有特殊要求，要专用的柴油机油。

柴油机按功率和结构可分类如表 2-55 所示，远洋船舶对柴油机的可靠性、使用寿命、体积和适应大风浪的位置颠簸等都有特别要求，单机功率要求几千千瓦到数万千瓦，因此一般采用低速或中速类柴油机作为主动力或辅助设施动力。

表 2-55 柴油机按功率分类

类别		缸径/mm	转速/(r/min)	单缸功率/kW	用途
低速(十字头)		700~1000	100	2000~4000	远洋船舶主机
中速(筒状活塞)		300~650	500	500~2000	远洋船舶主机或辅机
中高速		200~400	100	100~300	内燃机车，中小船舶
高速	通用	100~200	2000	30~100	固定设备动力，小船
	轻型	80~140	4000	10~30	载重卡车
	低功率	60~100	1000~4000	3~15	手扶拖拉机，小型动力

二冲程十字头低速柴油机结构及其润滑系统如图 2-15 所示。

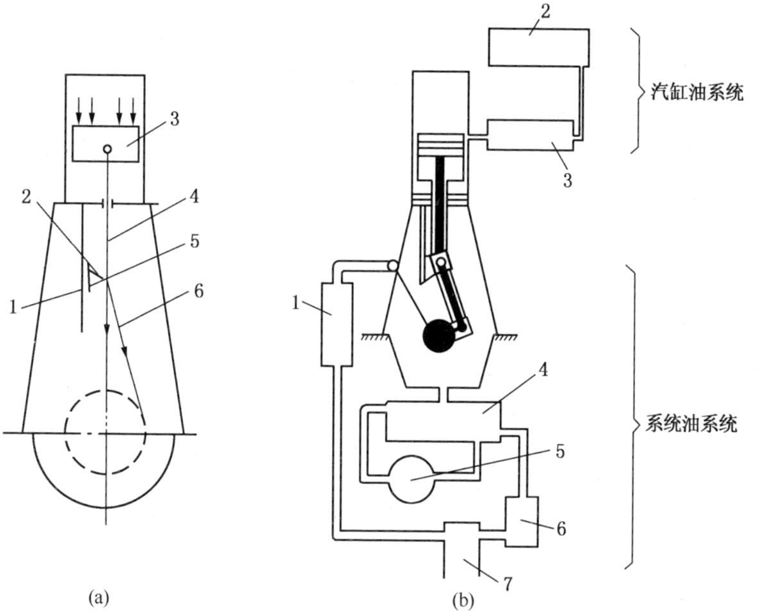

(a) (b)

图 2-15 大型船用二冲程十字头低速柴油机结构及其润滑系统示意图

(a) 1—导板；2—滑块；3—活塞；4—活塞杆；5—十字头；6—连杆

(b) 1—冷却器；2—汽缸油箱；3—润滑器；4—系统油箱；5—离心机；6—泵；7—滤油器

1. 润滑特点和对润滑油的要求

① 为了降低运输费用，二冲程十字头低速柴油机或中速筒状活塞柴油机都用价廉的重油作燃料。这些重油含硫量较大，燃烧后的氧化硫与水蒸气结合成硫酸，使汽缸和活塞环产生大的腐蚀磨损，重油燃烧后沉积物较多，要求润滑油有很高的总碱值(TBN)以中和重油中硫燃烧后产生的酸性产物，同时润滑油也要有好的清净分散性。

② 如图 2-15 所示，二冲程十字头低速柴油机的汽缸和曲轴箱是分隔的。汽缸的润滑由气缸上的注油孔注进汽缸油进行润滑，汽缸油有高碱值以中和重油中硫燃烧后的酸性产物，还要有好的扩散性使润滑油能迅速分散到整个汽缸表面，这种润滑油称船用汽缸油或就称汽缸油。而曲轴箱的润滑油要求一般的润滑性就行，但也要有少量碱值以中和从汽缸泄漏下来的酸性物，这种润滑油称系统油。

③ 中速筒状活塞柴油机都有很高的增压度，其热负荷和机械负荷高于车用柴油机，因而润滑油要有高水平的清净分散性，同时又要有高的总碱值。又由于润滑油箱较大，因而换油期长，而换油的主要依据是考察润滑油的碱值下降程度，因此还要求有好的碱值保持性。这类油称中速筒状活塞柴油机油。

④ 不管二冲程十字头低速柴油机用的是船用汽缸油和系统油，还是中速筒状活塞柴油机油，由于船上都有与水接触的可能，因而都要求有好的分水性能。

⑤ 一般船用汽缸油的黏度为 SAE 50，系统油和中速筒状活塞柴油机油用 SAE 40 为多。

目前全球总货运量有约 80%是通过船舶运输完成的，约年消耗 20 亿桶燃料，其中大多为劣质含硫量很高的重质燃料，使得排放有害物的量很高。估计船运排放的 CO_2 占全球 6%，而 SO_x 和 NO_x 分别占 20%和 30%，因此对船用燃料质量的控制刻不容缓。2010 年 ECA(排放控制区)强制使用含硫 1%以下低硫燃料，ECA 推广 TBN 为 40 的汽缸油。国际船运组织(IMO)已颁布及即将颁布的排放法令如表 2-56 所示，到时汽缸油和硬件(船用柴油机)的类型将有所改变。

表 2-56　已颁布及即将颁布的船舶排放法令

年份	2010	2011	2012	2013	2014	2015	2016~2018	2018	2020	2021~2023	2024	2025
SO_x/%	1.0	全球 3.5			ECA 0.1			全球 0.5			全球≯0.5	
NO_x/%	全球新船Ⅱ级				ECA 新船Ⅲ级			ECA 新船Ⅲ级				
CO_2/%					到 EEDI 10			到 EEDI 20		到 EEDI 30		

注：SO_x—通过降低燃料含硫量；NO_x—通过改善硬件(柴油机燃烧和尾气后处理)；CO_2—通过改善节能；ECA—排气控制区；EEDI—节能设计指数。

这三种润滑油的要求如表 2-57、表 2-58 所示。

表 2-57 船用柴油机对润滑油的要求

类别		酸中和	油膜强度	高温清净	抗磨损	抗氧抗腐	抗乳化性	抗泡性	碱值保持	油膜扩展
低速二冲程机	汽缸油	* * *	* * *	* * *	* * *	*	*	—	*	* * *
	系统油	*	* *	*	*	* * *	* * *	* * *	—	—
中速筒状机油		* *	* * *	* * *	* * *	* * *	* *	* * *	* * *	*

注：* 越多，要求越高。

表 2-58 船用柴油机油要求

低速十字头气缸油(MDCL)	曲轴箱系统油	中速筒状活塞系统(TPEO)
酸中和	活塞沉积物控制，黏环及内腔冷却	轴承、曲轴、链条和齿轮润滑
清净性和热稳定性	油泥和漆膜控制	活塞内腔冷却的清净性和热稳定性
好的油膜强度和抗擦伤	轴承腐蚀保护，极压性，水分离和低乳化	好的油膜强度
好的延展性	与发动机沉积物有关的控制沥青质的能力	
对活塞、环、缸套的润滑	保持油环清净	把油不溶物和水送去离心分离
抗磨性	热和氧化安定性	水分离性好
与系统油相容性好	防锈和碱值保留性	防锈抗氧
SAE 50	SAE 30 酸中和性	SAE 30/40

2. 选用、管理和采购

① 选用　只要是用在二冲程十字头低速柴油机和中速筒状活塞柴油机上，一定要采用上述三种油，绝不能采用一般的车用柴油机油。这是因为一般的车用柴油机油，一是总碱值不够，二是抗乳化性能不合格。一般是按所用燃料的含硫量选用不同总碱值的船用柴油机油，如表 2-59 所示。

表 2-59 中速筒状活塞柴油机油的选用

工　况	重				中			轻
燃　料	重油	重油	重-轻	轻柴油	重油	重-轻	轻柴油	
含 S/%	3.5~4	2~3.5	1~2	0.5	1.5~2	0.5~1.5	0.5	
TBN/(mgKOH/g)	40	30	20	12	25	15	10	7

船用汽缸油的选用较简单：

燃料含硫大于 3. 5%　　　　TBN 100mgKOH/g

大于 2. 5%~3. 5%　　　　TBN 70mgKOH/g

低于 2. 5%　　　　TBN 40~50mgKOH/g

船用汽缸油是一次性消耗，不存在换油期的问题。

② 换油　中速筒状活塞柴油机油的换油可参考表 2-60~表 2-62。

表 2-60　中速筒状活塞柴油机油按碱值下降值换油

燃料 S/%	小于 1	1~2	2~3	大于 3
新油 TBN/(mgKOH/g)	10~20	12~20	20~30	40
在用油最低 TBN/(mgKOH/g)	5	5~10	12~22	30

表 2-61　国外船舶制造商和润滑油供应商推荐的系统油和中速机油换油指标

项　目		警告值		极限值	
		系统油 SAE 40	中速机油 SAE 40	系统油 SAE 40	中速机油 SAE 40
运动黏度(100℃)变化率/%		±25		±30	
水分/%	不大于	0. 5	0. 3	1. 0	1. 0
总碱值波动/%		<40 或>300			
不溶物/%		0. 6~1. 5	1. 0~1. 5	1. 0~1. 8	1. 8~2. 0
铁/(mg/kg)	不大于	100		150	
铜/(mg/kg)	不大于	50		60	
硅/(mg/kg)	不大于	40		50	

表 2-62　国内某润滑油公司推荐系统油和中速机油换油指标

项　目		警告值		极限值	
		系统油 SAE 40	中速机油 SAE 40	系统油 SAE 40	中速机油 SAE 40
运动黏度(100)变化率/%		±20		±25	
水分/%	不大于	0. 5	0. 3	1. 0	1. 0
总碱值波动/%		<60 或>300		<50 或>300	
不溶物/%	不大于	1. 5		2. 0	
铁/(mg/kg)	不大于	100		150	
铜/(mg/kg)	不大于	100		150	

其他指标如黏度、酸值、水分、闪点、元素含量等的变化限制值可参考车用柴油机油。

③ 采购 采购上述三种油时，一是要注意按设备推荐的品牌品种采购；二要了解供油公司的售后服务能力，一般对在用油的质量变化应由供油公司做跟踪；三是在换用不同公司的同一油种时应先做混兑试验，确认无不良反应（如沉淀、混浊等）后方可换用。

四、气体燃料发动机润滑油

面对汽车排放对大气污染的日益严重，使用清洁燃料逐渐受到重视并大力推广。使用氢气、太阳能等虽然很理想，但到实用阶段仍有一段很长时间，而使用气体燃料仅需对现有的汽油机或柴油机稍做改造即可应用，因而有很大的现实价值。

1. 什么是LPG、LNG和CNG

LPG是液化石油气的简称，是石油产品之一，英文全称Liquefied Petroleum Gas，主要成分为丙烷。它是由炼厂气或天然气（包括油田伴生气）加压、降温、液化得到的一种无色、挥发性气体。我们常用的所谓的“瓶装煤气”就是液化石油气。液化石油气不是煤气，煤气的主要成分是CO。LPG可用作轻型车辆发动机燃料。

LNG是液化天然气的简称，英文全称Liquefied Natural Gas，主要成分是甲烷。LNG目前是全世界增长速度最快的一种优质清洁燃料。液化天然气是将天然气（甲烷）净化，并在-162℃的低温下加工而成的液态燃料。它具有储存运输效率高、杂质含量少、燃烧清洁高效、气价低平稳定、经济效益好等优点。

CNG是压缩天然气的简称，英文全称Compressed Natural Gas，主要成分是甲烷。它是天然气加压（超过3600bl/in^2）并以气态储存在容器中。它与管道天然气的组分相同。CNG可作为车辆发动机燃料。

2. CNG和LNG气体燃料的特点比较

① CNG不如LNG质量好。CNG的组分除主要是CH_4（甲烷）外，还有其他几种气体。不同气田生产的天然气其甲烷的含量不一样，一般在70%~95%之间，因此不同渠道的天然气在同一发动机上的功率输出和排放物会有很大差别。LNG由于天然气液化过程经过纯化处理，气体组分稳定，甚至也可以像汽油、柴油一样建立不同质量标准，这样发动机的燃烧就会稳定。因此对排气污染的控制就容易得多。

② CNG汽车的行驶里程不如LNG汽车长。目前CNG汽车一次性充气的续驶里程只能达到200~300km，而LNG汽车的续驶里程可达600~800km。

③ 使用CNG比使用LNG方便。由于CNG加工成本相对较低，管道气到加气站，经过脱硫脱水等工艺后加压到20MPa，通过加气机充装到CNG车上。

CNG加气站多，可以让CNG车辆很容易加到气。而由于目前国内LNG加气站远远不如CNG加气站多，加LNG不太方便，所以限制了LNG卡车的销量。

3. 气体燃料对排放的改善

由于LPG、LNG、CNG的一般成分为$C_1 \sim C_4$烷烃，天然气含甲烷较多，液化天然气含丙烷较多。它们用作内燃机燃料有如下优点：

① 排气中NO_x、CO_x及HC含量大大低于以汽/柴油为燃料时的排气中的含量，如表2-63所示。

表2-63 燃料为汽油与LPG时怠速工况排放对比

工况参数 / 燃料	过剩空气系数	排气中各气体含量			
		HC/ppm	CO/%	CO_2/%	NO_x/ppm
90号无铅汽油	1.45	140	0.14	10.1	35
LPG	1.48	104	0.09	9.2	21
LPG比汽油降/%		25.7	35.7	8.9	40

② 经济性好，气体燃料的热值低于汽油，在同等功率下，燃料消耗的汽油:气体=1:1.2，但价格比为50%。

4. 气体发动机油的特殊性

① 燃烧温度高。天然气成分主要为甲烷，有四个C—H键组成，C—H键的比热容高于C—C键，同时天然气进入燃烧室后不同于液体燃料有汽化化吸热的过程，再加上天然气发动机通常为平级燃烧，不同于稀薄燃烧有较多的空气可以稀释及冷却，结果是天然气燃料发动机燃烧室温度远高于汽(柴)油燃料发动机燃烧室温度，其尾气温度比柴油发动机高165~235℃。在这样的操作温度下，要求油品要有更好的抗氧化性能及抗硝化性能，以防止油泥、沉积物和黏度的增加。

② 气体燃烧没有重组分，燃料中重组分可以润滑进气阀以减少磨损，同时重组分燃烧后产生烟炱，烟炱有润滑排气阀的功能。天然气发动机油的灰分起到润滑排气阀的作用。

③ 气体燃料通常含硫较低，因此不同于柴油机油，不需要高TBN的机油来中和燃料中硫燃烧后产生的酸性物质。

④ 气体然发动机油不需要高的灰分，因为灰分的积炭会导致早燃、气门熔损或火花塞积炭，所以油中灰分的含量很重要。

总地来说，气体发动机的润滑就是二高(高温、高氮)一难(难润滑)。具有二高一难润滑特点的天然气发动机，必须选用专用润滑油，不能选用汽油或柴油机油。

5. 气体燃料发动机对润滑油的要求

不同的燃料由于成分不一样，燃料燃烧的温度不一样，润滑条件也不一样，所以对润滑油的要求也不尽相同，不同燃料对润滑油的要求对比见表 2-64。

表 2-64　不同燃料对润滑油要求对比

项目＼车型	汽油机轿车	重负荷公路柴油车	非公路柴油车	用天然气车辆
轴承腐蚀	√	√	√	√
锈蚀	√	√	√	×
低温流动	√	√	√	×
氧化	√	√	√	√
硝化	×	×	×	√
黏环	√	√	√	√
活塞沉积物	√	√	√	√
油泥	√	√	√	小
灰沉积	×	×	×	√
阀系磨损	√	一般	一般	小
阀座下陷	×	×	×	√
磷含量/%	0.11	0.11	0.11	0.03
灰分/%	1.0	1.3	2.0	低

注：√—有要求；×—无要求。

总地说来，气体燃料发动机对润滑油有如下要求：

① 理想的灰分；

② 优良的抗硝化及抗氧化性能；

③ 良好的活塞沉积物控制能力；

④ 抗磨损，擦伤，防腐蚀性能；

⑤ 与催化剂相容（$P<300$ppm）。

6. 气体发动机油中灰分的重要性

天然气发动机油不需要高的灰分。天然气发动机油的灰分来自于两部分，一是作为清净剂的钙盐，一般不采用镁盐清净剂，因为镁盐清净剂燃烧以后沉积物的硬度较大，容易造成磨粒磨损，因而天然气发动机油添加剂配方中通常不用镁盐；二是来自于作为抗磨剂的锌盐。

灰分对天然气发动机的阀门影响特别大，特别是排气阀上积累了机油灰分燃烧后而形成的沉积物，这层沉积物呈蓝灰色，起到减少阀门与阀座之间磨损的作用。沉积物的积累需要一定时间，积累的速度与机油灰分高低、油耗、阀门与阀座之间的角度等有关。发动机在正常运行中，阀门上沉积物积累过程是一个动态平衡，即沉积物不断地损失同时新的沉积物不断地补充。

灰分太低，阀门上的沉积物太少，则导致磨损加剧，阀门会有嵌入的现象，如图 2-16 所示。灰分太高，会导致：

① 阀门上沉积物局部剥落形成高温气体窜气通道，出现阀门熔损，如图 2-17 所示；

② 燃烧室和活塞沉积物增加，严重的会造成活塞环及缸套磨损；

③ 沉积物也将导致发动机提前点火，影响发动机的输出等。

图 2-16　阀门嵌入的现象

图 2-17　阀门熔损

普通发动机润滑油是无法满足天然气发动机要求的，建议天然气发动机使用专门的天然气发动机油。普通柴油机油不要求油品有很好的抗硝化性能，同时灰分及磷、锌含量都较高，如果用于天然气发动机，虽然机油成本下降了，但使用后必然造成机油早期变质，产生积碳结焦，促使阀系、活塞、气缸、汽缸顶部轴承等部件摩擦磨损、腐蚀磨损和锈蚀磨损，影响油品的使用寿命和发动机的正常运转。还有些客户认为天然气发动机油润滑要求高，于是采用高档次的柴油机油代替，结果生成的沉积物更加严重，起到了意想不到的反作用。

7. 气体燃料发动机润滑油的规格及分类情况

欧美已有几个内燃机生产企业生产一系列的双燃料内燃机，如卡特皮拉、康明斯公司等，他们不像我国仅在一些车用内燃机上做局部改造成可用气体燃料即可，而是生产高参数产品，如采用增压，平均有效压力达 20bar，转速在 1800r/min 以上，这对润滑油的档次要求就更高了。目前这种用途的润滑油还没有统一的规格和分类，OEMs在开发自己的规范，工作一直在进行中。根据灰分的高低，可以把天然气发动机油分为如表2-65所示的类别。

表2-65 天然气发动机油类别

类 别	硫酸灰分，ASTM D874
无灰	<0.15%
低灰	0.15%~0.60%
中灰	0.60%~1.0%
高灰	>1.0%

一般二冲程发动机使用无灰机油，因为该类型发动机通常没有进气阀及排气阀，而机油中灰分可能导致排气口堵塞。使用正规加气站的天然气发动机采用低灰及中灰，而含硫量较高的天然气（主要是固定式的天然气）及沼气则建议使用高灰的机油，以中和燃烧后酸性物质。

欧洲在气体发动机上没有专门的标准，所以在天然气发动机油的规格上，目前最具代表性，行业影响最大，最有参考意义和系统性的分类是康明斯的分类，该分类将移动式天然气发动机油分为Cummins CES 20074和Cummins CES 20085两个规格，见表2-66。

表2-66 Cummins CES 20074和Cummins CES 20085规格

项 目	试验方法	CES 20074	CES 20085
运动黏度（100℃）	ASTM D445	SAE J300	SAE J300
运动黏度（40℃）	ASTM D445	报告	报告
低温动力黏度	ASTM D5293	按黏度级别	按黏度级别
低温泵送黏度	ASTM D4684	按黏度级别	按黏度级别
高温高剪切黏度	ASTM D4683	>3.5	>3.5
蒸发损失	ASTM D6417	≤13%	≤13%
碱值	ASTM D4739/ASTM D2896	报告/5min	报告/5.5min
酸值	ASTM D664	典型值0.5~1.5	典型值0.5~1.5
硫酸盐灰分	ASTM D874	0.4~0.6	0.7~0.9
钡	ASTM D5185	报告	报告
硼	ASTM D5185	报告	报告
钙	ASTM D5185	900~1500	1800~2300
镁	ASTM D5185	报告	报告

续表

项　　目	试验方法	CES 20074	CES 20085
钼	ASTM D5185	报告	报告
磷	ASTM D5185	600~850	700~900
硅	ASTM D5185	报告	报告
钠	ASTM D5185	报告	报告
锌	ASTM D5185	600~900	800~1000
硫	ASTM D5185	≤0.4%	≤0.4%
氮	ASTM D4629	报告	报告
泡沫倾向性-稳定性	ASTM D892		
	程序Ⅰ	10/0	10/0
	程序Ⅱ	50/0	50/0
	程序Ⅲ	10/0	10/0
腐蚀性	ASTM 5968		
铜增加		≤20ppm	≤20ppm
铅增加		≤120ppm	≤120ppm
锡增加		≤50ppm	≤50ppm
铜腐蚀性试验	ASTM D130	评分≤3	评分≤3
抗乳化性	ASTM D1401 或 ASTM D2711	报告	报告
发动机试验	康明斯 C8.3G	2016 版之前需要，由于 C8.3G 已经不生产，康明斯正在确认新机型	2016 版之前需要，由于 C8.3G 已经不生产，康明斯正在确认新机型
行车试验	装备 ISL-G 和 ISX-12G 发动机车辆	每种机型至少 5 辆车；至少 1 年试验周期；旧油检测、发动机拆机评分	每种机型至少 5 辆车；至少 2 年试验周期；旧油检测、发动机拆机评分

在表 2-66 的两个规格中，满足 Cummins CES 20074 规格的油品换油期约 10000km，而满足 Cummins CES 20085 规格的油品换油期约 20000km。

第三章 齿 轮 油

齿轮传动是机械中最主要的一种传动方式，在现代化机械设备中应用极广，无论是精密仪表齿轮，还是传递上千万瓦功率的巨型齿轮都是如此。现代化的机器正朝着高载荷的方向发展，对齿轮的承载能力和使用条件提出了更苛刻的要求。要充分发挥齿轮的承载能力，减少齿轮失效的可能，延长齿轮寿命，提高齿轮的传动效率，润滑是非常重要的环节。

第一节 齿轮传动的类型与润滑特点

一、齿轮传动的类型

根据齿轮的轴线的相互位置可分为：平行轴传动、相交轴传动和交错轴传动三类。每类传动中还包括几种传动方式，如图 3-1 所示。

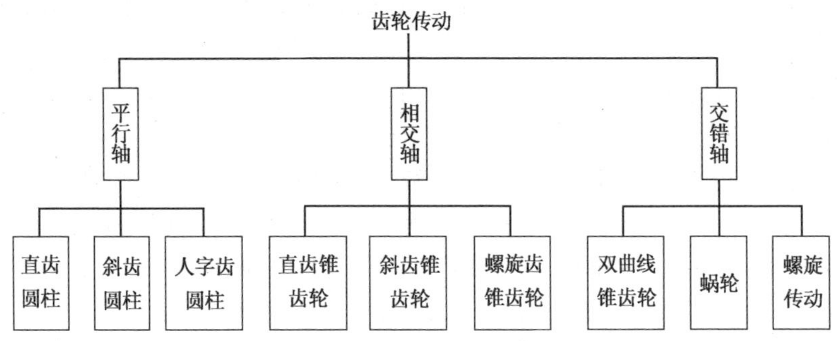

图 3-1 齿轮的传动类型

① 直齿圆柱齿轮 两齿轮轴线平行，该种传动是最普通的齿轮传动形式。传动中以滚动为主，但在高速时易出现振动和噪声。

② 斜齿圆柱齿轮 两齿轮轴线平行，齿向与轴线倾斜一角度，较直齿圆柱齿轮传递的功率大，而且较为平稳，但有轴向力。

③ 人字齿圆柱齿轮 齿轮轴线平行，传动较为平稳，无轴向力，可传递大功率。

④ 直齿锥齿轮 两齿轮轴线相交，轮齿啮合时以滚动为主，在高速时易出

现振动和噪音。

⑤ 斜齿锥齿轮　比直齿锥齿轮传动稍平稳。

⑥ 螺旋齿锥齿轮　两锥齿轮轴线相交，齿轮齿向为一弧线，比直齿、斜齿锥齿轮传递的功率都要大，而且传动平稳。

⑦ 双曲线锥齿轮　两锥齿轮的轴线相交叉，齿向仍为弧线，轮齿的弯曲强度和接触强度都较高，并且传动较为平稳，因此，适于大功率传动。由于大小锥齿轮有一定偏距，用于汽车后桥传动可使车身重心降低，故适用于高速轿车及越野车。但该种齿轮在啮合中滑动速度大，且接触应力大，所以润滑条件苛刻，对润滑剂有较高的要求。

⑧ 蜗轮传动　蜗轮与蜗杆轴线相互交叉，传动比一般较大，在啮合过程中滑动速度很大。为了避免胶合，蜗轮常以磷青铜制作，而蜗杆则用钢制作且硬度较高。在润滑剂的选择上不仅要考虑蜗轮的点蚀，而且更重要的要考虑蜗轮蜗杆的传动效率、磨损及抗胶合的能力。

⑨ 螺旋齿轮传动　是指两个轴线不平行的螺旋齿(斜齿)圆柱齿轮的传动，这种传动所产生的滑动速度大，在实际的工业动力传动中很少采用。

二、齿轮润滑的特点

虽然齿轮传动的类型是多种多样的，对润滑的要求有所不同，但有着如下的共同特点：

① 齿轮的当量曲率半径小，油楔条件差。齿面间存在着滑动，而且滑动的方向和大小急剧变化，极易引起磨损、擦伤和胶合。

② 齿轮的接触压力非常高，如一般滑动轴承单位负荷压力最大不超过100MPa，而一些重载机械，如卷扬机、起重机、水泥窑、轧钢机减速器齿轮的齿面应力可达400~1000MPa，双曲线齿轮可达1000~3000MPa。

对于闭式齿轮传动的破坏形式主要是指胶合和点蚀，这都与接触应力有关。当边界润滑达到了极压润滑(即高压高温边界的润滑)状态，单靠提高油的黏度及油性已经不行了。为了防止油膜破坏后，齿面金属的直接接触，在齿轮油中加入极压添加剂，这种添加剂在极压高温下，放出活性元素与金属起反应生成低熔、高塑性的一层薄膜而防止齿面间的擦伤与胶合。

③ 齿面加工精度不高，润滑是断续性的，每次啮合都需要重新建立油膜，这些也是容易引起磨损、擦伤与胶合的原因。

④ 润滑对齿轮失效有较大影响，如表3-1所示。

⑤ 齿轮润滑好坏还易受其他因素的影响，如齿形的修整、箱体及轴的变形、材料的选取及热处理方法是否适当、装配及安装精度等。

表 3-1 润滑对齿轮失效的影响

项目	磨损	腐蚀性磨损	擦伤与胶合	点蚀	剥落	整体塑变	滚轧与锤击	峰谷塑变	起皱	断齿
润滑油黏度	△		△	△		△		△	△	
润滑油性质	△	△	△	△		△		△	△	
润滑方式及润滑油供应量	△		△	△		△			△	

注：△表示有影响。

第二节 齿轮油的性能要求

根据齿轮的工作情况和润滑特点，对齿轮油的性能提出如下要求：

1. 适当的黏度

黏度是齿轮油的主要质量指标，黏度越大其承受载荷能力越大，但黏度过大也会给循环润滑带来困难，增加齿轮运动的搅拌阻力，以致发热而造成动力损失。同时还由于黏度大的润滑油流动性差，对一度被挤压的油膜及时自动补偿修复较慢而增加磨损。因而，黏度一定要合适，特别是加有极压抗磨剂的油，其耐载荷性能主要是靠极压抗磨剂，这类油更不能追求太高黏度。

2. 良好的热氧化安定性

热氧化安定性也是齿轮油的主要性能。当齿轮油在工作时，被激烈搅动，与空气接触充分，加上水分、杂质及金属的作用，特别在较高的油温下（如重载荷车辆后桥齿轮箱，油温可高达 150～160℃），更易加快氧化速度，使油的性质变劣，使齿轮腐蚀、磨损。过去我国使用的渣油型齿轮油就是热氧化安定性差的特例，使用后油氧化较快，最后变成沥青质，黏结在齿轮上，齿轮损坏严重。

3. 良好的抗磨、耐载荷性能

上面提到齿轮的载荷一般都很高，为了使齿轮传递载荷时，齿面不会擦伤、磨损、胶合，必须要求齿轮油有耐载荷性能。在中等载荷以下，必须用含油性剂和中等极压剂的齿轮油；重载荷的齿轮传动，必须使用含强极压剂的重载荷齿轮油。齿轮油的极压添加剂都是一些活性很强的添加剂，在高温摩擦面上其活性元素与金属表面发生反应，形成化学膜。这种膜的抗磨、抗胶合能力很强。评价齿轮油的耐载荷性不能简单地用理化指标分析来说明，而必须用实验台架和标准的方法来评定。

4. 良好的抗泡沫性能

由于齿轮运转中的剧烈搅动，或油循环系统的油泵、轴承等的搅动以及向油箱回流的油面过低等原因，都会使得油品产生泡沫。如果齿轮油的泡沫不能很快消除，将影响齿轮啮合面油膜的形成。同时会因油面升高从呼吸孔漏油，结果使油量减少，冷却作用不够。这些现象都可能引起齿轮及轴承损伤。所以齿轮油应当泡沫生成得少，消泡性好。

5. 良好的防锈、防腐性

由于齿轮油极压添加剂的化学活性强，在低温下容易和金属表面发生反应产生腐蚀；在使用中发生分解或氧化变质反应所产生的酸类和胶质，特别是和水接触时容易产生腐蚀和锈蚀。因此，要求齿轮油要有好的防腐防锈能力。

6. 良好的抗乳化性能

由于齿轮油(工业齿轮油)在齿轮运转中常不可避免地接触水分，如果油的抗乳化性不良，则造成齿轮油乳化和发生泡沫，致油膜强度变低或破裂。加有极压抗磨剂的油乳化后，添加剂水解反应或沉淀分离，失去添加剂作用，产生有害物质，使齿轮油迅速变质，失去使用性能，从而造成齿轮擦伤、磨损，甚至造成事故。因此，工业齿轮油的抗乳化性是主要的指标。

7. 良好的抗剪切安定性

齿轮油的黏度在使用期间，允许有一定的变化，但是在指定的温度下，不允许有大的变化。这种变化的发生是由于齿轮啮合运动所引起的剪切作用的结果，特别是中重载荷条件下，最容易受剪切影响的成分是聚合物，如黏度指数改进剂。齿轮油不允许加抗剪切性能差的黏度指数改进剂来提高黏度。

此外还有其他的性能要求，如良好的低温流动性、与密封材料的适应性、储存安定性，开式齿轮油还有黏附性等。

第三节　齿轮油的分类

齿轮油按 GB/T 7631.7—1995 的分类(见表 3-2)。

一、工业齿轮油

(一) 质量分类

1. 工业闭式齿轮油

一般传动齿轮副都有密闭的齿轮箱，有的齿轮箱就是油箱，齿轮部分浸泡在油中，有的由油泵供油到齿轮中，润滑后流到油箱后回到油系统中。这类齿轮油统称闭式齿轮油，是应用最广用量最大的齿轮油品种。我国工业闭式齿轮油分类，参照 AGMA 250 系列、美钢 224 和 ISO 6743/6 的标准分类。

表 3-2 工业齿轮润滑剂的分类

组别符号	应用范围	特殊应用	更具体应用	组成和特性	品种代号L—	典型应用	备注
C	齿轮	闭式齿轮	连续润滑(用飞溅循环或喷射)	精制矿油，并具有抗氧、抗腐(黑色和有色金属)和抗泡性	CKB	在轻负荷下运转的齿轮	见 GB/T 7631.7—1995 附录 A
				CKB 油，并提高其极压和抗磨性	CKC	保持在正常或中等恒定油温和重负荷下运转的齿轮	
				CKC 油，并提高其热/氧化安定性，能使用于较高的温度	CKD	在高的恒定油温和重负荷下运转的齿轮	
				CKB 油，并具有低的摩擦系数	CKE	在高摩擦下运转的齿轮(即蜗轮)	
				在极低和极高温度条件下使用的具有抗氧、抗摩擦和抗腐(黑色和有色金属)性的润滑剂	CKS	在更低的、低的或更高的恒定流体温度和轻负荷下运转的齿轮	本品种各种性能较高，可以是合成基或含合成基油，对原用矿油型润滑油的设备在改用本产品时应作相容性试验 见 GB/T 7631.7—1995 附录 A
				用于极低和极高温度和重负荷下的 CKS 型润滑剂	CKT	在更低的、低的或更高的恒定流体温度和重负荷下运转的齿轮	
		装有安全挡板的开式齿轮	连续飞溅润滑	具有极压和抗磨性的润滑脂	CKG*	在轻负荷下运转的齿轮	见 GB/T 7631.7—1995 附录 A
			间断或浸渍或机械应用	通常具有抗腐蚀性的沥青型产品	CKH	在中等环境温度和通常在轻负荷下运转的圆柱型齿轮或伞齿轮	(1) AB 油(见 GB/T 7631.13)可以用于与 CKJ 润滑剂相同的应用场合 (2) 为使用方便，这些产品可加入挥发性稀释剂后使用，此时产品的标记为 L-CKH/DIL 或 L-DKJ/DIL (3) 见 GB/T 7631.7—1995 附录 A
				CKH 型产品，并提高其极压和抗磨性	CKJ		
				具有改善极压、抗磨、抗腐和热稳定性的润滑脂	CKL*	在高的或更高的环境温度和重负荷下运转的圆柱形齿轮和伞齿轮	见 GB/T 7631.7—1995 附录 A
			间断应用	为允许在极限负荷条件下使用的、改善抗擦伤性的产品和具有抗腐蚀性的产品	CKM	偶然在特殊重负荷下运转的齿轮	产品不能喷射

* 这些应用可涉及到某些润滑脂，根据 GB/T 7631.8，由供应者提供合适的润滑脂品种标记。

2. 工业开式齿轮油

大量齿轮传动系统的齿轮副在齿轮箱内，还有一些齿轮传动系统敞开在室外，它们一般是大型、低转速的齿轮传动装置，如钢铁、水泥、港口等有这类设备。开式齿轮传动由于转速低，油在齿面上的保持性十分重要，与闭式齿轮传动系统的润滑相比，有如下特点：

① 供油方式有油浴、注油和喷射，因而开式齿轮油要有一定的黏附性，黏度较高。

② 为了达到黏附的目的，开式齿轮油除具有齿轮油的基本要求即极压抗磨性外，其组成中一种是含有沥青或光亮油组分；另一种是加入挥发性溶剂(对喷射供油系统)，油喷到齿面后溶剂挥发，齿轮油附在齿面；第三种是含有固体润滑剂如石墨、二硫化钼等。

加沥青或固体润滑剂使齿轮外观又黑又脏，很难清洗，加挥发性溶剂有的易燃，有的对环境或人体有害，都有其缺点，但都由其配套的润滑系统所决定，因而都有使用。我国开式齿轮油分类如表 3-3 所示。

表 3-3　工业开式齿轮油的分类

分类		现行名称	组成、特性及使用说明	性能要求
ISO	我国			
CKH	CKH	普通开式齿轮油	由精制润滑油加抗氧防锈剂调制而成，具有较好的抗氧、防锈性和一定的抗磨性。适用于一般载荷的开式齿轮和半封闭式齿轮润滑	
CKJ	CKJ	极压开式齿轮油	由精制润滑油加入多种添加剂调制而成，比 CKH 油具有更好的极压性能。适用于苛刻条件下的开式或半封闭式的齿轮箱润滑	Timken OK 值不小于 200N，或 FZG 齿轮试验通过九级以上
CKM	CKM	溶剂稀释型开式齿轮油	由高黏度的普通开式或极压开式齿轮油加入挥发性溶剂调制而成，当溶剂挥发后，齿面上形成一层油膜，该油膜具有一定的极压性能	溶剂挥发后的油膜强度 Timken OK 值不小于 200N，或 FZG 齿轮试验通过九级以上

此分类无通用的产品标准规格，有极压要求不高的防锈抗氧型、极压型及高极压型。从组成上分为无溶剂型及含溶剂型，含沥青型和含固体润滑剂型等。我国只有一个沥青型的普通开式齿轮油规格 SH/T 0363—1992，如表 3-4 所示。

表 3-4 普通开式齿轮油(SH/T 0363—1992)

项 目	质量指标				
黏度等级	68	100	150	220	320
相近的原牌号	1号	2号	3号	3号	4号
运动黏度(100℃)/(mm^2/s)	60~75	90~110	135~165	200~245	290~350
闪点(开口)/℃ 不低于	200			210	
铜片腐蚀(45号钢,100℃,3h)	合格				
防锈性(15号钢,蒸馏水)	无锈				
最大无卡咬负荷 P_b/N(kgf) 不小于	686(70)				
清洁性	必须无沙子和磨料				

3. 蜗轮蜗杆油

各种减速机构的传动绝大多数采用蜗轮蜗杆组合，它们的传动比大，噪音及震动小，体积小。蜗轮为磷青铜，蜗杆为硬度很高的钢。从润滑的角度分析，与工业齿轮油相比，蜗轮蜗杆油的特点是：

① 发生在蜗轮和蜗杆间主要是滑动摩擦，对油性要求高些，但不如齿轮对齿轮传动时对油的极压性要求那么高。

② 有铜组件，一般的齿轮油中的极压添加剂组分都含活性硫，而活性硫对铜有腐蚀，因而蜗轮蜗杆油不能含活性硫。

蜗轮蜗杆油目前我国有一产品标准 SH/T 0094—1991，黏度分级有：220、320、460、680、1000；质量分级有：L-CKE 和 L-CKE/P(普通型和极压型)二类，都是矿物油型。随着工业的发展，蜗轮蜗杆已小型化、高效化，要求润滑油能对油温和噪音的下降起作用，并要求长寿命，因而发展了 PAG 型蜗轮蜗杆油。PAG 油有如下特点：

① 摩擦系数比矿物油低，产生热量小，见表 3-5。

② 它的比热容高于矿物油，也就是每提高 1℃所需的热量大于矿物油。

③ 矿物油的牵引系数(Traction coefficient)比 PAG 高，也会产生较多的热。

表 3-5 齿轮油的摩擦系数比较

油 类 型	ISO 黏度级	平均摩擦系数 μ
矿物油型	220	0.048
PAO 型	220	0.036
PAG 型	220	0.033

实际使用也表明 PAG 型蜗轮蜗杆油在降低油温、噪音和延长使用寿命上有明显效果，如图 3-2 所示。

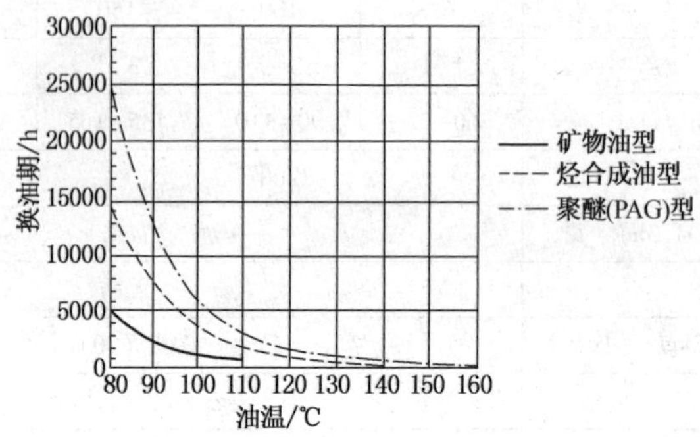

图 3-2　油温与齿轮油换油期

现代所有的工业齿轮油均使用硫-磷添加剂配方体系，其中的活性硫是极压作用的主体，而活性硫有可能对铜部件造成腐蚀，虽然在工业齿轮油添加剂配方中加入金属钝化剂类使铜腐蚀指标得以通过，但在使用中仍不能令人放心。其次，工业齿轮油中适应滑动性能的油性添加剂成分不足，使蜗轮蜗杆工作不够顺畅。所以切记不要用工业齿轮油作为蜗轮蜗杆油使用。

（二）黏度分级

我国工业齿轮油的黏度分级过去采用 50℃运动黏度分类法，已废除。现采用国际通用的 ISO 348 工业润滑油黏度分类法，下面将新黏度等级与美国材料与试验协会（ASTM）的黏度等级对应于表 3-6。以后各种工业用液体润滑油，如液压油、涡轮机油、压缩机油等，都采用这个系列的黏度等级。

表 3-6　工业润滑油黏度等级

ISO 黏度级	黏度级中值/(mm^2/s)	40℃黏度范围/(mm^2/s)		ASTM 黏度级
		≮	≯	
2	2.2	1.98	2.42	32
3	3.2	2.88	3.52	36
5	4.6	4.14	5.06	40
7	6.8	6.12	7.48	50
10	10	9.00	11.0	60
15	15	13.5	16.5	75
22	22	19.8	24.2	105
32	32	28.8	35.2	150

续表

ISO 黏度级	黏度级中值/(mm²/s)	40℃黏度范围/(mm²/s)		ASTM 黏度级
		≮	≯	
46	46	41.4	50.6	215
68	68	61.2	74.8	315
100	100	90.0	110	465
150	150	135	165	700
220	220	198	242	1000
320	320	288	352	1500
460	460	414	506	2150
680	680	612	748	3150
1000	1000	900	1100	4650
1500	1500	1350	1650	7000

（三）工业齿轮油的组成

工业齿轮油的基础油大多采用矿物油，由于用途广阔，故黏度范围很宽，从 ISO 68 到 ISO1000 以上。近年来由于长寿命化、节能等需要，已有很多用合成油如聚 α–烯烃、PAG 等作工业齿轮油的基础油，添加剂以硫磷型极压抗磨剂为主剂，还有油性剂、抗氧剂、抗泡剂、金属钝化剂、破乳剂等，有的还含摩擦改进剂如油溶性钼盐等。开式齿轮油还有黏附剂，如沥青、高分子聚合物和挥发性溶剂。而蜗轮蜗杆油则不允许含对铜有腐蚀的活性硫，油性剂要强一些。

二、车辆齿轮油

1. 质量分档

我国的车辆齿轮油质量分档是采用目前世界各国均采用的使用性能分类。它是根据齿轮的形式、负载情况等使用要求对齿轮油进行分类的。现行分类如表3–7所示。

表 3–7 美国石油学会(API)齿轮油使用性能分档标准(SAE J308—1998)

使用性能分档	GL–1	GL–2	GL–3	GL–4	GL–5[①]
	普 通	蜗轮用	中等极压性	通用强极压性	强极压性
润滑油类型	直馏或残馏油	含油性剂、直馏或残馏油	含硫、磷、氯等化合物或锌化合物等极压剂与直馏或残馏油的混合物		
使用范围	低载荷低速的正齿螺旋齿轮、蜗轮、锥齿轮及手动变速等	稍高速、高载荷、条件稍苛刻的蜗轮及其他齿轮用(双曲线齿轮不能用)	不能用 GL–1 或 GL–2 的中等载荷及速度的正齿轮及手动变速箱用(双曲线齿轮不适用)	高速低扭矩、低速高扭矩的双曲线齿轮及很苛刻条件下工作的其他齿轮用	比 GL–4 更苛刻的双曲线齿轮用。耐低速高扭矩、高速低扭矩和高速、冲击性载荷的双曲线齿轮用

续表

使用性能分档	GL-1	GL-2	GL-3	GL-4	GL-5①
	普 通	蜗轮用	中等极压性	通用强极压性	强极压性
使用说明	不能满足汽车齿轮要求，不能用在汽车上	不能满足汽车齿轮的要求。除特殊情况外不能用在汽车上	变速箱、转向器齿轮及条件缓和的差速器齿轮用	差速器齿轮、变速箱齿轮及转向器齿轮用	工作条件特别苛刻的差速器齿轮及后桥齿轮用
含极压剂量/%			2~4	2~4	4~8
相当标准				MIL-L-2105	MⅡ-L-2105C

① GL-5 需通过的齿轮台架试验是：CRC L-60 热氧化稳定性试验，CRC L-33 湿热条件下的防锈性试验，CRC L-37 高速低扭矩和低速高扭矩下的承载性试验，CRC L-42 高速冲击负荷下的抗擦伤性试验。

我国根据 GB/T 7631.7—1995 润滑剂和有关产品（L 类）的分类原则，把车辆齿轮油相应分为普通车辆齿轮油、中负荷车辆齿轮油、重负荷车辆齿轮油三类，见表 3-8。我国车辆齿轮油质量分类与 API 的分类对应关系见表 3-9。

表 3-8 我国的车辆齿轮油分类

名 称	组成、特性和使用说明	使 用 部 位
普通车辆齿轮油	精制矿油加入抗氧剂、防锈剂、消泡剂和少量极压剂等而制成。适用于速度、载荷比较苛刻的汽车手传动箱和螺旋锥齿轮的驱动桥	汽车的手传动箱，螺旋锥齿轮的驱动桥
中负荷车辆齿轮油	精制矿油加入抗氧剂、防锈剂、消泡剂和极压剂等而制成。适用于在低速高扭矩、高速低扭矩下操作的各种齿轮，特别是客车和其他各种车辆用的准双曲面齿轮	汽车的手传动箱、螺旋锥齿轮和使用条件不太苛刻的准双曲面的驱动桥齿轮的驱动桥
重负荷车辆齿轮油	由精制矿油加抗氧剂、防锈剂、消泡剂和极压剂等而制成。适用于在高速冲击载荷、高速低扭矩和低速高扭矩条件下操作的各种齿轮，特别是客车和其他车辆的准双曲面齿轮	操作条件缓和或苛刻的准双曲面齿轮及其他各种齿轮的驱动桥，也可用于手传动箱

表 3-9 我国车辆齿轮油与美国 API 分类对应关系

我国车辆齿轮油名称	API 分类品种
普通车辆齿轮油	GL-3
中负荷车辆齿轮油	GL-4
重负荷车辆齿轮油	GL-5

从表 3-7、表 3-8 可以看出，车辆齿轮油需经过严格的台架评定。我国目前市售的所谓双曲线齿轮油质量指标简单，没有齿轮台架试验要求，其性能很难满足要求。

2. 黏度分级

我国车辆齿轮油的黏度分级,也等效采用美国汽车工程师学会制定的汽车齿轮油黏度分级标准,见表 3-10 和表 3-11。

表 3-10 车辆后桥齿轮及手动变速箱润滑油黏度分级(SAE J306—2005)

黏度等级	70W	75W	80W	85W	80	85	90	110	140	190	250
100℃运动黏度/(mm²/s)	4.1	4.1	7.0	11.0	7.0	11.0	13.5	18.5	24.0	32.5	41.0
不小于	—	—	—	—	<11.0	<13.5	<18.5	<24.0	<32.5	<41.0	—
150Pa·s 时的温度/℃ 不高于	-55	-40	-26	-12	—	—	—	—	—	—	—
剪切稳定性(20h)/(mm²/s) 不小于	4.1	4.1	7.0	11.0	7.0	11.0	13.5	18.5	24.0	32.5	41.0

表 3-11 低温车辆齿轮油黏度分级(SAE J2360—2005)

黏度等级		75W	80W90	85W140
100℃运动黏度/(mm²/s)	不小于	4.1	13.5	24.0
		—	<18.5	<32.5
150Pa·s 时的温度/℃	不高于	-40	-26	-12
成沟点/℃	不低于	-45	-35	-20
闪点/℃	不低于	150	165	180

车辆齿轮油的黏度分级也是划分牌号的重要依据。与内燃机黏度分级一样,这九个黏度号为单级油,数字后带 W 的表示冬用,不带 W 的表示夏用。为了节能及方便四季和寒暖地区通用,SAE 也设计了车辆齿轮油多级油,如 75W/90、80W/90、85W/140 等。

3. 质量分类的发展

质量分类中应用最广泛的品种为 API GL-4 和 GL-5。1988 年提议发展成 PG-1 和 PG-2,提高其高温稳定性,并加入密封件相容性等项目,但始终未正式代替 GL-4 和 GL-5。目前仅余下 PG-2 仍在讨论中。

手动变速箱使用条件相对没有后桥齿轮苛刻,所以所用的润滑油也无需像后桥齿轮油对极压性能要求那么高,而且手动变速箱有铜衬套部件,油中含活性硫过高易产生腐蚀,因而大多用 API GL-4 齿轮油。1995 年 API 发展了 MT-1 专作为手动变速箱齿轮油标准 ASTM D5760,但很多轻型卡车手动变速箱有同步器,而 MT-1 没有考虑满足此性能。因此又在继续发展新分类,如 PM-1 或 PM-2,PM-2 又可用于后桥齿轮箱,可全面代替 GL-4,但都没有最后裁决,其具体性能见表 3-12。

表 3-12　汽车手动变速箱齿轮油比较

功　能	同步器	点　蚀	擦　伤	高力矩下磨损	热稳定性	油封相容性	腐　蚀
GL-4	-	-	++	++	-	-	++
MT-1	-	-	+	-	++	++	+
PM-1	++	-	+	-	++	++	+
PM-2	++	++	++	++	++	++	++

注:“-”为无此性能;“+”为中等性能;“++”为满足性能。

美国石油学令(API)对车辆齿轮油功能分类见表 3-13。总的要求是提高油的载荷能力和热氧化安定性。

表 3-13　API 车辆齿轮油功能分类

分　类	功能描述	油描述
GL-1	轻负荷手动传动箱	矿物油加防锈抗氧
GL-2	蜗轮蜗杆后桥，负荷和温度同 GL-1，有滑动	GL-1 加抗磨和油性剂
GL-3	手动传动箱螺旋伞齿后桥，中速中负荷	有载荷能力
GL-4	螺旋伞齿轮后桥中到高速高负荷，双曲线齿轮后桥中速中负荷	全面性能高于 GL-3
GL-5	双曲线齿轮后桥在各种条件下(如高速冲击负荷、低速高扭矩等)，满足 MIL-L-2105D、E 及 SAE J2360 要求	有高载荷能力
GL-6	原试验设备已废弃	
MT-1	用于重卡和桥车的非同步器手动传动箱	热稳定性，抗磨，抗油封老化

车辆齿轮油的性能试验要求见表 3-14 和表 3-15。

表 3-14　车辆齿轮油性能试验要求

试　验	MIL-L-2105E，GL-5	MIL-L-2105D	APIMT-1	SAEJ2360
L-33-1(D7038)	v	v		v
L-37(D6121)	v	v		v
L-42(D7452)	v	v		v
L-60-1(D5704)			v	v
D5662			v	v
D5579			v	v
D5182			v	
D130 铜片腐蚀	v	v	v	v
D892 抗泡	v	v	v	v

续表

试　验	MIL-L-2105E，GL-5	MIL-L-2105D	APIMT-1	SAEJ2360
贮存稳定性和相容性		v	v	v
控制性行车试验		v		v
LRI 委员会评议		v		v

表 3-15　车辆齿轮油试验

试　验	叙述	测定特性
ASTM L33-1(D7038)	用差速齿轮组	在潮湿下抗腐蚀
ASTM L-37(D61210)	全尺寸后桥	低速高扭矩下齿轮抗疲劳
ASTM L-42(D7452)	全尺寸后桥	高速冲击负荷齿轮抗疲劳
ASTM L-60-1(D5704)	用正齿轮工作台试验	热氧化稳定性和沉积物
ASTM D5662	同上	密封件相容性
ASTM D5579	在手动传动箱的齿轮试验	在循环试验下热稳定性
ASTM D5182	用正齿轮的齿轮试验	正齿轮磨损
ASTM D892	工作台试验	抗泡
ASTM D130	同上	铜片腐蚀

4. 车辆齿轮油的组成

车辆齿轮油基本上都采用矿物油为基础油，只有对低温流动性要求较高，黏度为 API 75W 的油才采用合成油。添加剂类型与工业齿轮油相同，但添加剂量要加大。有的黏度跨度大的如 80W/140 等齿轮油要加入抗剪切性能好的黏度添加剂。

第四节　齿轮油的主要品种

1. CKB 抗氧防锈工业齿轮油

CKB 抗氧防锈工业齿轮油采用深度精制的矿物油，加入抗氧、防锈、抗泡等多种添加剂调制而成，具有良好的氧化安定性、抗腐蚀锈蚀性、抗乳化性、消泡性等，适用于普通负荷工业齿轮的润滑。现执行国家标准 GB 5903—2011(见表 3-16)，牌号有 100、150、220、320 等。

2. CKC 中负荷工业齿轮油

CKC 中负荷工业齿轮油采用深度精制的矿物油(中性油)为基础油，加入性能优良的硫磷型极压抗磨剂及抗氧、抗腐、防锈等添加剂配制而成，具有良好的极压抗磨和热氧化安定性等性能。Timken 试验 OK 值不小于 200N，FZG 试验不小于 10 级，质量水平高于美国 AGMA 250.03EP。国外现已很少用这一档次的油，大都改用重负荷工业齿轮油。

表 3-16　工业闭式齿轮油(GB 5903—2011)

项　目		CKB	CKC	CKD
黏度等级		100～320	32～1500	68～1000
黏度指数	不小于	90	90(460 前)，85(680 后)	90
外观		透明	透明	透明
100℃运动黏度/(mm²/s)		—	报告	报告
闪点/℃	不低于	180(100)，200(150 后)	180(68 前)，200(100 后)	180(68)，200(100 后)
倾点/℃	不高于	-8	-12(100 前)，-9(150-460)，-5(680 后)	
水分/%	不大于	痕迹		
机械杂质/%	不大于	0.01	0.02	
铜片腐蚀(100℃，3h)/级	不大于	1		
液相锈蚀(24h)		无锈		
氧化安定性 总酸值达 2.0mgKOH/g 的时间 /h	不小于	750(150 前)，500(220 后)	—	—
旋转氧弹(150℃)/min		报告	—	—
氧化安定性(95℃，312h) 100℃黏度增/% 沉淀值/mL	 不大于 不大于	 — —	 6 0.1	
泡沫性/(mL/mL) 前 24℃ 93.5℃ 后 24℃	 不高于 不高于 不高于	 75/10 75/10 75/10	 50/0(320 前)，75/10(460 后) 50/0(320 前)，75/10(460 后) 50/0(320 前)，75/10(460 后)	 50/0(680 前)，75/10(1000 后) 50/0(680 前)，75/10(1000 后) 50/0(680 前)，75/10(1000 后)

续表

项　　目		CKB	CKC	CKD
抗乳化性(82℃)				
乳中水/%	不大于	0.5	2.0(320前),2.0(460后)	2.0(680前),2.0(其余)
乳化层/mL	不大于	2.0	1.0(320前),4.0(460后)	1.0(680前),4.0(其余)
总分离水/mL	不小于	30.0	80.0(320前),50.0(460后)	80.0(680前),50.0(其余)
极压性能(梯姆肯试验)OK值/N	不小于	—	200(45lb)	267(60lb)
承载能力(齿轮机法)/失效级	不小于	—	≮10(46前),12(68~150),>12(220后)	≮12(150前),>12(220后)
剪切安定性(齿轮机法)				
剪切后40℃运动黏度/(mm²/s)		—	在黏度级范围内	
四球机试验				
烧结负荷/N(kgf)	不小于	—	—	2450(250)
综合磨损指数/N(kg)	不小于	—	—	441(45)
磨斑直径(196N,60min,54℃,1800r/min)/mm	不大于	—	—	0.35

注:(　)内指黏度级。

目前执行国家标准 GB 5903—2011（见表 3-16），分为 32、46、68、100、150、220、320、460、680、1000、1500 十一个牌号。该产品适用于冶金、矿山、水泥、造纸、制糖等工业行业，具有中负荷的闭式齿轮传动装置。

3. CKD 重负荷工业齿轮油

CKD 重负荷工业齿轮油对基础油与添加剂的要求与中负荷油相似，一般性能要求与中负荷油相当，但比中负荷油具有更好的极压抗磨性、抗氧化性和抗乳化性，要求通过四球机试验，Timken 试验 OK 值不小于 267N，FZG 试验不小于 12 级，其质量水平与美钢 224、AGMA 250.04EP 相当。目前执行国家标准 GB 5903—2011（见表 3-16），分为 68、100、150、220、320、460、680、1000 八个黏度牌号。

该类油品主要用于要求使用重载荷或抗乳化性优良的齿轮传动装置，如冶金、煤矿、化肥、采矿、水泥等行业的引进设备的齿轮装置。

4. CKE 蜗轮蜗杆油

CKE 蜗轮蜗杆油采用深度精制的矿物油，加入油性、抗磨、抗氧、防锈、抗泡等添加剂配制而成，具有良好的润滑性、承载能力及防锈抗氧性能。能有效地提高传动效率，延长蜗轮副寿命，适用于蜗轮蜗杆传动装置的润滑。目前执行石化行业标准 SH/T 0094—1991（见表 3-17），分为 220、320、460、680、1000 五个黏度牌号。

5. 普通车辆齿轮油

普通车辆齿轮油采用深度精制的矿物油，加入抗氧、防锈、抗泡及少量极压剂，具有较好的抗氧防锈性和一定的极压性。适用于一般车辆螺旋锥齿轮减速机构、手动变速器齿轮机构，如解放 CAlOB、黄河 N150 后桥齿轮箱的润滑。与 API GL-3 的质量水平相当。

该产品目前执行我国石油化工行业标准 SH/T 0350—1992（见表 3-18），分为 80W90、85W90、90 三个牌号，中国石化、中国石油集团公司各润滑油厂都有生产，适用于一般车辆螺旋锥齿轮和解放 CAlOB 的润滑。

6. 中负荷车辆齿轮油

中负荷车辆齿轮油要比重负荷车辆齿轮油少一半的极压抗磨剂，其他原料相同，除极压抗磨性能比重负荷油稍逊外，其他性能一致，其质量达到 API GL-4 性能水平。

该产品现行标准为 JB/T 7282—2016，见表 3-19。

表 3-17 蜗轮蜗杆油(SH/T 0094—1991)

项 目	质量指标																				试验方法
品种	L-CKE										L-CKE/P										
质量等级	一级品					合格品					一级品					合格品					
黏度等级(按 GB 3141)	220	320	460	680	1000	220	320	460	680	1000	220	320	460	680	1000	220	320	460	680	1000	
运动黏度(40℃)/(mm^2/s)	198~242	288~352	414~506	612~748	900~1100	198~242	288~352	414~506	612~748	900~1100	198~242	288~352	414~506	612~748	900~1100	198~242	288~352	414~506	612~748	900~1100	GB/T 265
闪点(开口)/℃ 不低于	200	200	220	220	220	180	180	180	180	180	200	200	220	220	220	180	180	180	180	180	GB/T 3536
黏度指数 不小于	90					90					90					90					GB/T 1995
倾点/℃ 不高于	-6					-6					-12					-6					GB/T 3535
水溶性酸或碱	无					无					—					—					GB/T 259
机械杂质/% 不大于	0.02					0.05					0.02					0.05					GB/T 511
水分/% 不大于	痕迹					痕迹					痕迹					痕迹					GB/T 200
中和值/(mgKOH/g) 不大于	1.3					1.3					1.0					1.3					GB/T 4945
皂化值/(mgKOH/g)	9~25					5~25					不大于 25					不大于 25					GB/T 8021
腐蚀试验(铜片,100℃,3h)/级 不大于	1					1					1					1					GB/T 5096
液相锈蚀试验 蒸馏水	无锈					无锈					—					无锈					GB/T 11143
液相锈蚀试验 合成海水	—					—					无锈					—					
沉淀值/mL 不大于	0.05					0.05					—					—					SH/T 13024
硫含量/% 不大于	1.00					1.00					1.25					1.25					SH/T 0303
氯含量[①] 不大于	—					—					0.03					—					SH/T 0161
抗乳化性(82℃,40-37-3mL)/min 不大于	60					—					60					—					GB/T 7305

续表

项　　目	质量指标																				试验方法
品种	L-CKE										L-CKE/P										
质量等级	一级品					合格品					一级品					合格品					
黏度等级(按 GB 3141)	220	320	460	680	1000	220	320	460	680	1000	220	320	460	680	1000	220	320	460	680	1000	
泡沫性(泡沫倾向/泡沫稳定性)/(mL/mL)																					GB/T 12579
前 24℃　不大于	75/10					75/10					75/10					—/300					
93.5℃　不大于	75/10					75/10					75/10					—/25					
后 24℃　不大于	75/10					75/10					75/10					—/300					
氧化安定性②(酸值达到 2mgKOH/g 时)/h　不小于	350					—					350					—					GB/T 12581
综合磨损指数(1500r/min)/N　不小于	—					—					392					392					GB/T 3142
剪切安定性试验③(40℃运动黏度下降率)/%　不大于	6					—					6					—					SH/T 0505

① 对矿油型,未加含氯添加剂时可不测定含氯量。

② 保证项目,每年测一次。

③ 加有增黏剂的黏度级油必须测定。

表 3-18　普通车辆齿轮油行业标准(SH/T 0350—1992)

项　　目		质量指标			试验方法
		80W90	85W90	90	
运动黏度(100℃)/(mm^2/s)		15~19	15~19	15~19	GB/T 265
表观黏度达 150Pa·s 时温度/℃	不高于	-26	-12	—	GB/T 11145 及注①
黏度指数	不小于	—	—	90	GB/T 1995 或 GB/T 2541
倾点/℃	不高于	-28	-18	-10	GB/T 3535
闪点(开口)/℃	不低于	170	180	190	GB/T 267 及注②
水分/%	不大于	痕迹	痕迹	痕迹	GB/T 260
锈蚀试验 15 号钢棒(A 法)		无锈	无锈	无锈	GB/T 11143
起泡性/(mL/mL)	不大于				GB/T 12579
前 24℃±0.5℃		100/10	100/10	100/10	
93℃±0.5℃		100/10	100/10	100/10	
后 24℃±0.5℃		100/10	100/10	100/10	
铜片腐蚀试验(100℃,3h)/级	不大于	1	1	1	GB/T 5096
最大无卡咬载荷 P_B/kg	不小于	80	80	80	GB/T 3142
糠醛或酚含量(未加剂)		无	无	无	SH/T 0120
机械杂质/%	不大于	0.05	0.02	0.02	GB/T 511③
残炭(未加剂)/%		报告			GB/T 268
酸值(未加剂)/(mgKOH/g)		报告			GB/T 264
氯含量/%		报告			SH/T 0161
锌含量/%		报告			SH/T 0226
硫酸盐灰分/%		报告			GB/T 2433

① 齿轮油表观黏度为保证项目,每年测定一次。

② 新疆原油生产的各号普通车辆齿轮油闪点允许比规定的指标低 10℃出厂。

③ 不允许含有固体颗粒。

表 13-19　中负荷车辆齿轮油主要质量指标(JB/T 7282—2016)

项　　目	质量指标			试验方法
	80W90	85W90	90	
运动黏度(100℃)/(mm^2/s)	13.5~18.5	13.5~18.5	13.5~18.5	GB/T 265
黏度指数	—	—	≥75	GB/T1995
闪点(开口)/℃	≥165	≥165	≥180	GB/T 3536
倾点/℃	报告	报告	报告	GB/T 3535

续表

项　　目		质量指标			试验方法
		80W90	85W90	90	
表观黏度达 150Pa·s 时的温度/℃		≤-26	≤-12	—	GB/T 11145
机械杂质(质量分数)/%		≤0.02			GB/T 511
水分(质量分数)/%		≤0.03			GB/T 260
泡沫性/(mL/mL) (泡沫倾向/泡沫稳定性)	24℃	≤20/0			GB/T 12579
	93.5℃	≤50/0			
	后 24℃	≤20/0			
四球试验 最大无卡咬负荷 P_B/N		报告			GB/T 3142
铜片腐蚀(121℃，3h)/级		≤3			GB/T 5096

7. 重负荷车辆齿轮油

重负荷车辆齿轮油采用深度精制的矿物油，加入硫磷极压抗磨剂、防腐防锈剂等配制而成。必须通过 CRC L-33、37、42、60 等台架试验。其质量水平与美军 MIL-L-2105C 规格车辆齿轮油相当，达到 API GL-5 性能水平。

该产品执行 GB 13895—1992 技术标准(见表 3-20)，分为 75W、80W/90、85W90、85W140、90、140 六个牌号。

表 3-20　重负荷车辆齿轮油的技术要求(GB 13895—1992)

项　　目		质 量 指 标						试验方法
黏度等级		75W	80W90	85W90	85W140	90	140	
运动黏度(100℃)/(mm²/s)		≥4.1	13.5~<24.0	13.5~<24.0	24.0~<41.0	13.5~<24.0	24.0~<41.0	GB/T 265
倾点/℃		报告	报告	报告	报告	报告	报告	GB/T 3535
表观黏度达 150Pa·s 时的温度/℃	不高于	-40	-26	-12	-12			GB/T 11145
闪点(开)/℃	不低于	150	165	165	180	180	200	GB /T 3536
成沟点/℃	不高于	-45	-35	-20	-20	-17.8	-6.7	SH/T 0030
黏度指数	不低于	报告	报告	报告	报告	75	75	GB/T 2541
起泡性(泡沫倾向)/mL 前 24℃ 93.5℃ 后 24℃	 不大于 不大于 不大于	 20 50 20						GB/T 12579

续表

项　　目	质 量 指 标						试验方法
黏度等级	75W	80W90	85W90	85W140	90	140	
腐蚀试验(铜片,121℃,3h)/级　不大于	3						GB/T 5096
机械杂质/%　不大于	0.05						GB/T 511
水分/%　不大于	痕迹						GB/T 260
戊烷不溶物/%	报告						GB/T 8926 A 法
硫酸盐灰分/%	报告						GB/T 2433

第五节　齿轮油的应用

一、齿轮油的选用

（一）车辆齿轮油的选择

1. 质量档次的选择

车辆齿轮油质量档次的选择主要是依据齿轮形状、齿面载荷、车型、工况确定，见表 3-21。

表 3-21　车辆齿轮油质量档次选择表

齿轮形状	齿面载荷	车型及工况	质量档次
双曲线	压力<2000MPa 滑动速度 1.5~8m/s	一般	GL-4
双曲线	压力<2000MPa 滑动速度 1.5~8m/s	拖挂车 山区作业	GL-5
双曲线	压力>2000MPa 滑动速度>10m/s 油温 120~130℃	不论	GL-5
螺旋锥齿		国产车	GL-3
螺旋锥齿		进口车或重型车	GL-4

2. 黏度牌号的选择

黏度牌号的选择与内燃机油一样，主要是考虑车辆的载荷与最低气温。如一般载重 10t 以下用 SAE 90，10t 以上用 SAE 140。为了节约能源，最好使用多级油，如 SAE 80W/90、85W/140。90、140 适应我国南方及北方夏季用，东北及西北寒区可用75W、80W/90，其余地区全年可用85W/90。

3. 现行标准齿轮油与旧齿轮油对比

现行标准的齿轮油与旧一代齿轮油无论是组成还是性能都有较大的区别，见表3-22。

表3-22 新旧齿轮油性能对比

性能	新一代油	旧一代油
极压抗磨性	好	差
热氧化安定性	好	差
防锈防腐性	好	差
价格	较高	较低
使用寿命	长	短

这里特别要提出的是所谓“双曲线齿轮油”。

20世纪70年代前，我国以解放牌载重汽车为代表的汽车后桥传动齿轮采用的是螺旋伞齿轮。而后以东风载重车为首的汽车后桥传动齿轮采用了双曲线齿轮，大大提高传动效率和减少后桥体积，但对齿轮油的要求更为苛刻，于是新试制的齿轮油当时暂称为双曲线齿轮油，如原石油部标准SY 1102—77的22号和28号双曲线齿轮油。它以抽出油、全损耗系统用油和汽缸油为基础油，加入硫化蓖麻油添加剂调配而成，其硫含量大于1.5%。标准中只规定了理化性质，没有齿轮台架试验、抗氧化试验和防锈试验等要求。虽然过去曾用于润滑汽车后桥双曲线齿轮，但多年的使用已经证明，其抗氧化、防锈和极压抗磨性都比较差，换油周期短，不能满足双曲线齿轮的润滑要求。随后又出现了7号、13号、15号、18号和26号双曲线齿轮油。它以矿物油馏分油或合成油(氯化石蜡缩合油或聚烯烃合成油)为基础油，加入氯化石蜡、二烷基二硫代磷酸锌添加剂调配而成。这类油抗磨性能比前类油高，但氧化安定性和防锈性较差，部分性能不符合中负荷和重负荷车辆齿轮油暂行技术指标。这类硫-氯-磷-锌型齿轮油国外已被淘汰。

现在推广硫-磷型车辆齿轮油，包括中负荷和重负荷车辆齿轮油。该类产品采用中间基或石蜡基中性油，或聚烯烃合成油为基础油，加入硫磷型极压抗磨剂和防腐防锈剂等配制而成。大跨度的矿油型多级油尚需加入适当的黏度指数改进剂。经实验室模拟评定、齿轮台架试验和行车试验，结果表明具有良好的润滑、防腐及防锈性能。中负荷车辆齿轮油质量水平与美军MIL-L-2105规格齿轮油相当，达到API GL-4性能水平，适用于进口和国产各种小轿车、载重卡车要求GL-4性能水平的齿轮油进行后桥双曲线齿轮和变速箱齿轮的润滑，如东风EQ140及北京BJ130、BJ212等汽车的后桥和变速箱。重负荷车辆齿轮油质量水平与美军MIL-L-

2105D规格齿轮油相当，达到API GL-5性能水平，适用于进口和国产各种小轿车、重型卡车要求GL-5性能水平的齿轮油进行后桥双曲线齿轮和变速箱的润滑。

现行的车辆齿轮油的质量规格与国际接轨。过去的所谓双曲线齿轮油规格已废除，它是从过去的渣油齿轮油到现在符合国际规格的车辆齿轮油的过渡时期的产物，其指标简单，且无体现齿轮油承载特性的台架试验指标严卡质量关，给社会上做假油的分子有可钻的空子，坑害了用户。云南省交通系统1987年使用了一些地方小厂生产的双曲线齿轮油，造成几百辆东风车损坏的重大事故就是一个很好例子。

（二）工业齿轮油的选择

中国齿轮专业协会完成了工业通用减速箱系列标的制订，包含七个协会标准，其中有一个标准《工业通用减速箱油品选用》，2007年12月10发布，2008年1月31日实施。

选择齿轮油的四条原则是：

① 根据齿轮线速度选择齿轮油黏度。速度高的选用低黏度油，速度低的选用高黏度油，见表3-23。

表3-23 闭式齿轮黏度选用等级

齿轮种类	节线速度/(m/s)	黏度等级(40℃)
直齿轮 斜齿轮 锥齿轮	0.5	460~1000
	1.3	320~680
	2.5	220~460
	5.0	150~320
	12.5	100~220
	25	68~150
	50	46~100

② 根据齿面接触应力选择齿轮油类型，见表3-24。

表3-24 低速重载齿轮选油表(闭式齿轮)

齿轮种类	润滑方式	齿面应力/MPa		推荐用油类型	使用工况
圆柱齿轮与圆锥齿轮	油浴润滑与循环润滑	传动齿轮，低于350		工业齿轮油	一般传动齿轮
		动力齿轮	低负荷350~500	工业齿轮油、中负荷工业齿轮油	一般齿轮或有冲击高温的齿轮
			中负荷500~1100	中负荷工业齿轮油或重负荷工业齿轮油	矿井提升，露天采掘，水泥球磨机，高温有冲击的齿轮
			重负荷高于1100	重负荷工业齿轮油	冶金、轧钢、井下、采煤、高温有冲击有水部位的齿轮

③ 注意使用温度。油温高，油黏度应大，夏天用高黏度油，冬天用低黏度油。

④ 考虑齿轮润滑和轴承润滑是否同一系统，是滚动轴承还是滑动轴承。滑动轴承要求润滑油的黏度较低。

⑤ 工业闭式齿轮油提倡选用重负荷工业齿轮油，在美国相当于我国中负荷工业齿轮油 CKC 的美钢 222 已淘汰，只有相当于我国 CKD 的美钢 224。现代机械向高速高负荷发展，齿轮的载荷越来越重，加上钢厂等的齿轮会与水接触，而 CKD 的承载能力高、分水性好，能满足苛刻工况要求。

二、齿轮油的使用维护

① 加强过滤和去除分水　工业齿轮油的使用条件很复杂，尤其在钢铁厂、矿山、沙尘、冷却水等可能进到油中，齿轮本身磨损的金属颗粒也进到油中，它们大大降低了油的承载能力，也作为磨料加速了齿轮的磨损。应及时把油中的固体污染物通过过滤清除出去，通过油箱沉降后用切水阀把水除去。

② 及时换油　已有一些成熟的换油指标指导换油，如表 3-25～表 3-27 所示。

表 3-25　重负荷车辆齿轮油(GL-5)换油指标技术要求(GB/T 30034—2013)

项　　目		换油指标
100℃运动黏度变化率/%	大于	+10～-15
酸值(以 KOH 计)/(mg/g)	大于	±1
正戊烷不溶物/%	大于	1.0
水分/%	大于	0.5
铁含量/(μg/g)	大于	2000
铜含量/(μg/g)	大于	100

表 3-26　美国某 OEM 的车辆齿轮油换油期推荐

品　种	工况	延长换油期/mile	标准换油期/mile
MACK GO-J，GO-J+	公路(级 A，B)	50 万或 3 年	25 万或 2 年
	职业(AA，BB，CC)	8 万或 1 年或 1200h	4 万或 1 年或 1200h
	非公路(D)	6 月	6 月

注：1mile=1.61km。

表 3-27　工业闭式齿轮油换油指标(NB/SH/T 0586—2010)

指　　标		CKC	CKD
外观		异常	异常
黏度变化率(40℃)/%	大于	±15	±16
水分/%	大于	0.5	0.5

续表

指　　标		CKC	CKD
机械杂质/%	不小于	0.5	0.5
铜片腐蚀(100℃，3h)/级	不小于	3b	3b
梯姆肯 OK 值/N	不大于	133.4	178
酸值增加/(mgKOH/g)	不小于	—	1.0
铁含量/(mg/kg)	不小于	—	200

第六节　齿轮油应用要点

1. 齿轮油选用要点

用户在选购齿轮油时，应注意以下几点：

① 尽量不选用商品名为“双曲线齿轮油”的油品，理由已在上面详述。

② 不要把工业齿轮油或车辆齿轮油用作蜗轮蜗杆润滑，理由已在前面详述。

③ 提倡用重负荷工业齿轮油，逐渐少用到不用中负荷工业齿轮油。目前很多用户仍在大量选用中负荷工业齿轮油，因为它的价格比重负荷工业齿轮油便宜，但重负荷工业齿轮油的极压性、分水性等大大好于中负荷工业齿轮油，对齿轮的保护要好得多。如果算一笔账，由于齿轮过快磨损而要换一套齿轮，加上换齿轮的维修费，再加上换齿轮而造成的停产损失等费用，与二种齿轮油的价差相比较，就应得出结论：用重负荷工业齿轮油使齿轮寿命延长要合算得多。目前国外中负荷工业齿轮油(USS 222)早已淘汰。从上面齿轮油供应商的几个表中可看到，几个国外品牌都绝大多数已没有中负荷工业齿轮油这个品种。

④ 工业齿轮油在使用中可发展为高级通用机械油，也就是说除了用在齿轮传动润滑外，还可作为其他较苛刻的机械运动的润滑。如轴承、往复运动的关节等，因为它除了防锈、抗氧等的通用性能外还有好的抗磨性。

2. 不同齿轮油的代用和混用原则

① 不能用工业齿轮油代替车辆齿轮油，也不能用车辆齿轮油代替工业齿轮油。车辆齿轮的载荷和速度大大高于绝大多数工业齿轮，因而车辆齿轮油的极压抗磨性和高温热氧化稳定性都大大高于工业齿轮油，若把工业齿轮油用于汽车后桥齿轮，则齿轮会很快损坏，油也会很快降解；车辆齿轮油虽然极压性和热氧化稳定性高，但工业齿轮经常要与有色金属和与水接触，而这些却是车辆齿轮油的弱项，因而也不宜用于工业齿轮。

② 不宜把工业齿轮油用在蜗轮蜗杆中，一是因为工业齿轮油的油性不够，

二是因为蜗轮蜗杆有铜蜗轮，易被工业齿轮油中极压抗磨剂的活性元素侵蚀。

③ 用于汽车后桥的车辆齿轮油不宜用在手动变速箱齿轮中，因后者有铜衬套，易被后桥齿轮含活性元素高的车辆齿轮油侵蚀。

3. 齿轮油的选用应是低黏度化

在“傻大黑粗”设备时代，设备中摩擦副的载荷轻，速度低，靠润滑油的黏度即可保证设备润滑，人们粗浅认识到黏度大的油油膜厚，能承载更高负荷，造成人们用油时尽量选用高黏度油的过时概念。但目前设备摩擦副的载荷和速度大大提高，高黏度油的厚油膜不足以保护摩擦表面的摩擦磨损，只有通过合适的极压抗磨剂的承载能力才能对高载荷速度的摩擦表面提供足够保护。因此应尽量选用低黏度油，一是因为齿轮润滑是不断重新建立油膜的过程，低黏度油流动性好，更易重新建立新油膜，保证低摩擦低磨损；二是因为低黏度油流动阻力小，节能性好；三是因为低黏度油冷却性好。

4. 用PAG作蜗轮蜗杆油和减速机油的基础油可降低油温和延长换油期

聚二醇亚醚合成油简称PAG，由环氧乙烷和环氧丙烷按不同比例共聚成系列产品。与矿物油基础油比较，它有如下主要特点：

① PAG摩擦系数小(见表3-28)，摩擦系数小，产生的摩擦热就少。

表3-28　几种基础油摩擦系数

基础油	黏度等级	摩擦系数
矿物油	220	0.048
聚烯烃，Pao	220	0.036
PAG	220	0.033

② PAG的比热容高于矿物油，也就是油温升高所需的热量大，因此在相同的热量下，PAG的油温会低一些。

③ PAG的牵引系数低于矿物油，流动时产生的热量少。

因此用PAG为基础油做成的蜗轮蜗杆油和减速机油工作油温低，换油期长，尤其是对当油温高于某一设定值会报警或自动停机的某些装置，更适用PAG油。

5. 齿轮使用中损坏原因分析

接触到很多齿轮油用户送来破坏了的齿轮，希望搞清楚破坏的原因，大致有如下五种情况：

一是点蚀，也就是齿轮表面有很多大小麻坑，原因是疲劳磨损和腐蚀磨损。疲劳磨损有三个阶段：

第一阶段是齿距线点蚀，齿距线在二齿面接触滑动改变方向处，油膜最薄，只有滚动摩擦而无滑动摩擦，应力较集中，这种点蚀点较小，很多在磨合后自行消失；

第二阶段为破坏性点蚀，由于油膜承载能力低，负荷过重或轴线不平行使表面负荷超过耐疲劳极限而造成；

第三阶段为剥落，由第二阶段点蚀发展而成，机械上的原因是齿面表面强度低，负荷过重，安装不正，使局部齿面负荷过重；润滑油方面的原因是油膜承载能力不够。

腐蚀磨损也是由点蚀发展成剥落，疲劳磨损的点坑的底部和表面直径基本一致，而腐蚀磨损往往底部较大，有淘空现象，发生在齿根较多，原因大多是润滑油活性过高或过期不换油所致。

二是磨损和擦伤，一般发生在齿顶部位，有严重擦痕或起皱，其方向与滑动方向相同。原因是负荷太重或油的承载能力不够或操作温度过高引起。

三是塑性流动，表面有波浪型波纹或局部隆起，大多是由于负荷过大或冲击负荷造成的。

四是齿断裂，断面粗糙成粒状或纤维状可能是负荷过重或冲击负荷过大造成；表面光滑有新旧颜色的可能是由疲劳或有旧裂纹造成。

五是划伤，大多是由润滑油中的硬质污染物造成。

第四章 液 压 油

在生产过程中，能量的传递方式很多，概括起来可分为四大类，即机械传动、电力传动、气压传动和液力传动。由于液力传动具有许多优点，所以在机床、冶金机械、汽车、船舶、农业机械、建筑工程机械、矿山机械、石油化工以及航空宇航机械等方面都得到广泛应用。液压油是液压传动中最主要的传递能量介质。

液压油在液压设备中起着许多重要作用，根据其不同功能可归纳为传递能量、润滑机器、减少机器的摩擦和磨损、防止机器生锈和腐蚀，对液压设备内的一些间隙起密封作用，带走摩擦热，起冷却作用、冲洗作用、分散作用等。

第一节 液压油的基本性能

如果说油泵(主油泵)是整个液压系统的心脏，那么液压油就是整个液压系统的血液，它对整个液压系统有很大的影响。即使是一台设计先进、制造精度很高的液压设备，如果不能正确选择和使用液压油，也不能发挥设备的效率，甚至会造成严重事故，使设备损坏或缩短使用寿命。液压系统能否可靠、有效而经济地工作，在相当程度上取决于液压油的性能。有的液压设备工况条件十分恶劣，如高温、潮湿、粉尘、水分和杂质等，这就对液压油提出了更高的要求。因此，要求液压油必须具有以下特性。

1. 合适的黏度和良好的黏温特性

黏度过高时，油泵吸油阻力增加，容易产生空穴和气蚀作用，使油泵工作困难，甚至受到损坏，油泵的能量损失增大，机械总效率降低。同时，黏度过高，也会使管路中压力损失增大，降低总效率，还会使阀和油缸的敏感性降低，工作不够灵活。黏度过大，不能及时带走热量，会造成油温上升，加快氧化速度，缩短油品的使用寿命。

黏度过低时，油泵的内泄漏增多，容积效率降低，管路接头处的泄漏增多，控制阀的内泄漏增多，控制性能下降。同时，黏度过低，也会使润滑油膜变薄，油品对机器滑动部件的润滑性能降低，造成磨损增加，甚至发生烧结。

由于液压油在工作过程中温度变化较大，不同地区、不同季节也会使油温发生较大变化，要使液压油有合适的黏度，还必须要求液压油有较好的黏温特性，就是其黏度随温度变化不太大，这样才能较好地满足液压系统的要求。

2. 良好的抗氧化性

液压油和其他油品一样，在使用过程中都不可避免地发生氧化，特别是当空气、温度、水分、杂质、金属催化剂等有利于或加速氧化的因素存在时氧化更明显，因此要求液压油有较好的抗氧化性尤为重要。

液压油被氧化后产生的酸性物质会增加对金属的腐蚀性，产生的黏稠油泥沉淀物会堵塞过滤器和其他孔隙，妨碍控制机构的工作，降低效率，增加磨损。氧化严重时，液压油的许多性能都大为下降，以致必须更换。因此，液压油的抗氧化性越好，使用寿命就越长。

3. 良好的防腐蚀和防锈蚀性能

液压油在工作过程中，不可避免地要接触水、空气，液压元件会因此发生锈蚀。液压油中的添加剂发生氧化、水解后，也会产生腐蚀性物质。液压元件的锈蚀、腐蚀会严重影响液压系统的正常工作和寿命。因此，要求液压油要有较强的防锈、防腐能力。

4. 良好的抗乳化性

液压油在工作过程中，都有可能混进水。进入油箱的水，受到油泵、马达等液压元件的剧烈搅动后，容易形成乳化液。如果这种乳化液是稳定的，则会加速液压油的变质，降低润滑性、抗磨性，生成沉淀物会堵塞过滤器、管道、阀门等，还会发生锈蚀、腐蚀。因此，要求液压油有良好的抗乳化性，就是说液压油要能较快地与水分离开来，使水沉到油箱底部，然后定期排出，避免形成稳定的乳化液。

5. 良好的润滑性(抗磨性)

在液压设备运转时，液压泵和液压元件会产生摩擦和磨损，尤其在机器启动和停止时摩擦力最大，更易引起磨损。因此，液压油要对各种液压元件起润滑作用，以减少磨损。工作压力高的液压系统，对液压油的抗磨性要求就更高。

6. 良好的抗泡性和空气释放性

液压设备在运转时，由于下列原因会使液压油产生气泡：

① 在油箱内液压油与空气一起受到剧烈搅动。

② 油箱内油面过低，油泵吸油时把一部分空气也吸进泵里去。

③ 因为空气在油中的溶解度是随压力而增加的，所以在高压区域，油中溶解的空气较多。当压力降低时，空气在油中的溶解度也随之降低，油中原来溶解的空气就会析出一部分，因而产生气泡。

液压油中混有气泡是很有害的，其害处有：

① 气泡很容易被压缩，因而导致液压系统的压力下降，能量传递不稳定、不可靠、不准确，产生振动和噪声，使液压系统的工作不规律。

② 容易产生气蚀作用。当气泡受到油泵的高压时，气泡中的气体就会溶于

油中，这时气泡所在的区域就会变成局部真空，周围的油液会以极高的速度来填补这些真空区域，形成冲击压力和冲击波。这种冲击压力可高达几十甚至上百兆帕，这就是穴蚀作用。如果这种冲击压力和冲击波作用于固体壁面上，就会产生气蚀作用，使机器损坏。

③ 气泡在油泵中受到迅速压缩(绝热压缩)时，产生局部高温可高达1000℃。促使油品蒸发、热分解和汽化，变质变黑。

④ 增加油与空气的接触面积，增加油中的氧分压，促进油的氧化。

因此，液压油应有良好的抗泡性和空气释放性，即在设备运转过程中，产生的气泡要少，所产生的气泡要能很快破灭，以免与液压油一起被油泵吸进液压系统中，溶在油中的微小气泡必须容易释放出来。

7. 较好的抗剪切性

液压油经过泵、阀等元件，尤其是通过各种液压元件的小孔、缝隙时，要经受剧烈的剪切作用。若液压油的基础油为矿物油类，受的影响不大；若基础油为聚合物或加有高相对分子质量的聚合物添加剂，有可能被剪切而断链，使黏度下降。因此，液压油必须具有较好的抗剪切性。

8. 良好的水解安定性

液压油中的添加剂是保证油品使用性能的关键成分。如果添加剂的抗水解性差，油中的添加剂容易被水解，则液压油的主要性能不可能是好的。

9. 良好的过滤性

在一些使用场合发现，抗磨液压油特别是被少量水污染后很难过滤。这种状况引起了过滤系统的阻塞和泵与其他部件污染磨损的显著增加。一些数控机床中由于伺服阀非常精密，阀芯尖锐的刃边易被油中的磨损颗粒所伤害，导致机床精度下降。因此，近年来国外有些标准对液压油提出了可滤性要求，如Denison HF-0和英国国防部MOD规格中对OM-33油就有此要求。我国抗磨液压油也增加了可滤性指标。

10. 对密封材料的影响小

密封元件对保证液压系统的正常工作十分重要。液压油使密封材料产生溶胀、软化，或使密封材料硬化，这两者都会使密封材料失去密封性能。因此，液压油与密封材料必须互相适应，相互影响要小。

液压设备对液压油的要求，除以上几点外，特殊的工况还有特殊的要求。如在低温地区露天作业，则要求液压油凝点要低，以保持其低温流动性。与明火或高温热源接触，有可能发生火灾的液压设备，以及需要预防一氧化碳、煤尘爆炸的煤矿井下某些液压设备，还要求液压油有良好的阻燃性。乳化型液压油还要求乳化稳定性要好等。

液压油的使用性能可归纳为：黏温性、润滑性(抗磨性)、稳定性(含热稳定性、氧化安定性、防腐蚀性、防锈蚀性、剪切稳定性、抗乳化性、水解安定性、低温稳定性和储存稳定性)、对密封材料适应性、抗泡沫性、空气释放性、过滤性等。

第二节　液压油(液)的分类

一、品种分类

液压油(液)的种类繁多，分类方法各异。在1982年国际标准化组织(ISO)提出的"润滑剂、工业润滑油和有关产品——第4部分H组"分类中，分为烃类油、难燃液压油两大类。每一大类又分为若干类，见表4-1、表4-2和图4-1。我国参照ISO 6743/4，按用途把液压油分为矿油型和合成烃型 、难燃型、制动液和航空、舰船和液力传动等。该分类较系统地反映了油间的相互关系和发展。

表4-1　烃类液压油ISO分类

用油系统	ISO分类符号	组成和特性	主要用途
流体静力学系统用油	HH	不含任何添加剂的矿物润滑油	
	HL	具有防锈、抗氧性的精制矿物润滑油	用于通用型机床液压箱和齿轮箱，轻载荷机械的润滑
	HM	具有抗磨性的HL型油品，不仅具有HL油的全部特性，而且具有良好的抗磨性能	用于要求抗磨性能较高的中、高压液压系统用油
	HR	具有更好的黏温特性的HL型油品	用于要求高黏度指数的低、中压液压系统
	HV	具有更好的黏温特性的HM型油品	用于要求高黏度指数的中、高压液压系统
	HG	具有更好的防黏滑性(防爬性)的HM型油品	用于既有液压传动又有滑动面的系统
	HS	以合成烃为基础油，具有较低的倾点和良好的黏温特性	用于特殊环境及高寒地区作业
流体动力学系统用油	HA HN		用于自动变速齿轮箱 用于联轴节和变矩器

表4-2　抗燃液压油ISO分类表

ISO分类符号	组成和特性	主要用途
HFA	水包油乳化液，可分为：①无抗磨性(HFAL)；②有抗磨性(HFAM)	用于钢铁厂、矿山及其他要求抗燃性的工业
HFB	油包水乳化液，可分为：①无抗磨性(HFBL)；②有抗磨性(HFBM)	
HFC	水-乙二醇(水、聚合物)可分为：①无抗磨性(HFCL)；②有抗磨性(HFCM)	
H(F)DR H(F)DS H(F)DT H(F)DU	不含水的磷酸酯 不含水的卤代烃 不含水的卤代烃与磷酸酯混合液 不含水的其他合成液压油	

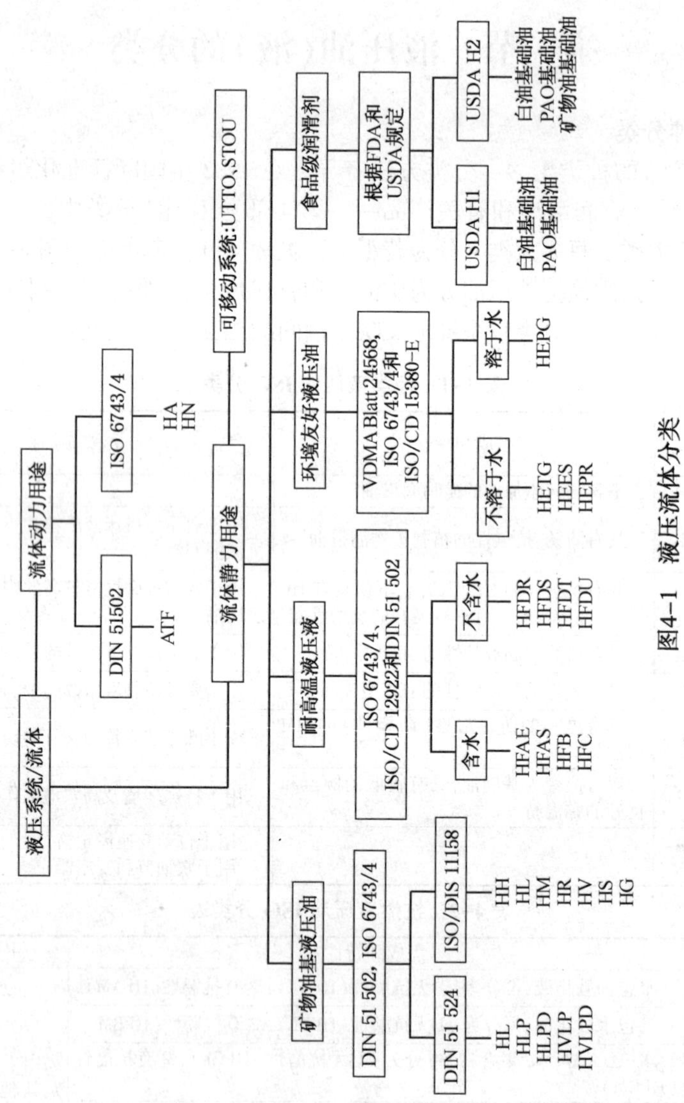
液压系统/流体
流体动力用途
DIN 51502
ATF
ISO 6743/4
HA
HN
流体静力用途
可移动系统:UTTO,STOU
矿物油基液压油
DIN 51 502, ISO 6743/4
DIN 51 524
HL
HLP
HLPD
HVLP
HVLPD
ISO/DIS 11158
HH
HL
HM
HR
HV
HS
HG
耐高温液压液
ISO 6743/4、
ISO/CD 12922和DIN 51 502
含水
HFAE
HFAS
HFB
HFC
不含水
HFDR
HFDS
HFDT
HFDU
环境友好液压油
VDMA Blatt 24568,
ISO 6743/4和
ISO/CD 15380-E
不溶于水
HETG
HEES
HEPR
溶于水
HEPG
食品级润滑剂
根据FDA和
USDA规定
USDA H1
白油基础油
PAO基础油
USDA H2
白油基础油
PAO基础油
矿物油基础油
图4-1 液压流体分类

我国等效采用ISO标准制定了H组(液压系统)用油的分类标准GB/T 7631.2—2003，见表4-3。

表4-3 润滑剂、工业油和相关产品的分类——第二部分：H组(液压系统)(GB/T 7631.2—2003)

组别序号	总应用	特殊应用	更具体应用	组成和特性	产品符号ISO-L	典型应用	备注
H	液压系统	流体静压系统		无抑制剂的精制矿油	HH		
				精制矿油，并改善其防锈和抗氧性	HL		
				HL油，并改善其抗磨性	HM	有高负荷部件的一般液压系统	
				HL油，并改善其黏温性	HR		
				HM油，并改善其黏温性	HV	建筑和船舶设备	
				无特定难燃性的合成液	HS		特殊性能
			用于要求使用环境可接受液压液的场合	甘油三酸酯	HETG	一般液压系统(可移动式)	每个品种的基础液的最小含量应不少于70%(质量分数)
				聚乙二醇	HEPG		
				合成酯	HEES		
				聚α烯烃和相关烃类产品	HEPR		
			液压导轨系统	HM油，并具有抗黏-滑性	HG	液压和滑动轴承导轨润滑系统合用的机床在低速下使振支或间断滑动(黏滑)减为最小	这种液体具有多种用途，但并非在所有液压应用中皆有效
			用于使用难燃液压液的场合	水包油型乳化液	HFAE		通常含水量大于80%(质量分数)
				化学水溶液	HFAS		通常含水量大于80%(质量分数)
				油包水乳化液	HFB		
				含聚合物水溶液	HFC		通常含水量大于35%(质量分数)
				磷酸酯无水合成液	HFDR		
				其他成分的无水合成液	HFDU		
		流体动力系统	自动传动系统		HA		与这些应用有关的分类尚未进行详细地研究，以后可以增加
			偶合器和变矩器		HN		

二、黏度分类

过去，我国工业润滑油牌号的划分沿用前苏联的标准，采用 50℃运动黏度的某一中心值作为黏度牌号，这种分类法在国际上不通用，妨碍了我国的对外交流和技术进步。因此，我国已废除了这种分类方法，进而采用国际通用的 ISO（国际标准化组织）关于工业润滑油的黏度分级。新的分级法是用 40℃运动黏度的某一中心值为黏度牌号，其黏度范围是中心值±10%，共分为 10、15、22、32、46、68、100、150 八个黏度级，见表 4-4。

表 4-4　液压油黏度等级（牌号）

黏度级（新牌号）	40℃运动黏度/（mm^2/s）	相当于旧牌号（50℃运动黏度）	ISO 黏度级
10	9.00～11.0	7	VG 10
15	13.5～16.5	10	VG 15
22	19.8～24.2	15	VG 22
32	28.8～35.2	20	VG 32
46	41.4～50.6	30	VG 46
68	61.2～74.8	40（上限接近 50 号）	VG 68
100	90.0～110	50,70（下限接近 50 号，上限接近 70 号）	VG 100
150	135～165	90	VG 150

第三节　液压油（液）的品种规格

一、烃类液压油

1. HH 液压油

HH 液压油是一种不含任何添加剂的精制矿物油。这种油虽列入分类中，但液压系统已不使用。这种不含任何添加剂的油安定性差，易起泡，在液压设备中使用周期短。因此，我国未生产 HH 油。

2. HL 液压油

HL 液压油是由精制深度较高的中性油作为基础油，加入抗氧和防锈添加剂制成。该油具有良好的防锈性和氧化安定性。HL 液压油在一般机床的液压箱、主轴箱和齿轮箱中使用时，可以减少机床润滑部位摩擦副的磨损，降低温升，防止设备锈蚀，延长机床加工精度的保持性，且使用时间比普通机械油延长一倍以上。L-HL、HM、HV、HS、HG 液压油的国家标准见表 4-5～表 4-9。

表 4-5 L-HL 抗氧防锈液压油的技术要求(GB 11118.1—2011)

项 目		质量指标						
黏度等级		15	22	32	46	68	100	150
密度(20℃)/(kg/mm²)		报告						
色度/号		报告						
外观		透明						
闪点/℃开口	不低于	140	165	175	185	195	205	215
黏度指数	不小于	80						
倾点/℃	不高于	-12	-9	-6				
酸值/(以 KOH 计)/(mg/g)		报告						
水分(质量分数)/%	不大于	痕迹						
机械杂质/%		无						
清洁度		按用户要求						
铜片腐蚀(100℃, 3h)/级	不大于	1						
液相锈蚀(24h)		无锈						
泡沫性/(mL/mL)	不大于	150/0(前 24℃), 75/0(93.5℃), 150/0(后 24℃)						
空气释放值(50℃)/min	不大于	5	7	7	10	12	15	25
密封适应性指数	不大于	14	12	10	9	7	6	报告
抗乳化性(乳化液到 3mL 的时间)/min								
54℃	不大于	30					—	
82℃	不大于	—					30	
氧化安定性								
1000h 后总酸值(以 KOH 计)/(mg/g)	不大于	—					2.0	
1000h 油泥/mg		—					报告	
旋转氧弹(150℃)/min		报告						
磨斑直径(292N,60min,75℃,1200r/min)/mm		报告						

表 4-6 L-HM 抗磨液压油(高压、普通)技术要求(GB 11118.1—2011)

项 目	L-HM(高压)				L-HM(普通)					
黏度等级	32	46	68	100	22	32	46	68	100	150
密度(20℃)/(kg/m³)	报告				报告					
色度/号	报告				报告					
外观	透明				透明					

续表

项　目	L-HM(高压)				L-HM(普通)					
闪点(开口)/℃　不低于	175	185	195	205	165	175	185	195	205	215
黏度指数　不小于	95				85					
倾点/℃　不高于	-15	-9	-9	-9	-15	-15	-9	-9	-9	-9
酸值(以 KOH 计)/(mg/g)	报告				报告					
水分(质量分数)/%　不大于	痕迹				痕迹					
机械杂质/%	无				无					
清洁度	按用户要求				按用户要求					
铜片腐蚀(100℃, 3h)/级　不大于	1				1					
硫酸灰分/%	报告				报告					
液相锈蚀(24h) A 法 B 法	 — 无锈				 无锈 —					
泡沫性/(mL/mL)　不大于	150/0(前 24℃), 75/0(93.5℃), 150/0(后 24℃)				150/0(前 24℃), 75/0(93.5℃), 150/0(后 24℃)					
空气释放值(50℃)/min　不大于	6	10	13	报告	5	6	10	13	报告	报告
抗乳化性(乳化液到 3mL 时间)/min 54℃　不大于 82℃　不大于	 30 —	 30 —	 30 —	 — 30	 30 —	 30 —	 30 —	 30 —	 — 30	 — 30
密封适应性指数　不大于	12	10	8	报告	13	12	10	8	报告	报告
氧化安定性 1500h 后总酸值(以 KOH 计)/(mg/g)　不大于 1000h 后总酸值(以 KOH 计)/(mg/g)　不大于 1000h 后油泥/mg	 2.0 — 报告				 — 2.0 报告					
旋转氧弹(150℃)/min	报告				报告					
齿轮试验机/失效级　不小于	10	10	10	10	—	10	10	10	10	10
叶片泵试验(100H, 总失重)/mg　不大于	—				100					
磨斑直径(392N, 60min, 75℃, 1200r/min)/mm	报告									

续表

项 目	L-HM(高压)	L-HM(普通)
双泵(T6H20C)试验		
叶片和柱销总失重/mg 不大于	15	—
柱塞总失重/mg 不大于	300	—
水解安定性		
铜片失重/(mg/cm²) 不大于	0.2	—
水层总酸值(以 KOH 计)/mg 不大于	4.0	—
铜片外观	未出现灰、黑色	—
热稳定性(135℃，168h)		
铜棒失重/(mg/200mL) 不大于	10	—
钢棒失重/(mg/200mL)	报告	—
总沉渣重/(mg/100mL) 不大于	100	—
40℃运动黏度变化率/%	报告	—
酸值变化率/%	报告	—
铜棒外观	报告	—
钢棒外观	不变色	—
过滤性/s		
无水 不大于	600	—
2%水 不大于	600	—
剪切安定性(250 次循环后，40℃运动黏度下降率)/% 不大于	1	—

表 4-7 L-HV 低温液压油技术要求(GB 11118.1—2011)

黏度等级		10	15	22	32	46	68	100
密度(20℃)/(kg/m³)		报告						
色度/号		报告						
外观		透明						
闪点/℃								
开口	不低于	—	125	175	175	180	180	190
闭口	不低于	100	—	—	—	—	—	—
运动黏度 1500mm²/s 时的温度/℃	不大于	-33	-30	-24	-18	-12	-6	0
黏度指数	不小于	130	130	140	140	140	140	140
倾点/℃	不高于	-39	-36	-36	-33	-33	-30	-21
酸值(以 KOH 计)/(mg/g)		报告						

续表

黏度等级		10	15	22	32	46	68	100
水分(质量分数)/%	不大于	报告						
机械杂质		无						
清洁度		按用户要求						
铜片腐蚀(100℃，3h)/级	不大于	1						
硫酸盐灰分/%		报告						
液相锈蚀(24h)		报告						
泡沫性/(mL/mL)	不大于	150/0(前24℃)，75/0(93.5℃)，150/0(后24℃)						
空气释放值(50℃)/min	不大于	5	5	6	8	10	12	15
抗乳化性(乳化液到3mL时间)/min								
54℃	不大于	30	30	30	30	30	30	—
82℃	不大于	—	—	—	—	—	—	30
剪切安定性(250循环后，40℃运动黏度下降率)/%	不大于	10						
密度适应性指数	不大于	报告	16	14	13	11	10	10
氧化安定性								
1500h后总酸值(以KOH计)/(mg/g)	不大于	—		2.0				
1000h后油泥/mg		—		报告				
旋转氧弹(150℃)/min		报告						
齿轮试验机/失效级	不小于	—			10			
磨斑直径(392N，60min，75℃，1200r/min)/mm		报告						
双泵(T6H20C)试验								
叶片和柱销总失重/mg	不大于	—			15			
柱塞总失重/mg	不大于	—			300			
水解安定性								
铜片失重/(mg/cm^2)	不大于	0.2						
水层总酸值(以KOH计)/mg	不大于	4.0						
铜片外观		未出现灰、黑色						
热稳定性(135℃，168h)								
铜棒失重/(mg/200mL)	不大于	10						
钢棒失重/(mg/200mL)		报告						
总沉渣重/(mg/100mL)	不大于	100						
40℃运动黏度变化率/%		报告						
酸值变化率/%		报告						
铜棒外观		报告						
钢棒外观		不变色						

续表

黏度等级		10	15	22	32	46	68	100
过滤性/s								
无水	不大于	600						
2%水	不大于	600						

表 4-8　L-HS 超低温液压油技术要求(GB 11118.1—2011)

黏度等级		10	15	22	32	46
运动黏度 1500mm²/s 时温度/℃	不大于	-39	-36	-30	-24	-18
黏度指数	不小于	130	130	150	150	150
倾点 /℃	不高于	-45	-45	-45	-45	-39
其他各项目和项目要求的指标同 L-HV						

表 4-9　L-HG 液压导轨油技术要求(GB 11118.1—2011)

项　目		质量指标			
黏度等级		32	46	68	100
黏度指数		90			
皂化值(以 KOH 计)/(mg/g)		报告			
密封适应性指数		报告			
抗乳化性(乳化液到 3ml 的时间)/min					
54℃		报告			—
82℃		—			报告
黏滑特性(动静摩擦系数差值)	不大于	0.08			
抗磨性					
齿轮试验机/失效级	不小于	10			
磨斑直径(392N, 60min, 75℃, 1200r/min)/mm		报告			
其他各项目和项目要求的指标同 L-HL					

从表 4-5~表 4-9 可以看出:

① 低温液压油 L-HV 和超低温液压油 L-HS 除了黏度指数、倾点、1500mm²/s 时的温度外，其他项目及指标与 L-HM 大致相同，而 L-HS 的低温流动性能比 L-HV 更好。

② 液压导轨油 L-HG 除了皂化值及黏滑特性外，其他项目及指标与 L-HL 基本一致。

3. HM 液压油

HM 液压油是从防锈、抗氧液压油基础上发展而来。抗磨液压油不仅具有良好的防锈、抗氧性，而且在抗磨性方面表现更为突出。使用抗磨液压油的高压油泵，寿命比用防锈、抗氧液压油要长。表 4-10 是抗磨液压油与防锈抗氧液压油的油泵试验比较。从表 4-10 中可见，抗磨液压油磨损的总量在 100mg 以下；而后者在 100~1000mg 之间。

表 4-10　液压油泵磨损试验对比

油品	机械油	HL 液压油	HM 液压油	低锌 HF-0 液压油	无灰 HF-0 液压油
总失重/mg	631	250	21	8.3	8.3

注：试验条件：14MPa，油温 79.4℃，28.4L/min。

随着液压技术向高压、高速、高精度、大功率和小型化方向发展，要求液压油具备的性能也越来越高，有如下趋势：

① 随着液压技术向高压发展，液压压力已由 7~10MPa 增至 21~35MPa 甚至更大，高压化使泵的间隙更小且转速提高，因此泵的磨损成为至关重要的问题，要求抗磨液压油具有好的抗磨性。

② 由于泵的高效化及液压机械紧凑化，使液压油的工作温度越来越高，要求油品的高温氧化稳定性进一步提高同时要求换油期更长，因此目前已大量使用氧化稳定性优异的Ⅱ、Ⅲ类基础油。

③ 液压元件的精密度有了很大的提高，伺服阀的间隙已小于 3μm。为了保证液压元件的使用寿命和系统稳定工作，液压系统增设了细微过滤器，因此要求油品在提高氧化性能的同时，产生油泥趋势也要减小。

目前，国际上液压油的标准都是由设备生产商或国际标准化组织来制定的。以美国为例，所有规格标准都必须满足生产商的产品要求，比如 DENISON HF-1/HF-2/HF-0；VICKERS I-286-S，M-2950-S 规格；CINCINNATI MILACRONE P-68/P-70/P-69 规格；US STEEL 126/127/136-1996 规格。而在欧洲则由权威的标准化组织来制定，如前西德的 DIN 51 524 Par2 规格；ISO/CD 11158—1990 矿油型规格；法国的 AFNOR NF E 48-603-March 1983 矿油型规格。这些规格中都属于 HM 的范围，在主要性能上远高于 ISO 或国家标准的 HM 技术要求，它们的抗磨性能都采用各自的液压泵试验，无一采用四球机试验作抗磨性能的唯一指标。

美国 DENISON HF-0 是目前世界上最具代表性的规格：

抗磨方面，HF-0 规格要求油品既要满足在高压柱塞泵下工作时的抗磨性，又要满足高压叶片泵工作时所需要的润滑性；既要满足钢-钢摩擦副，又要满足钢-铜摩擦副，对水存在条件下的抗磨性提出了更苛刻的要求。

热稳定性方面，HF-0 提高了热氧化安定性，要求油品按 ASTM D 4310 做 1000h 试验，考察油泥的生成、不溶物的含量以及铜和钢的失重(被腐蚀掉的)。

高温抗氧稳定性方面：HF-0 还要通过最苛刻的 CM(辛辛那提)的热稳定性试验，保证油品在 135℃高温下氧化变化引起的变化少，油泥生成少，对铜-钢的腐蚀基本上没有影响，保证油品具有长的使用寿命。

在过滤性方面，HF-0 第一次提出了过滤性和严格的水解安定性，即强调油品在苛刻条件下的操作稳定性。

所以说 DENISON HF-0 是目前抗磨压油的最高规格，也是最严苛的规格，代表了现代国际液压油的最高规格要求。近年来，德国博世(BOSCH) RDE 90235—2014 规格又比 HF-0 更为苛刻。

但是，国内很多客户对抗磨液压油的抗磨性能的认识仍然停留在用四球机试验的最大无上卡咬负荷来衡量，在质量等级的划分上也停留在 L-HM 抗磨液压油上。其实 L-HM 只是液压油分类中的属抗磨类别中的基本级别，对抗磨性和高温抗氧性都不苛刻，满足 L-HM 油的标准只是这个油品达到了抗磨液压油的基本要求，而油品只有达到了 DENISON HF-0 的规格要求才说明这个产品达到抗磨液压油最高的水平。

用四球机试验的最大无咬卡咬负荷与抗磨液压油抗磨损性能高低并无一致性关系，因此各规格不断发展不同的液压泵试验以真正反映抗磨液压油的抗磨性能，见表 4-11 和表 4-12。个别添加剂公司为了迎合一些用户认为“四球机的 P_B 值高的液压油抗磨性就好”的错误认识，会加入对 P_B 值敏感的添加剂，如 ZDDP (硫-磷-锌类的添加剂)，这添加剂含有锌和硫、磷，低锌型抗磨液压油就含此类添加剂，但过多地加入这类添加剂后除了对 P_B 值有好处外，对其他任何性能只会起到破坏的作用，所以在 HM 发展过程中，高锌型最早出现，也最早被淘汰。

(1) 锌(Zn)元素过高对抗磨液压油造成的影响

腐蚀铜部件，产生油泥。高锌抗磨液压油虽然有好的四球机试验数据，但在油泵的使用中抗磨效果并不见得好。而且，由于高锌抗磨液压油在柱塞泵满负荷运转时，铜摩擦件表面容易被腐蚀，产生淤泥，造成阀芯黏结、堵塞，导致液压系统控制失灵、滤网堵塞等，造成故障的事情时有发生。

一般油中含锌低于 0.03%者为低锌型，高于 0.07%为高锌型，高锌型抗磨液压油是 HM 液压油发展过程中的初级阶段，国外早已淘汰。

(2) 硫 S、磷 P 极压抗磨剂对抗磨液压油的影响

腐蚀有色金属，破坏热稳定性，产生油泥。由于抗磨液压油润滑要求高，因

此需加入一定量含硫和含磷极压抗磨剂，这些活性元素在受热和摩擦产生热的情况下与金属尤其是与铜起化学反应，造成化学磨损(腐蚀)，它的活性和热稳定性很大程度上决定了它在作用过程中逐渐氧化降解、产生酸性物质及油泥的程度，最终导致油品的酸值增高，油泥增多，以及对金属部件(尤其是有色金属)产生化学磨损和化学腐蚀。

所以仅从抗磨液压油的PB值高就认为它抗磨性好而选用是很片面的，其实其抗磨性不见得好，同时由于高锌而带来腐蚀有色金属、油泥多等诸多缺陷。某些添加剂公司把国外已淘汰的高锌型抗磨液压油在国内低价推销也是不妥当的。

由于液压油规格的复杂性，正规品牌的抗磨液压油的产品说明资料中，除了介绍性能外，一般都附有通过哪些行业标准规格的说明。

表4-11　液压油评定规格的发展

年份	1950	1971	1974	1977	1978	1997	2004
规格	HM	Denison HF-2	辛辛那提	丹尼逊 HF-0	Vickers	丹尼逊 HF-2	丹尼逊 HF-0
泵试验	V104C 叶片泵	叶片泵	阀黏性试验	T5D-P46	15VQ25	T6C 干相，湿相	T6H20C 混合泵

表4-12　抗磨液压油油泵试验条件

油泵试验	泵　型	流量/$L\cdot min^{-1}$	转速/$r\cdot min^{-1}$	试验时间/h	温度/℃	油箱/L	压力/MPa	过滤器/μm	输入功率/kW	通过/失败标准
Vickers泵(D2882)	V104C或V105C叶片泵	30/7 MPa	1200	100	66或79	12或60	14	25	—	环+叶片最大失重50mg
Vickers泵(IP281)	V104C或V105C叶片泵	28	1440	250	油黏度在$13mm^2/s$时的温度	23	14	15	11.2	环+叶片最大失重150mg
Denison高压叶片泵	T5D-42 高压叶片泵	348	2400	60 40	71 99	240	17.5	10	120.8	叶片外形增加最大0.381 mm
Denison高压柱塞泵	P-46 轴向柱塞泵	440	2400	60 40	71 99	240	35	10	250.7	在滑靴、磨盘和孔板上出现青铜
Vickers高压叶片泵	35VQ25 移动设备应用 工业设备应用	160	2400 1800	150①	93 74	240	21	10	123.1	环和叶片失重 环最大为75mg 叶片最大为15mg
Racine叶片泵	S型 可变排量	40	1775	1000	66~77	120	0~7 循环	10		环+叶片最大失重45mg

① 3×50h试验用同一试油，但每次试验要用新柱塞筒，如果一次试验失败，必须进行2次补充试验。

4. HR 液压油

HR 液压油是一种在环境温度变化大的中、低压液压系统中使用的液压油。该油在良好的防锈、抗氧基础上加有黏度指数改进剂，使油品黏度随温度变化不大。这种油使用面窄，用量小，又可用 L-HV 油替代，故国内尚未开发。

5. HV、HS 液压油

HV、HS 液压油是两个不同档次的低温液压油。HV 主要用于寒区，HS 主要用于严寒区。HV 液压油是采用深度脱蜡精制的矿物润滑油或与 α-烯烃合成油混合构成低倾点基础油，添加防锈、抗氧、抗磨、黏度指数改进剂、降凝剂等制成倾点不高于-36℃的低温液压油。

HS 液压油是以低温性能优良的 α-烯烃合成油为基础，添加与 HV 液压油类似的添加剂，构成倾点不高于-45℃的低温液压油。

HV、HS 液压油在 GB/T 7631. 2—2003 标准中均属宽温度范围变化下使用的液压油。这二种油都有低的倾点、优良的抗磨性、低温流动性和低温泵送性，黏度指数均大于 130。由于油中加有高分子聚合物的黏度指数改进剂，因此要求油品还要有较好的剪切安定性。HV、HS 液压油的国家标准（GB 11118. 1—2011）见表 4-7 和表 4-8。

HV、HS 低温液压油系列产品经过综合评定证明，都具有优良的高低温性能，良好的热稳定性、水解安定性、抗乳化性和空气释放性。两者不同的是 HV 油的低温性能稍逊于 HS 油，因而 HV 油只适用于寒冷地区，而 HS 油适用于极寒冷地区。从经济上说，HV 油的成本、价格都低于 HS 油。以上各种液压油均为烃类液压油。

二、抗燃液压油

在冶金、玻璃制造、采矿、电力、某些化工行业中，有些液压系统要接近明火或高温环境，若使用矿物油作液压液时，如有泄漏或暴露在大气中有可能着火而产生火灾，影响安全生产，这就要使用抗燃液压油。这类液压液或者遇明火不燃烧（如水基液压液），或者虽能点着火，但一旦离开火源即自行熄灭，不会蔓延（如酯类液压液），保证安全生产。

按 ISO 分类，用于液压系统的流体见表 4-13，它们的优缺点见表 4-14。

表 4-13　液压系统工作流体分类

品　种	代号	组　成	性　能	其　他
矿物油型	HH	纯矿物油	低要求	广泛使用
	HL		防锈,抗氧	
	HM		防锈,抗氧,抗磨	
	HR		高黏度指数的 HL	
	HV		高黏度指数的 HM,低倾点	
	HS		特殊性能	
	HG		有抗黏滑性能的 HM	液压导轨油
环保型	HETS	甘油酯基天然酯,如菜籽油、葵花籽油等		可生物降解
	HEES	动植物脂肪酸基合成的双聚酯或多聚酯		含水大于 80%
水基抗燃液压液	HFA-E	水包油乳液	用于液压系统压力小于 7MPa	含水大于 80%
	HFA-M	水包油微乳液	用于液压系统压力小于 14MPa	含水大于 80%
	HFA-S	水基化学液	用于液压系统压力小于 7MPa	含水大于 80%
	HFB	油包水乳液	用于液压系统压力小于 7MPa	含水大于 80%
	HFC	水-乙二醇	用于液压系统压力小于 14MPa	含水约 40%
非水基抗燃液压液	HFD-R	磷酸酯	用于液压系统压力小于 35MPa	
	HFD-S	氯化烃聚酯	用于液压系统压力小于 35MPa	
	HFD-T	HFD-R,S 混合		
	HFD-U	脂肪酸酯		

表 4-14　各种液压液的优缺点

	矿物油型	HFA,HFB	HFC	HFD-R	HFD-U
优点	性能全面,易得,价廉	冷却好,价廉,抗燃	冷却好,价格适中,抗燃	抗燃,性能全面	抗燃,性能好,可降解
缺点	不抗燃,生物降解差	抗磨差,仅用于低压系统,乳液不稳定	用于中压系统	有毒,价高	价高

从表 4-13、表 4-14 可以看出，在各种抗燃液压油中，HFA、HFB 虽然价廉，但乳化液毕竟不够稳定，因而应用渐少，氯化烃的酯和磷酸酯等由于有毒性和环保法规的日趋严格，其应用和生产都受到限制，现在使用较广泛的是水-乙二醇和聚酯，下面作简要介绍。

一般来说，含水的液压液不会燃烧，冷却性好，价廉，但抗磨及防锈较差，而不含水的液压液在环境温度高于其自燃点时会燃烧，但一离开火源立即熄灭，不蔓延，因而抗燃性稍差。

抗磨性通过配方研究，水基液压液已达到矿物油的水平，见表4-15。

表4-15　各种液压液在ASTM D2882V104叶片泵上的100h磨损量

液压液	HFC	改进的HFC	磷酸酯	聚　酯	HM
磨损/(mg/h)	0.63	0.1	0.05	0.1	0.1

1. 水-乙二醇抗燃液压液

这类抗燃液压液含水约40%左右，因而抗燃性非常好，价格也较为适中，但由于含水量大，其抗磨性、防锈性和润滑性很难达到很高的要求，因而仅适用于中压以下的液压系统。随着技术的进步，已有性能很好的产品，可用于较高压力(25MPa)的液压系统。

有二类产品，一类为正规产品，含水约40%左右，另一类为高水基产品，供应商提供的是浓缩液，由用户加水稀释，仅用于7MPa以下的液压系统。

水-乙二醇抗燃液压液组成：去离子水、乙二醇(降冰点，助溶)、高相对分子质量聚醚的水溶性增稠剂、水溶性抗磨、防锈、抗泡等添加剂。其典型数据见表4-16。

表4-16　国产水-乙二醇系列产品典型性能

项　　目	WG-46	WG-38	WG-25	试验方法
运动黏度(40℃)/(mm^2/s)	41~51	35~40	20~25	GB/T 265
黏度指数　不小于	140	140	140	GB/T 2541
pH值	9.0~11.0	9.0~11.0	9.0~11.0	GB/T 7304
凝点/℃	-50	-50	-50	GB/T 510
相对密度 d_4^{20}	1.047	1.046	1.075	GB/T 2540
气相锈蚀(钢-铜,50℃,24h)	无锈	无锈	无锈	石科院法
液相锈蚀(A)	无锈	无锈	无锈	GB/T 11143
铜片腐蚀	合格	合格	合格	GB/T 5096
消泡性(24℃)				GB/T 12579
泡高/mm	<400	<400	<400	
消泡时间/min	<10	<10	<10	
润滑性(室温,1200r/min)				GB/T 3142
P_B/N	686	686	686	
d_{60min}^{392N}/mm	0.60	0.60	0.60	
热板抗燃试验700℃	通过	通过	通过	石科院法

水-乙二醇抗燃液压液使用注意事项：

① 确保液压系统是用水-乙二醇作液压液的，若原用矿物油或其他液压介质则不

适用。一般来说，水-乙二醇液压系统的费用要比矿物油液压系统高20%~50%。

② 要加强过滤，尽量减少颗粒污染造成的磨损。

③ 使用中应使液温保持在60℃以下。

④ 使用时定期取样检验，监测变质情况，尤其水易蒸发，在黏度升高较大时，考虑补加去离子水，游离酸含量不能大于0.15%。

⑤ 若长期停机，应把液压液排尽，避免设备产生锈蚀和静止时水的腐败。

2. 酯类抗燃液压液

酯类抗燃液压液的基础液为多元醇聚脂肪酸酯，它们闪点在280℃以上，自燃点高，蔓燃性低，自身的润滑性好，生物降解好，性能稳定，能与矿物油溶混，其黏度40℃时约为46~68mm²/s。在该基础液中加入抗磨、抗氧、防锈、抗泡等添加剂，其品种和加入量有别于用于矿物油型抗磨液压油的添加剂配方，所得酯类抗燃液压液全面性能良好，优质品可用于超高压(50MPa以上)的液压系统，使用寿命长，但价格较高。

使用中注意事项：

① 注意脱气及时，一般油箱位置较高以便脱气。

② 允许油温范围-20~50℃。

③ 定期分析在用油，酸值要在7~8mgKOH/g以下，含水在0.2%以下，40℃黏度在±10%内。

④ 保持清洁度在Nas1638的8号以下。

3. 磷酸酯抗燃液压液

磷酸酯抗燃液压液自燃点高，挥发低，自身的润滑性优良，工作温度范围宽，从-40℃到135℃，可用在高温热源和明火附近的液压系统。但其溶解性强，因而液压系统设计时密封件要精细选择。

其基础液一般用多芳基磷酸酯，由于基础液的润滑抗磨性好，氧化稳定性好，已基本具备液压油特性，因而添加剂配方较为简单，典型数据见表4-17。

表4-17　国产磷酸酯工业抗燃液压液

项　目	质量指标				试验方法
	4613-1	4614	HP-38	HP-46	
运动黏度/(mm²/s)					
100℃	3.78	4.66	4.98	5.42	GB/T 265
50℃	14.71	22.14	24.25	28.94	
40℃	—	—	39.0	46.0	
0℃	474.1	1395	—	—	

续表

项 目	质量指标				试验方法
	4613-1	4614	HP-38	HP-46	
倾点/℃	-34	-30	-32	-29	GB/T 3535
酸值/(mgKOH/g)	中性	0.04	中性	中性	GB/T 264
相对密度	1.1530	1.1470	1.1363	1.1424	GB/T 1884 或 GB/T 1885
闪点(开杯)/℃	240	245	251	263	GB/T 3536
四球磨损,磨痕					四球机
d_{60min}^{98N}/mm	0.35	0.34	0.57	0.50	
d_{60min}^{392N}/mm	0.69	0.51	0.65	0.58	
最大无卡咬负荷 P_B/N	539	539	539	539	
动态蒸发(90℃,6.5h)/%	0.11	0.28	—	—	石科院法
超声波剪切 50℃黏度变化/%	-0.4	0	0	0	SH/T 0505
氧化腐蚀试验					Q/SY 2601
(120℃,72h,空气 25mL/min)					
氧化前 50℃黏度/(mm^2/s)	14.71	22.14	24.25	28.94	
氧化后 50℃黏度/(mm^2/s)	14.62	22.39	24.05	28.92	
酸值/(mgKOH/g)					
氧化前	中性	0.04	中性	0.06	
氧化后	中性	0.04	0.03	中性	
金属腐蚀/(mg/cm^2)					
钢	无	无	无	无	
铜	无	无	无	无	
铝	—	—	—	—	
镁	无	无	无	无	

使用中注意事项：

① 油箱要用不锈钢制造或有防护涂层。

② 磷酸酯易水解，水解后腐蚀性大，使用中一定不能接触水，因而此类液压液的指标也没有抗乳化这一项目。

③ 使用中酸值不要高于 0.5mgKOH/g。

各种液压液的选择主要根据液压系统的设计，每种液压液对其系统都有特别的要求，尤其对密封件的适应性各不相同。因而对某一特定的液压液的液压系统，若换用另一液压液，可能其液压泵、滤清器、油箱及密封件材质等都不适应，因而不能换用。

三、HG 液压油

HG 液压油是在 HM 液压油基础上添加抗黏-滑剂（油性剂或减摩剂）构成的一类液压油。该油不仅具有优良的防锈、抗氧、防锈、抗磨性能，而且具有优良的抗黏-滑性。在低速下，防爬效果很好。目前的液压-导轨油属这一类产品。对于液压及导轨润滑为一个油路系统的精密机床，必须选用液压-导轨油。

液压-导轨油即 HG 液压油，国家标准为 GB 11118.1—2011，按 40℃ 黏度分 L-HG32、L-HG68 两个牌号。产品质量标准见表 4-9。

四、导轨油

机床上的导轨有若干类型，其中滑动导轨应用较为普遍，导轨的精密程度和运行时的平稳性大大影响机床的加工精度。

导轨在高负荷低移动速度时会发生“爬行”现象，影响正常的加工。由于导轨要经常从移动速度为 0（静摩擦）过渡到正常速度（动摩擦），在此区间油楔作用很弱，油膜很薄甚至破裂，造成部分金属-金属接触，摩擦系数很大。有人指出，当静摩擦系数大于 0.2 时，将出现“黏-滑”现象，即滑动副交替出现黏着和滑动，时停时行，时快时慢，这就是“爬行”现象。

要克服爬行现象，除了从机械上改进导轨副的刚度和表面粗糙度外，采用高性能的导轨油是解决爬行的重要手段。导轨油消除爬行的做法是使油的静-动摩擦系数之差尽量小，甚至小到 0。一般在矿物基础油中加入脂肪酸类、脂肪酸皂类和硫化动植物油都能有效地改善爬行现象。对用于垂直导轨的导轨油，还要加入黏附剂，使导轨油不会很快流失。

我国有导轨油的行业标准 SH/T 0361—1998，见表 4-18。

表 4-18　导轨油（SH/T 0361—1998）

项　目		质量指标							试验方法
		32	46	68	100	150	220	320	
运动黏度（40℃）/（mm^2/s）		28.8~35.2	41.4~50.6	61.2~74.8	90~100	135~165	198~242	288~352	GB/T 265
黏度指数		报告							GB/T 1995
密度（20℃）/（kg/m^3）		报告							GB/T 1884 GB/T 1885
中和值/（mgKOH/g）		报告							GB/T 4945
外观（透明度）		清彻透明				透明			目测
闪点（开口）/℃	不低于	150	160	180					GB/T 3536
腐蚀试验（铜片，60℃，3h）/级	不大于	2							GB/T 5096
液相锈蚀试验（蒸馏方法）		无锈							GB/T 11143

续表

项 目	质量指标							试验方法
	32	46	68	100	150	220	320	
倾点/℃ 不高于	-9					-3		GB/T 3535
抗磨性:磨斑直径(200N,60min,1500r/min)/mm 不大于	0.5							SH/T 0189
橡胶相容性								GB/T 1690
黏-滑特性								
加工液相容性								
机械杂质(质量分数)/% 不大于	无					0.01		GB/T 511
水分(质量分数)/% 不大于	痕迹							GB/T 260

五、液力传动液

液压系统的液压油用于传递动作，实现操作的自动化。液力传动除了液压系统的功能外，还要传动动力的变化，使之实现动力最佳化的自动调节，这就是液力变扭器或偶合器，在汽车中一般称自动变速器。这些设备中的工作液就是液力传动液或自动变速器油。这类液力变扭器应用较广，尤其在小汽车、大型载重车、铁路机车和采油机械上。这里以小汽车的自动变速器油为代表作叙述。

1. 液力传动液的作用、要求和组成

液力传动液除了液压作用外，还要传动动力的变化，因而它除了具有液压油的要求外，还要有其他要求，即使同是液压油的要求项目，有的比液压油也更苛刻。

自动变速器中，有液力变扭机构、齿轮、液压机构及湿式离合器和滑轮传动装置。在液力变扭中，液力传动液作为流体动力能的传动介质，在液压中又作为静压传动介质，在离合器中作为滑动摩擦能的传动介质，在摩擦片工作时又传递热量防止烧结，在齿轮传动机构止推轴承中又作润滑，因而自动传动液功能要很全面，其中某些功能要求会相互矛盾。对配方工作者来说，这可能是难度最大的一种油品。其主要要求如下：

① 黏度和低温性能　自动传动液绝大多用于机动车辆。机动车辆在高温和寒冬的室外工作条件下，要求其黏度-温度性能要好，如比较通用的 GM Dexron 的黏度指数在 170 以上。尤其低温流动性要求越来越苛刻，上述规格原来低温黏度是-40℃布氏黏度不高于 40000mPa · s，现改为不高于 20000mPa · s。除了气候原因外，黏度过大也易使离合器烧结。

② 优异的抗氧化性能　由于自动变速器频繁传动和摩擦，油温经常在 100~150℃间，油受到较剧烈的氧化，氧化产物的酸性物、沉积物等会腐蚀刹车片，

使其打滑，工作失灵。测试自动传动液的抗氧化性能采用一些专用的方法，油温在148~163℃间，时间300h，这比液压油的氧化试验D 943(95℃)苛刻得多。

③ 密封材料相容性　液力传动液不但接触密封材料，还要接触刹车片材料，在长期与这些材料的浸泡下，其体积、弹性、强度的变化都应在极小的范围内，不能影响其密封及工作性能，因此用规定的试验方法对特定的四种材料评定液力传动液的相容性。

④ 特定的摩擦性能　这是液力传动液的一个特有的而又很主要的性能要求。一般说来，各种润滑油都要有好的润滑性能，以减少机械阻力，降低磨损，而润滑油添加剂配方工作者在这方面也已积累了丰富的经验。液力传动液除了有好的润滑性能外，还要有一定的摩擦性能(见表4-19)，使扭力变换时及时准确而不打滑。这二个性能有时是对立的，添加剂配方工作者要在二者间取得平衡，其难度较大，也就是要控制其动-静摩擦系数的比例在很窄的范围内。在美国，广泛使用SAE No2摩擦试验机作此性能评定，而在实际中，使用此性能不合格的自动变速器油时，换挡感觉差，变速滞后，易出事故。

表4-19　自动传动液对摩擦性能的要求

品　种	项　目	带-离合试验10~100h期间	板-离合试验
Dexron-Ⅲ	中力矩/N·m	150~180	150~200
	三角力矩/N·m	30	55
	锁闭力矩/N·m	>160	>190
	啮合时间/s	0.45~0.6	0.45~0.6
Allison	石墨离合器和纸质离合器均好于参比油		

⑤ 抗泡性　液力传动液由于工作条件特殊，对抗泡性能的要求有别于内燃机油和其他工业用油，因而自有专用的试验方法，有专用的试验设备，测定时油温分别为95℃和135℃。

⑥ 抗磨性和剪切稳定性等　要求与其他润滑油相似。

以上性能要求说明，液力传动液是一种性能要求高而复杂的油品，研制难度很大。目前应用广泛的自动传动液有两大类：一类是以通用汽车公司的DexronⅡE、Ⅲ和福特汽车公司的Mercon规格为代表的小汽车用的自动传动液；另一类是以通用汽车公司的AllisonC-3、C-4为代表的重负荷自动传动液，专用于矿用载重车等大型工程机动车上。此外，国外的大型拖拉机的油箱共用，用的润滑油除了液压、液力变扭外，还有齿轮传动，功能更为多样。

综上所述，液力传动液的添加剂组成较为复杂，既有高温氧化稳定好的抗磨液压油配方，又有剪切稳定性好的黏度指数改进剂，还有摩擦改进剂、密封件相容性改进剂，最后还需要低温流动性好的基础油，它们之间要达到较好的平衡。

2. 自动传动液的应用

在本部分中仅提出一个内容，就是要用上真正的自动传动液。这问题提出的原因是我国 20 世纪 80 年代前市面推出的所谓液力传动液并不具有液力传动液的特点，因而并不是真正的液力传动液。从配方组成看，它仅是一般的防锈、抗氧、抗磨润滑油，不含摩擦改进剂和密封材料相容性改进剂等自动传动液特有的添加剂成分；从指标项目看，指标较简单，仅有一些润滑油通用的项目，没有反映自动传动液特有的摩擦性能和密封件相容性的要求项目，更没有特有的氧化试验和抗泡试验等。这些试验方法所用的试验设备，当时我国并不具备，目前也并不完全具备，这必然会使液力传动液的特有性能大打折扣，用这样的所谓自动传动液，必然会使车辆在运行中产生如下问题：

① 换挡感觉不好，变速滞后，易发生事故。用户往往认为这是自动变速器的问题，其实是用的油根本无特定的摩擦性能。

② 密封件失效造成漏油，刹车材料易损坏，到矿山调查反映进口大型矿用车这二个问题较多，用户往往抱怨进口的密封件质量不好。有个矿山由此一次订购数量较大(外商估计够用十年以上)的密封件作备件，让外商百思不得其解，其实是所用的某些国产所谓液力传动液并不具备此性能，不能保护这些密封件和刹车材料在油的浸泡下产生较小变形。

为了说明这一点，特列出美国自动传动液的规格(见表 4-20～表4-23 和图 4-2)，读者用此规格与某些国产产品的规格作一对比，即可一目了然。

表 4-20　GM AllisonC-4(1994 年 12 月)与 C-3 规格比较(用于非公路车辆和重负荷卡车)

项　目		方　法	C-4	C-3/10W	C-3/30
黏度，-18℃/mPa·s	小于	ASTM D2983	报告	2400	报告
40℃/(mm²/s)	大于	ASTM D445		—	120
100℃/(mm²/s)	大于	ASTM D445		5.6	9.3
倾点/℃	小于	ASTM D97	报告	-28	-18
闪点/℃	大于	ASTM D92	170	—	—
燃点/℃	大于	ASTM D92	185	—	—
泡沫试验，95℃泡高/mm	小于	GM6297-M 试验 M (附件 A)	0	—	
135℃泡高/mm	小于		10	11(GM6137M.G)	
消泡时间/s	小于		23	19(GM6137M.G)	

续表

项　　目		方　法	C-4	C-3/10W	C-3/30
铜片腐蚀(3h,150℃)		ASTM D130	无剥落变黑	无(GM6137M)	
锈蚀保护		ASTM D665A	无锈	—	—
氧化稳定性,300h		GM6297-M(E) C-4:165℃, 空气 90mL/min C-3:148℃, 空气 30mL/min	静态		
酸值增加/(mgKOH/g)	小于		4.0	无油泥或漆膜,铜片无变色	
羰基吸收峰增加	小于		0.75		
100℃黏度增加/%	小于		60	15	15
40℃黏度增加/%	小于		100		
抗磨性(80℃,6.9MPa)		ASTM D2882 修正			
总失重/mg	小于		15		
摩擦保留性-石墨		Allison	等于或好于参比油	5500 循环滑动时间<0.85s 0.2s 的力矩>101.7N·m 1500~5500 力矩变化<40.7N·m	
摩擦保留性-纸		Allison			
密封相容性		GM6297-M(B)			
丁腈橡胶,丙烯酸酯橡胶,硅橡胶			通过	通过	
氟橡胶					
体积变化/%			0~4		
硬度变化/%			-4~4		
乙丙橡胶					
体积变化/%			12~28		
硬度变化/%			-18~-6		

表 4-21　GM DEXRON Ⅱ(1978 年 6 月)、Ⅱ E(1992 年 8 月)、Ⅲ(1998 年 12 月)规格要求比较(用于小汽车)

项　　目			方　法	Ⅱ	Ⅱ E	Ⅲ
黏度/mPa·s	-40℃	小于	ASTM D2983	50000	20000	20000
	-30℃	小于		—	5000	5000
	-23.3℃	小于		4000	—	—
	-20℃	小于		—	1500	1500
	-10℃			—		
黏度/(mm^2/s)	40℃		ASTM D445	—	报告	报告
	100℃	大于		5.5		

续表

<table>
<tr><th>项 目</th><th>方 法</th><th>Ⅱ</th><th colspan="2">ⅡE</th><th>Ⅲ</th></tr>
<tr><td>闪点/℃ 大于</td><td rowspan="2">ASTM D92</td><td>160</td><td colspan="2">160</td><td>170</td></tr>
<tr><td>燃点/℃ 大于</td><td>175</td><td colspan="2">175</td><td>185</td></tr>
<tr><td>色度(红)</td><td>ASTM D1500</td><td>—</td><td colspan="2">6.0~8.0</td><td>6.0~8.0</td></tr>
<tr><td>与参比油混溶性</td><td>FTM791C3470.1</td><td colspan="4">无分离或无变色</td></tr>
<tr><td>泡沫试验,95℃泡高/mm 小于</td><td rowspan="3">GM-6297M</td><td>0</td><td colspan="2">0</td><td>0</td></tr>
<tr><td>135℃泡高/mm 小于</td><td>10</td><td colspan="2">6</td><td>5</td></tr>
<tr><td>消泡时间/s 小于</td><td>23</td><td colspan="2">15</td><td>15</td></tr>
<tr><td>铜片腐蚀(3h,150℃) 小于</td><td>ASTM D130 修正</td><td colspan="3">无剥落的变黑</td><td>1b</td></tr>
<tr><td>腐蚀保护</td><td>ASTM D665A</td><td>无</td><td colspan="2">无</td><td>无</td></tr>
<tr><td>锈蚀保护(40℃,50h)</td><td>ASTM D1748</td><td>无</td><td colspan="2">无</td><td>无</td></tr>
<tr><td>动力转向泵试验</td><td>GM-6137M</td><td>通过</td><td colspan="2">—</td><td>—</td></tr>
<tr><td>叶片泵磨损试验(80℃,6.9mPa),失重/mg 小于</td><td>ASTM D2882 修正</td><td>—</td><td colspan="2">15</td><td>15</td></tr>
<tr><td>密封相容性,弹性化合物</td><td rowspan="7">GM-6279M</td><td rowspan="7">—</td><td>A(丙烯酸酯橡胶)</td><td>B(丁腈橡胶)</td><td>C(丙烯酸酯橡胶)</td></tr>
<tr><td>体积变化/%</td><td>5~12</td><td>0.5~5</td><td>2~7</td></tr>
<tr><td>硬度变化/%</td><td>-8~1</td><td>-3~6</td><td>-4~4</td></tr>
<tr><td>弹性化合物</td><td>H(氟橡胶)</td><td>J(硅橡胶)</td><td>R(乙丙橡胶)</td></tr>
<tr><td>体积变化/%</td><td>0.5~5</td><td>23~45</td><td>13~27</td></tr>
<tr><td>硬度变化/%</td><td>-5~6</td><td>-30~-13</td><td>-17~-7</td></tr>
<tr><td></td><td></td><td></td><td></td></tr>
<tr><td>板摩擦试验(100h)</td><td rowspan="10">GM 用 SAE No2 机</td><td>静态</td><td colspan="2">静态</td><td>静态</td></tr>
<tr><td>离合器材料</td><td>SD715</td><td colspan="2">SD1777</td><td>SD1777</td></tr>
<tr><td>试验部件的磨损或剥落</td><td>无</td><td colspan="2">无</td><td>无</td></tr>
<tr><td>离合器间特性/h</td><td>24~100</td><td colspan="2">20~100</td><td>10~100</td></tr>
<tr><td>中点动力矩/N·m</td><td>115~175</td><td colspan="2">150~180</td><td>150~180</td></tr>
<tr><td>最大力矩/N·m 大于</td><td>—</td><td colspan="2">150</td><td>150</td></tr>
<tr><td>三角力矩/N·m 小于</td><td>14</td><td colspan="2">30</td><td>30</td></tr>
<tr><td>停车时间/s</td><td>0.45~0.75</td><td colspan="2">0.45~0.6</td><td>0.5~0.6</td></tr>
<tr><td>末力矩/N·m</td><td>—</td><td colspan="2">报告</td><td>报告</td></tr>
</table>

续表

项　　目		方　法	Ⅱ	ⅡE	Ⅲ
带摩擦试验(100h)		GM 用 SAE No2 机	—	静态	静态
试验部件的磨损或剥落				无	无
离合器间特性/h				20~100	10~100
中点动力矩/N·m				145~220	180~225
末力矩/N·m	大于			170	170
三角力矩/N·m	小于			80	80
停车时间/s				0.4~0.6	0.35~0.55
最大力矩/N·m	大于			报告	报告
氧化稳定性(THOT)(300h)		GM	静态	静态	静态
试验后部件状况			等于或好于参比油		
传动器型号			THM-350	Hydra-matic4L60	
酸值增加/(mgKOH/g)	小于	ASTM D664	7	4.5	3.25
羰基吸收峰增加	小于		0.8	0.55	0.45
传动器排气氧含量/%	大于		2	4	报告
用过油 100℃黏度/(mm²/s)	大于		5.5	5.5	5.5
用过油-20℃黏度/mPa·s	小于		—	3000	2000
用过油-23.3 黏度/mPa·s	小于		6000	—	—
冷却器黄铜合金腐蚀			可接受	无	无
从通风口排出 ATF			—	—	无
循环试验(20000 循环)		GM	静态	静态	静态
传动器型号			THM-350	Hydra-matic4L60	
试验后部件状况			等于或好于参比油		
酸值增加/(mgKOH/g)	小于	ASTM D664	0.35~0.70	0.35~0.75	0.30~0.75
羰基吸收峰增加	小于		0.20~0.55	0.35~0.75	0.30~0.75
1 到 2 挡时间/s			报告	报告	报告
2 到 3 挡时间/s			5.5	5.0	5.0
3 到 4 挡时间/s			6.0	2.5	2.0
用过油 100℃黏度/(mm²/s)	大于		0.7	0.35	0.30
用过油-20℃黏度/mPa·s	小于		—	2000	2000
从通风口排出 ATF			—	—	无

续表

项 目	方 法	Ⅱ	ⅡE	Ⅲ
汽车性能试验(换挡评价)	GM	等于参比油		
ECCC 汽车性能试验	GM	—	—	等于或好于参比油
挡圈磨损试验,失重/mg 小于	GM	—	—	60

表 4-22 GM 公司 ATF 规格发展

商品名称	后缀号	规格号	发布时间	特 点
Type A	AQ-ATF		1949.5	
Type A suffix A	A		1957.10	抗氧性能更好
DEXRON	B	GM-6032M	1967.8	
DEXRON-Ⅱ	C	GM-6137M	1973.7	总体性能更好
DEXRON-Ⅱ	D	GM-6137M	1978.7	增加冷却器腐蚀试验
DEXRON-Ⅱ	E	GM-6137M	1990.10	更好的低温性能
DEXRON-Ⅲ	F	GM-6297M	1993.4	循环试验,GOMT 等
DEXRON-Ⅲ	G	GM-6417M	1997.5	增制动磨损,FCCC 测试
DEXRON-Ⅲ	H	GMN-10055	2003.6	延长循环试验,GOMT 等
DEXRON-Ⅵ		GMN-10060	2005.4	要求全面提高

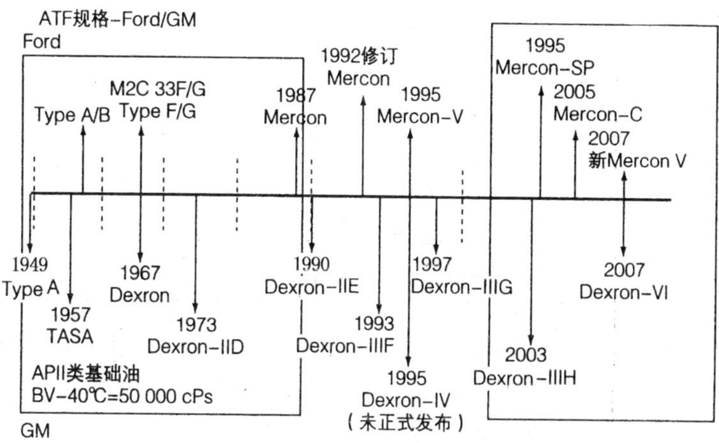

图 4-2 GM 公司和 Ford 公司的 ATF 规格发展历程

表 4-23 Mercon 自动传动液规格

项 目	指标要求	试验方法
混溶性	不分离	与参考油相混
黏度 100℃ -18℃ -40℃	 不小于 6.8mm²/s 不大于 1700mPa·s 不大于 50000mPa·s	 ASTM D445 ASTM D2983 ASTM D2983
闪点/℃	不低于 177	ASTM D92
铜片腐蚀	不高于 1b	ASTM D130(150℃,3h)
锈 蚀	无明显锈蚀	ASTM D665A(24h)
颜 色	红色 6~8	ASTM D1500
抗泡性	程序Ⅰ-Ⅱ-Ⅲ-Ⅳ,泡高不大于 100mL; 10min 后泡沫最大为 0mL	ASTM D 892(程序Ⅳ在 150℃下测定)
密封材料适应性 ATRR100 丁腈橡胶(150℃,168h) ATRR200 聚丙烯酸酯橡胶(163℃,70h) ATRR300 硅橡胶(163℃,240h)	 体积变化+1%~+6%,硬度变化 1~-5 单位 体积变化+3%~+8%,硬度变化 1~-5 单位 橡胶片不被颜色污染	ASTM D471
铝杯氧化试验(ABOT)	200h,戊烷不溶物不大于 1% 250h,酸值增加不大于 5 40℃黏度变化不大于 50% 红外吸收差别不大于 50% 300h,铜腐蚀不大于 3b,铝棒无漆膜 50h,铜腐蚀不大于 3b	Ford 试验方法,催化氧化,泵循环
叶片泵试验	失重不超过 15mg	ASTM D2882(100h,6.9MPa)
修正的液压透平周期试验(THCH)	与 Dexron Ⅱ相同	与 Dexron Ⅱ相同
摩擦耐久性	从 5 周期至 4000 周期之间动扭矩中点 120~150N·m 从 200 周期至 4000 周期之间静态断裂力扭矩 90~130N·m,由动扭矩测得的 5 周期低速摩擦系数最大值低于 155N·m 200 周期静力矩与动力矩中比为 0.9~1.00	SAE No. 2 摩擦试验机(400 周期 20740JSD1777 摩擦片)
换挡感觉特性	在换挡感觉及摩擦部件状态上与参考油相当	Ford 方法 Taurus 402km

2003 年 Dexron Ⅲ的要求再度提高，表 4-21 中的 THCT 循环试验从 20000 循环增至 32000 循环，叶片泵磨损试验合格标准从 15mg 减至 10mg，氧化试验从 300h 延长至 450h，还增加了两个新试验——空气卷入和 EC 低速摩擦试验，改动后的新规格称 Dexron-ⅢH。自动传动液质量要求的提高使得其换油期不断延长，如图 4-3、图 4-4 所示。新规格的自动传动液正常工况时换油期在 16.09×10^4km（10 万英里）。

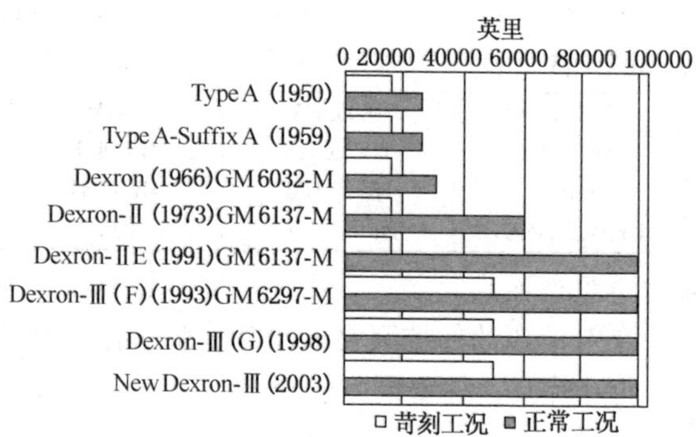

图 4-3 自动传动液换油期

（1 英里 = 1609. 344m）

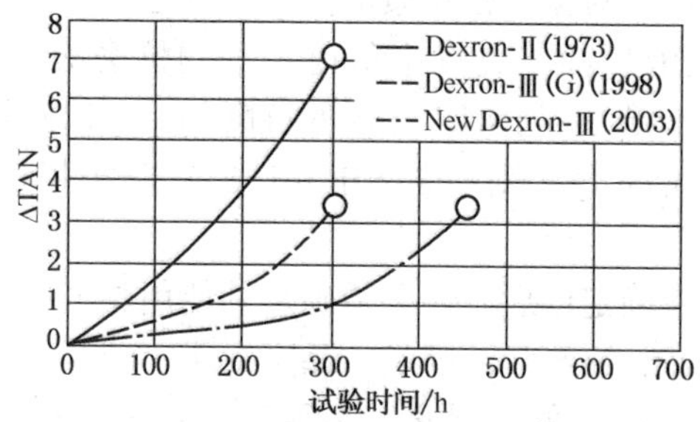

图 4-4 几种自动传动液氧化试验后酸值变化

第四节 液压油的应用

一、液压油的选用

各种液压油都有其特性，都有一定的适用范围。实践证明，必须正确、合理地选用液压油，这样才能提高液压设备运转的可靠性，防止故障的发生，延长液压设备元件的使用寿命。选用液压油主要是依据液压系统的工作环境、工况条件及液压油的特性，选择合适的液压油品种和黏度。

1. 液压油品种的选择

（1）根据环境和工况条件选择液压油

根据液压系统的环境和工况条件选择液压油，见表 4-24。

表 4-24 根据环境和工况条件选择液压油

工况 环境	压力:7.0MPa 以下 温度:50℃以下	压力:7.0~14.0MPa 温度:50℃以下	压力:7.0~14.0MPa 温度:50~80℃	压力:14.0MPa 以上 温度:80~100℃
室内，固定液压设备	HL	HL 或 HM	HM	HM
露天、寒冷和严寒区	HV 或 HS	HV 或 HS	HV 或 HS	HV 或 HS
地下，水上	HL	HL 或 HM	HL 或 HM	HM
高温热源或明火附近	HFAE，HFAS	HFB，HFC	HFDR	HFDR

(2) 根据油泵的类型选油

一般而言，齿轮泵对液压油的抗磨要求比叶片泵、柱塞泵低，因此齿轮泵可选用 HL 或 HM 油，而叶片泵、柱塞泵一般则选用 HM 油。

(3) 根据液压油的特性及液压元件的材质选油

① 含锌油在钢-钢摩擦体上性能很好，但由于含有硫(Zn-P-S 系)，对铜、银敏感，因此在含有铜、银材质部件的系统不能用，水易侵入的系统也要尽量少用。

② 无灰抗磨油(S-P-N 系)具有优良的水解安定性、破乳化性或可滤性，使用范围较广，因含有硫，对铜、银材质部件系统不适应。

③ 仅含磷的抗银液压油是具有中负荷水平的抗磨液压油，其水解安定性、破乳化性、可滤性也不错。由于用不含硫的抗磨剂，所以对银系统无伤害。

④ 液压系统中有铝元件，则不能选用 pH>8.5 的碱性液压油。

2. 液压油黏度的选择

在液压油品种选择确定以后，还必须确定其使用黏度级。黏度选得太大，液压损失大，系统效率低，油泵吸油困难；黏度太小，油泵内渗漏量大，容积损失增加，同样会使系统效率降低。因此，必须针对系统、环境选择一个适宜的黏度，使系统在容积效率和机械效率间求最佳平衡。

液压油的黏度选择主要取决于启动、系统的工作温度和所用泵的类型。一般中、低压室内固定液压系统的工作温度比环境温度高 30~40℃。在此温度下，液压油应具有 13~16mm²/s 的黏度，黏度低于 10mm²/s，就会加大磨损。油品的黏度指数在 90 以上就可以满足要求。而在户外高压机具的液压系统中(大于 20.0MPa)工作温度要比环境温度高 50~60℃，为减少渗漏，工作黏度最好在 25mm²/s。同时考虑到户外温差变化大，因此要求液压油具有较好的黏温性能，黏度指数一般在 130 以上。

为防止泵的磨损，必须限定最低黏度。齿轮泵系统用油最低黏度通常是在 20mm²/s，叶片泵系统用油≥10mm²/s，柱塞泵系统用油≥8mm²/s。必要时，可在系统的回油线上安装冷却器，维持一定的油温，保证泵对油品黏度的要求。

液压油的最大黏度限度是由被长期停置后的系统启动温度和使用泵的类型所

限定。不同类型的泵要求不同，见表4-25，也可参考图4-5选择。

表4-25 不同类型泵满足运行的黏度限度

泵 型	最高黏度/(mm^2/s)(冷开车时)	最低黏度/(mm^2/s)(负载条件下,最高90℃)
齿轮泵	1000	10~25
柱塞泵	1000	10~16
叶片泵	200~700	16~25

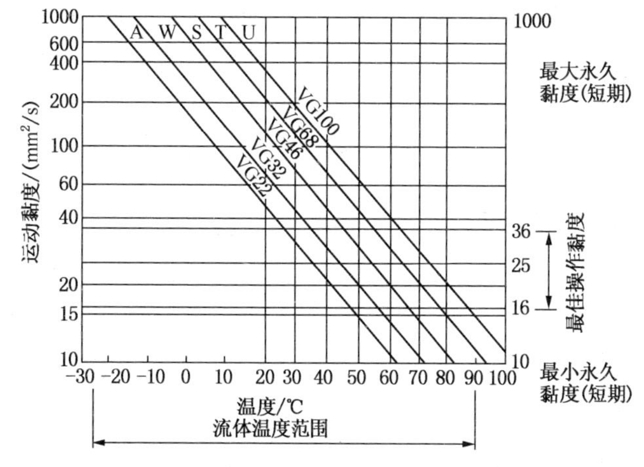

图4-5 液压流体选择图

根据泵构造(轴向活塞泵)和操作条件，下列黏度范围有效：

$10mm^2/s(t_{最大}=+90℃)\cdots\cdots 1000mm^2/s(t_{最小}=-25℃)$

[$5mm^2/s(t_{最大}=+115℃)\cdots\cdots 1600mm^2/s(t_{最小}=-40℃)$]特殊构件

A—用于严寒条件或特长管线；W—用于中欧冬季条件；

S—用于中欧夏季条件或封闭地区；T—用于炎热条件或高温地区；

U—用于极高温条件(例如用于内燃机)

在高压系统中一定要采用抗磨液压油，不能用HH液压油或HL防锈、抗氧液压油，不然就会导致泵的寿命大大缩短。以同一黏度ISO VG 46的HH油与HM油为例，在相同的YB-D25叶片泵中(压力12.5MPa，温度65℃，转速1500r/min)连续运行250h，用HH油的油泵磨损量为用HM油的油泵磨损量的63倍。因此，高压系统绝对不能用HH或HL油。

寒冷和严寒区的露天行走工程机械大多是高压系统，环境温度变化大，所以必须采用HV或HS高黏度指数的低温液压油，否则冷启动会发生困难，冬用更换频繁，既费油又影响生产。

为延长油的使用期，节省维护费用，延长液压元件的使用寿命，提高运行效率，必须采用高质量的液压油。高质量的液压油从一次购买的角度来看，花费较大，但从使用的寿命、元件的更换、运行的维护、生产效率的提高上讲，总的经济效益是非常合算的。

二、国际著名抗磨液压油质量水平

我国的液压油规格是根据国际几个著名的液压泵行业规格而制订的，进口设备的手册中往往也要求其液压系统的液压油应符合某著名液压设备生产厂的规格。国内外一些品牌液压油说明书中也注明该油符合某国际著名规格。表 4-26 列出目前最新颁布和应用最广泛的 Denison HF-1、HF-2、HF-0 规格，供用户参照。其中 HF-1 用于柱塞泵，HF-2 用于叶片泵，HF-0 用于柱塞泵和叶片泵苛刻工况。

表 4-26　DENISON HF-1/HF-2/HF-0(JULY2001)

项　　目		方　　法	HF-1	HF-2	HF-0
40℃和 100℃运动黏度/(mm^2/s)		ASTM D445	报告		
黏度指数	大于	ASTM D2270	90		
锌含量,倾点,酸值			报告		
苯胺点/℃	大于	ASTM D611	100		
锈蚀		ASTM D665(A,B)	无锈		
抗泡性,10min 后可见泡		ASTM D892	无		
空气释放值/min	小于	NF T60-149	7(ISO46)		
过滤性/s 无水 2%水	 小于 小于	DENISON TP02100	600		
抗乳化性(40-37-3)/min	小于	ASTM D1401	30		
油泥和腐蚀(1000h),酸值/(mgKOH/g)	小于	ASTM D4310	1.0		
总油泥/mg	小于		100		
总铜/mg	小于		200		
热稳定性(168h/135℃),油泥/mg	小于	辛辛那提机 A	100		
铜失重/mg	小于		10		
铜棒评分			报告		
水解稳定性,铜失重/(mg/cm^2)		ASTM D2619	0.2		
水层酸性/mgKOH	小于		4.0		
FZG/级		DIN51524-2	报告		

续表

项　　目	方　　法	HF-1	HF-2	HF-0
剪切稳定性(高 VI 油),100℃黏度损失/%　小于	KRL(20h)	15		
T6C-020 试验后黏度/(mm^2/s)干相(305h)　大于	DENISONTP-30 283	—	40	
湿相(608h)		—	报告	
或 T6H20C 试验后黏度/(mm^2/s)　大于	DENISONTP-30 533	40		
泵性能,柱塞泵 T46(100h)或 T6H20C(608h)	DENISON	通过	—	通过
叶片泵,T6C020(605h)或 T6H20C(608h)		—	通过	
叶片+销失重/mg　小于		—	15	

三、建设机械用液压油

多年以来，国内的建设机械如推土机和挖掘机(俗称勾机)的液压系统都使用通常的抗磨液压油，但也经常出现众多故障，如液压泵损坏频繁、勾臂动作无力、滞后及油温过高等，用户都把责任归在设备的质量上。而这类进口设备的用户手册的用油推荐上，并不推荐液压油而推荐高档柴油机油如 10WCD 或 CF。这是因为建设机械的液压系统的结构和工作条件与通常工业上的液压系统有很大的差别，因而液压油并不能满足要求，这些差别是：

① 从图 4-6 可看出，在勾机中液压油除了负责液压系统的工作外，还负责其他诸多单元的工作，特别是液力变矩器，它要求液体要有高的静摩擦系数，而通常的液压油的静摩擦系数很低，使挖臂的动作滞后，易发生安全故障，这就要求油有高的静摩擦系数。

图 4-6　挖掘机液压油的工作范围

② 工作压力高，一般在21~35MPa，最高达42MPa，而工业液压系统一般在15~25 MPa，压力高易于造成液压泵磨损快、寿命短以至早期损坏，这就要求液压油有更高的抗磨性能。

③ 勾机类机械结构紧凑，油箱小，无专用冷却系统，造成油温高，通常高达80~100℃，而工业液压系统为50~70℃，油温高加剧氧化，使用寿命缩短，因此要求油有更好的抗氧稳定性。

④ 工作环境的砂土灰尘大，柱塞泵的配合间隙小，携带砂土的油进入泵中易造成柱塞副擦伤，油路堵塞使动作无力，因而要求油的过滤性要好。

从以上的差别可看出，把抗磨液压油用于勾机类的液压系统是不能满足要求的，以上的故障不能归在设备上而因归于用油不当。

日本最大的建设工程制造商小松公司1997年提出此类机械液压系统的特殊要求，研制符合此要求的油品，同时发展了小型离合器试验方法及过滤性试验方法。2003年日本建设工程机械协会(JCMA)提出了含有四个品种的建筑机械液压油规格HX-1。2007年亚洲SAE认可了这规格，分别命名为矿物油型HK和生物降解型HKB，表4-27列出了规格HK的内容。HKB的内容除了加上后二项外，其他相同。

表4-27　建筑机械液压油HK、HKB规格

项　目	试验方法		单位	单级		多级	
	ASTM	其他		VG32	VG46	VG32W	VG46W
黏度	D2822			32	46	32	46
黏度指数				>90		>120	
低温黏度，<5000	D2832		mPa·s	—	—	-25℃	-20℃
抗泡	D892		mL/mL	<50/0			
剪切稳定性		JPI-SS-20	黏度损失	60min，10kHz		<10%	
氧化稳定性	D4310			95℃，TAN达1.0mgKOH/g，<4000h			
锈蚀	D665B			海水，通过			
密封件相容性	D471	JCMAS		分别100℃×240h，120℃×240h，通过			
最大无卡咬负荷	JPI5S32，四球机		N	>1235			
磨斑直径	JPI5S40，四球机		mm	<0.6			
FZG	D5192		级	>8			
柱塞泵试验	JCMAS P045						
黏度增加	%			<10			
酸值增加	mgKOH/g			<2.0			
0.8μ 过滤油泥	mg/100mL			<10			
旧油的铜	ppm(10^{-6})			<30			

续表

项 目	试验方法		单位	单级		多级	
	ASTM	其他		VG32	VG46	VG32W	VG46W
滑片泵试验	D2882						
环磨损	Vickers V104C		mg	<120			
滑片磨损	250h		mg	<30			
摩擦特性，微型离合器		JCMASP047		>0.08			
摩擦特性，SAE No.2离合器				>0.07			
生物降解				HKB有要求			
毒性试验				HKB有要求			

从表2-27可看出，建筑机械液压油HK与抗磨液压油HM主要有以下区别：

① HK加入小松柱塞泵试验HPV35+35，压力34.3MPa，油温95℃，500h；而HM中最高规格Denison HF-0中的泵试验T6H20C，压力25~28MPa，时间1200h，还有300h、油温110℃，其余70~80℃。

② HK加入小松离合器试验或SAE No2离合器试验，有摩擦系数要求，HM无此要求。

③ 氧化稳定性试验，HK要求达到TAN=1mgKOH/g时4000h，而HM要求达到TAN=2mgKOH/g时1500h，对油的氧化稳定性要求高得多。

④ HK密封件相容性加入离合器材料，温度也较高。

⑤ HK用小松过滤性试验代原液压油并不苛刻的过滤性试验。

⑥ HK不要求抗乳化和空气释放等。

我国有一定量的小松勾机等建筑机械在用，小松公司通过在我国的销售服务网点提供符合HK规格的液压油，但推广力度不大，价高。而大量的国产及进口勾机类机械用户仍在使用抗磨液压油，未认识到在使用中油易变黑、柱塞泵损坏频繁、挖臂无力、动作不到位、油温过高等并非独归于勾机质量，而是与用油不当有很大关系，为此我们曾做过一个简单的对比试验，见表4-28。

表4-28 实测小松专用液压油与壳牌抗磨液压油对比

试 验	单 位	小松专用液压油	46号抗磨液压油
四球机P_b	N	981	581
四球机P_d	N	2452	1569
振子摩擦试验机	摩擦系数	0.1504	0.1365

续表

试验	单位	小松专用液压油	46号抗磨液压油
氧化试验，135℃，120h，100mL/min 氧气铜丝	$\nu_{40℃}$(cSt)变化/%	+3.88	+12.77
	TAN 变化/(mgKOH/g)	0.08	0.07
	氧化后油的色度	2.5	6.5

从表4-28中可看出小松专用液压油的极压性能、抗氧性比抗磨液压油要好得多，静摩擦系数也大。

目前我国没有相当于HK类液压油产品，而用抗磨液压油又不符合要求，可能会发生上述用油不当的故障。作者建议，可选用10WCD或CF-4或液力专动油ALLisonC-4作液压系统用油，其性能更接近于HK；其次作为勾机类生产厂有关部门要充分认识到用油不当的危害，从设备用户手册到服务网点大力推荐专用油；最后作为润滑油生产厂要开发符合HK要求的专用液压油，填补空白，满足市场需求。

四、液压油的故障处理

液压油使用过程中容易产生的故障及其原因和应采取的措施汇列于表4-29中。

表4-29 液压油使用过程润滑故障处理

性质变化		容易产生的故障	与液压液有关的原因	应采取的措施
黏度	太低	① 泵产生噪音，排出量不足，产生异常磨损，甚至烧结 ② 由于机器的内泄漏，油缸、油马达等执行元件产生异常动作 ③ 压力控制阀不稳定，压力计指针振动 ④ 由于润滑不良，滑动面产生异常磨损	① 由于油温控制不好，油温上升 ② 在使用标准机器的装置中，使用了黏度过低的油 ③ 高黏度指数油长时间使用后黏度下降	① 改进、修理冷却器系统 ② 更换液压油牌号，或使用特殊的机器 ③ 更换液压油
	太高	① 由于泵吸油不良，产生烧结 ② 由于泵吸油阻力增加，产生空穴作用 ③ 由于过滤器阻力增大，产生故障 ④ 由于管路阻力增大，压力损失增加 ⑤ 控制阀动作迟缓或动作不良	① 液压油黏度等级选择不当 ② 设计时忽视了液压油的低温性能 ③ 低温时的油温控制装置不良 ④ 在标准机器中使用了黏度过高的油	① 改用黏度等级低的油 ② 设计低温时的加热装置 ③ 修理油温控制系统 ④ 更换或修理机器
防锈性不良		① 由于滑动部分生锈，控制阀动作不良 ② 由于发生铁锈的脱落而卡住或烧结 ③ 由于随油流动的锈粒，导致动作不良或伤痕	① 在无防锈剂的汽轮机油等防锈性差的液压油中混入水分 ② 液压油中有超过允许范围的水混入 ③ 从开始时就已发生的锈蚀继续发展	① 使用防锈性良好的液压油 ② 改进防止水混入的措施 ③ 进行冲洗，并进行防锈处理

续表

性质变化	容易产生的故障	与液压液有关的原因	应采取的措施
抗乳化性不良	①由于多量的水而生锈 ②促进液压油的异常变质（氧化、老化） ③由于水分而使泵、阀产生空穴作用和侵蚀	①新液压油的抗乳化性不良 ②液压油变质后，抗乳化性变坏，水分离性降低	①使用抗乳化性好的液压油 ②更换液压油

五、换油期

液压油产品换油指标行业标准和日本一些行业的换油要求见表 4-30、表 4-31、表 4-32。

表 4-30　L-HL 液压油换油指标（SH/T 0476—1992）

项　　目		换油指标	试 验 方 法
外　观		不透明或混浊	目测
运动黏度变化率（40℃）①/%	大于	±10	GB/T 265
色度变化（比新油）/号	等于或大于	3	GB/T 6540
酸值/（mgKOH/g）	大于	0.3	GB/T 264
水分/%	大于	0.1	GB/T 260
机械杂质/%	大于	0.1	GB/T 511
铜片腐蚀（100℃，3h）/级	等于或大于	2	GB/T 5096

① 运动黏度变化率 η（%）按下式计算：

$$\eta = \frac{\nu_1 - \nu_2}{\nu_2} \times 100\%$$

式中　ν_1——使用中油的黏度实测值，mm^2/s；

ν_2——新油黏度实测值，mm^2/s。

表 4-31　L-HM 液压油换油指标（NB/SH/T 0599—2013）

项目		换油指标
40℃运动黏度变化率/%	超过	±10
水分/%	大于	0.1
色度增加/号	大于	2
酸值增加/（mgKOH/g）	大于	0.3
正戊烷不溶物/%	大于	0.10
铜片腐蚀（100℃，3h）/级	大于	2a
泡沫性（24℃）（泡沫倾向/泡沫稳定性）/（mL/mL）	大于	450/10
清洁度	大于	–/18/15 或 NAS 9

表 4-32 日本推荐的液压油使用界限(指与新油的变化量)

项　目	精密液压系统	一般液压系统	项　目	精密液压系统	一般液压系统
相对密度(15℃/4℃)	±0.03	±0.05	戊烷不溶物/%	0.03	0.1
燃点/℃	-30	-60	苯不溶物/%	0.02	0.04
黏度/%	±10	±20	树脂量/%	0.02	0.05
黏度指数	±5	±10	污染度(微孔<5μm)/(微粒数/100mL)	600000	1200000
总酸值/(mgKOH/g)	±0.4	±0.7			
酸度(pH)	4.0	5.2	过滤残渣重/(mg/100mL)	20	40
表面张力/(dyn/cm)①	-10	-15	水分/%	0.05	0.2
比　色	+3	+4			

① $1dyn/cm=10^{-3}N/m$。

六、使用维护

① 加强过滤。液压系统是一个很精密的工作体系，其中液压油是一种很“娇气”的工作液。行内的一个流行说法是，液压系体的故障有 70% 是由于液压油受污染所造成的，可见液压油在工作中保持清洁的重要性。

减少污染源是第一位的。很多工地、厂房的工业灰尘、冷却水遍地，不可避免会进到油中，使油的品质变坏。其次，要有行之有效的过滤系统，及时把进到油中的污染物除去。有的用户按液压系统的要求，使用清洁度 NAS8 级以下的液压油，这类高清洁度的液压油在使用中会受环境中的污染物和系统内磨损颗粒等的污染而使清洁度下降，要依靠精密的过滤系统把污染物除去而保持油的清洁度，否则光是新油清洁度高也没有用。有的用户把一切液压系统的故障和液压油变质快都归于液压油质量，而不改善油的工作环境和过滤系统，显然是不全面的。表 4-33 是液压系统中各机构对油的清洁度要求。

表 4-33 液压油对清洁度的要求

	ISO 4406 清洁度级别	NAS 1638 清洁度级别
伺服液压装置,防止灵敏系统被微粒污染	最小 13/11	3~4
重型伺服系统,长使用寿命的高压系统	最小 15/11	4~6
比例阀,操作安全性高的工业液压装置	最小 16/13	7~8
移动式液压装置,通用机械工程,中压系统	最小 18/14	8~10
重工业,低压系统,移动式液压装置	最小 19/15	9~11

② 降低工作油温。有的用户用高价购买高质量液压油以延长换油期，而降低油的工作温度也可以降低油的氧化从而延长换油期。低油温还可使油在工作时黏度略高，增加密封效果和油膜附着性，而加强油的冷却对工厂应无甚困难，投入也不多，且不增加操作难度。

③ 液压油的储存应通风、干燥、干净，取油用具专用，不能露天存放。

第五节 液压油应用要点

一、保证油的清洁

在各类润滑油中，液压油的清洁度要求最高，见表 4-34。

表 4-34 各润滑油系统要求的清洁度

润滑系统	SAE 清洁度级	ISO 4406 号
罕见清洁	0~1	13/11
非常清洁	2	14/13
液压系统	3~4	15/13~16/14
汽轮机系统	4~5	16/14~17/15
一般润滑系统	5	17/15

对液压油清洁度要求是全方位的，从液压油生产过程的过滤，油容器的清洁，油储存环境的清洁，加油过程环境及加油工具的清洁，直到液压系统环境的清洁和过滤效果等，都要严格要求。有的工厂按设备要求用较高价格购到高清洁度液压油，却对设备工作环境的清洁和过滤系统没有严格要求，用样不能保证液压系统工作的精确度。

清洁度不好的液压油，一方面使液压系统中精密度很高的伺服机构工作不畅，影响系统的工作精度；另一方面清洁度不好的液压油会使液压油的性能如抗乳化、抗泡和空气释放值等指标变坏，也使液压系统工作受损。

二、严格控制合适的油温

质量合格的液压油一般有数年的使用寿命，影响寿命主要因素是油的氧化，而影响油氧化的主要因素是油温。标准的液压系统都有精密的油过滤和控温装置，因此在设备管理中要确保这些装置的正常工作，才能使液压油长寿命正常工作。一般油温控制在 60 ~70℃左右。

液压油长期温度偏高使油氧化速度加快，一方面降低油的使用寿命，颜色变深；另一方面油氧化后的酸性产物会加大泵体的腐蚀磨损。

三、油泄漏要考虑液压油的因素

液压油泄漏是工程设备的常见现象，尤其是工程机械中运动部件密封的漏油很普遍。工程设计部门往往从改善密封件的构造和密封件的材质上考虑，没有注意到液压油中有“密封适应性指数”项目要求，若此指数不合格，必然使密封件在油浸泡下变形、变硬、失去弹性等，结果是使密封件失去密封作用而漏油。简易检验法是：把全机所用的各密封件材料制成样品，浸泡在所用的液压油中，恒温到80℃保持一周时间，取出后与原密封件对比其外形尺寸、硬度、弹性等的变化程度，从其变化可推测出是否漏油。

四、建设机械的液压系统要用专用油

建设机械(推土机、挖掘者，俗称勾机)的液压系统与工业上典型的液压系统在构造上和工作条件上有很大区别，对液压油的性能要求很不相同。若光看“液压系统”就把用于工业上的液压油用在勾机的液压系统上，小则就会影响勾机液压系统的正常工作和使用寿命，大则发生大故障。它们的主要区别如下：

① 在勾机的液压系统中，除了有典型的液压系统机构外，还有湿式制动机构，用以控制勾臂和勾斗的动作，因此除了要求有液压油的性能外，还要求有液力传动油特有的摩擦性能和与刹车片材料的相容性。所以，若在勾机液压系统使用正常的液压油，会发生勾斗动作滞后，动作变换感觉差，刹车片寿命短等情况。

② 勾机液压系统工作压力普遍高于工业液压系统，使液压泵易于磨损，柱塞泵使用寿命短，因此要求油有好的承载性能。

③ 勾机液压系统的液压油无冷却系统，油箱小，在室外曝晒下工作时油温高，有时高于100℃，油的氧化程度高，使油寿命短，因此要求油抗氧化能力要高于液压油。油温越高油黏度越低，建立油压也低，这也是勾臂”乏力”原因之一。

④ 勾机工作在室外建筑工地，灰尘砂土多，易使油污染变脏，会半堵塞油路，使勾臂工作“乏力”，因此要求油有良好的过滤性能。

综上所述，把抗磨液压油用在勾机类建设机械上并不合适。日本小松公司建立了用于此类机械的专用油，已成为JCMA(日本建设工程机械协会)的规格HK。经试验证明，小松勾机专用油的抗磨性和抗氧性明显优于抗磨液压油。因此在勾机的液压系统中使用抗磨液压油时，若出现油温高、油变色快、柱塞泵易损环、勾臂动作滞后、勾臂不够力等情况时，应考虑是否用油不当，可考虑换用小松专用油看能否改善上述问题。

如作为临时代用，使用10WCD或10WCF-4柴油机油要好于抗磨液压油，早期小松勾机类的用户手册中，液压系统就是推荐用 10WCD 而不是用抗磨液压油。

五、正确认识无灰型抗磨液压油

从抗磨液压油配方研发的次序看，早期是以二烷基二硫代磷酸锌(ZDDP)为主的硫磷锌型配方，后来发现此类配方有很多缺点，如抗乳化差、对有色金属过敏等，为此又发展了不含金属添加剂的无灰型配方，对含锌配方液压油的一些缺点进行了改进。在此阶段发表了一些论述无灰型液压油优点和含锌型液压油缺点的文章，在用户中建立了无灰型液压油优于含锌型液压油的认识。但后来配方工作者又针对含锌配方的缺点作了改革，降低了锌含量，对其他复合组分作了优化，使其性能大大提高，也同样能达到要求最高的 Parker Denison HF-0 的各项指标要求。当前，无灰型和低锌型配方都在正常使用，都能符合高要求的 OEM 液压油要求，不存在谁高谁低的问题。在选择液压油时，我们关心的是此油能通过什么样的标准规格，而不必看它用什么类型的配方。

六、垂直导轨要用黏度较大的纯导轨油

一般导轨使用液压导轨油即可，它既有一般液压油性能，又能克服启动时负荷重、低移动速度时的“爬行”现象，但对位置垂直的导轨，用液压导轨油的效果不够理想，由于重力作用，低黏度的液压导轨油在垂直导轨表面易于流失，起不到抗爬行作用。对策是使用黏度较大的纯导轨油，它除了具有黏滑性能外，同时含有黏滞剂，能使油在垂直导轨表面有一定时间的滞留，起到抗“爬行”作用。

第五章 压缩机油

压缩机油主要用于压缩机内部摩擦部件，如汽缸、活塞、排气阀、主轴承、联杆轴承和十字头、滑板等的润滑。其作用在于减少摩擦与磨损，同时也起到密封、冷却、防锈、防腐蚀等作用。

第一节 压缩机的类型及结构特点和润滑要求

一、压缩机类型

按不同的划分方式，可将压缩机分成许多种类型：

① 按结构分为容积式和动态式，如图 5-1 所示。

② 按作业范围分类，如图 5-2 所示。

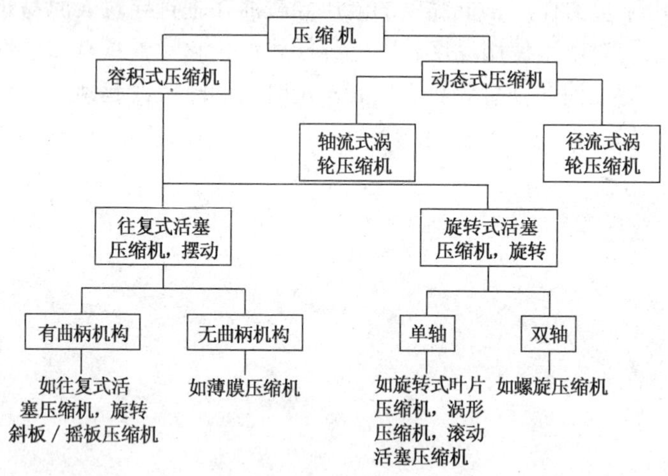

图 5-1 根据结构对压缩机的分类

③ 按压缩机的最终排气压力、排气量和轴功率进行分类，如表 5-1 所示。

④ 按压缩介质和用途的不同，可将压缩机分为动力用压缩机和工艺用压缩机两种。前者压缩介质为空气，主要用于驱动气动机械、工具和物料输送；后者压缩介质为所有气体，用于工艺流程中气体的压缩和输送。

表 5-1　按排气压力、排气量及轴功率划分的压缩机分类

按最终排气压力分类		按排气量分类		按轴功率分类	
类　型	排气压力/MPa	类　型	排气量/(m^3/min)	类　型	功率/kW
低压压缩机	<1	微型压缩机	<3	微型压缩机	<10
中压压缩机	1~10	小型压缩机	3~10	小型压缩机	10~100
高压压缩机	10~100	中型压缩机	10~100	中型压缩机	100~500
超高级压缩机	>100	大型压缩机	>100	大型压缩机	>500

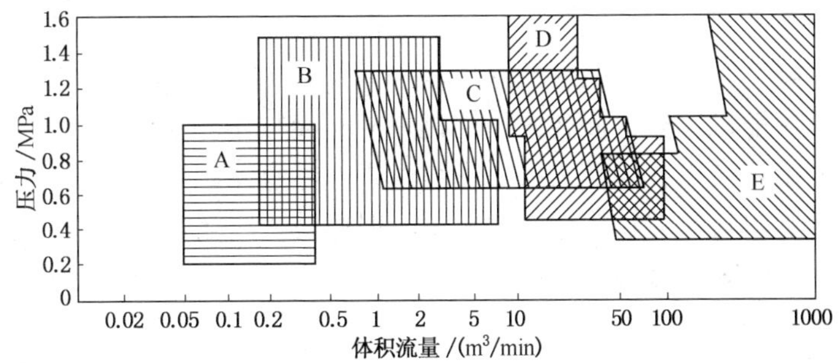

图 5-2　根据作业范围对压缩机的分类

A——一级往复式活塞压缩机(空气冷却式)；B—二级往复式活塞压缩机(空气冷却式)；C——一级螺旋压缩机(油浸式)；D—二级(双动)往复式活塞压缩机(水冷式)；E—四级涡轮压缩机(无润滑油)

⑤ 按汽缸内压缩室给油与否，又可分为有油润滑压缩机和无油润滑压缩机。

二、压缩机结构特点

1. 容积式压缩机

容积式压缩机是通过汽缸内的活塞作往复运动，或转子作回转运动来改变工作容积，使气体体积缩小，密度增加，从而提高气体的压力。它分为往复式和回转式。

(1) 往复式压缩机

往复式压缩机常见的形式有活塞式和膜片式。它们分别通过活塞或膜片在汽缸内往复运动，并借助进排气阀的自动开闭，进行气体的吸入、压缩和排出。其特点是压力范围广泛，工业应用上最高压力达 350MPa，输气不连续，气体压力有脉冲，运转时有振动。

活塞式压缩机是使用最广泛的一种往复式压缩机，其工作原理是利用曲柄连杆机构，变原动机的旋转运动为活塞的往复运动。为了取得较高压力的气体，常

采用多级压缩。

膜片式压缩机通常是指曲柄连杆机构通过液体而驱动膜片工作的往复式压缩机。只有在低压力时，才由曲柄连杆机构直接驱动膜片。由于压缩机膜式腔的气密性很好，压缩介质的净度很高。因此常被用于某些珍贵的稀有气体的压缩、输送和装瓶，以及用于输送不允许泄漏、易燃、强腐蚀性、放射性的气体和剧毒介质。

膜片式压缩机的输气量很小，每小时仅为5.20m^3，故使用范围只限于科研以及生产特殊用途产品的少数单位。

(2) 回转式压缩机

回转式压缩机是一种借助于汽缸内的一个或多个转子的旋转运动所产生的工作容积的变化来实现气体压缩的容积型压缩机。常见的有滑片式、螺杆式、液环式和转子式多种，其中螺杆式应用最广。

与往复式压缩机比较，回转式压缩机一般不存在往复惯性力和力矩，所以转速较高，它的结构简单，运转平稳，可靠性高，具有体积小、质量小、气流脉动小等优点，是国内外发展较快的一种机型。但回转式压缩机的功率消耗比往复式稍高，目前所能达到的压力还不高。

2. 速度型或动态式压缩机

速度型压缩机是借助作高速旋转的叶轮的离心力，使气体获得很高的速度，然后进入固定的扩压器内急剧降速，使气体速度能转变为压力能，从而提高气体的压力。按气体对叶轮的流动方向不同，可分为离心式、轴流式和混流式三种，并可采用多级增压的方式达到工作所需的压力。

速度型压缩机通常作为大排量的压缩机使用。其结构简单、紧凑，运动件只有一个带叶片的叶轮，工作时气流无脉动，振动小，且具有气腔与润滑油隔绝的特点，压缩气体中不含油，因此近年发展很快，应用范围日益广泛。

离心式压缩机主要应用于石油炼制、大型化肥生产等行业，尤其适用于压缩腐蚀性和有毒的气体。轴流式压缩机主要应用于大型高炉、天然气液化、石油炼制及大型制气装置等，一般作为低压力、大排量的压缩机使用。混流式压缩机使用范围较窄，适用于需要中压和中等排量的生产场合。

三、压缩机的润滑及对润滑油的要求

压缩机润滑的基本任务在于润滑油在相对摩擦表面之间形成液体层，用于减少它们的磨损，降低摩擦表面的功率消耗，同时还起到冷却运动机构的摩擦表面，以及密封压缩气体的工作容积的作用。

不同结构形式的压缩机由于工作条件、润滑特点以及压缩介质性质的不同，对润滑油的质量与使用性能的要求也就不同。

1. 往复式压缩机的润滑特点

往复式压缩机的润滑系统，可分为与压缩气体直接接触部分的内部润滑和与压缩气体不相接触部分的外部润滑两种。内部润滑系统主要指汽缸内部的润滑、密封与防锈、防腐；外部润滑系统即是运动部件的润滑与冷却。通常在大容量压缩机、高压压缩机和有十字头式压缩机中，内部润滑系统和外部润滑系统是独立的，分别采用适合各自需要的内部油和外部油。而在小型无十字头式压缩机中，运动部件的润滑系统兼作对汽缸内部的润滑，其内外部油是通用的。

(1) 汽缸内部的润滑

往复式压缩机汽缸内部润滑具有如下的功能：

① 减少汽缸、活塞环、活塞杆及填料等摩擦表面的磨损；

② 压缩气体的密封(在活塞环和气缸壁之间)；

③ 各部件的防锈、防腐蚀。

内部润滑油在完成上述使命后，与压缩气体一起被排出，同时润滑排气阀，通过后冷却器，一部分经分离后排出，未被分离的油进入储气罐和罐前的管路。因此，往复式压缩机的内部润滑属全损耗式润滑，润滑油在压缩机中的移动路线如图 5-3 所示。

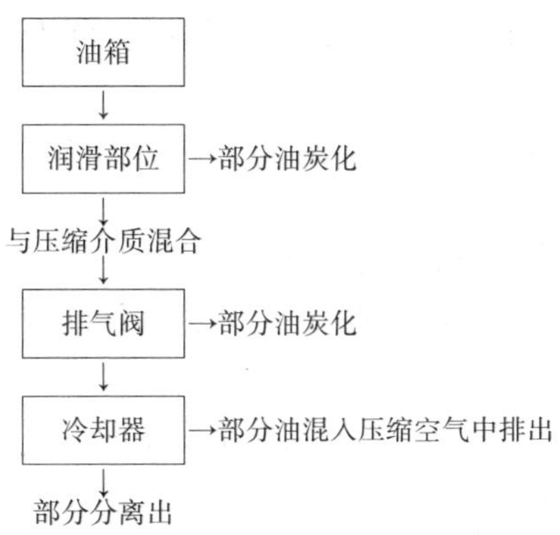

图 5-3　压缩机油在压缩机的移动路线

汽缸内部润滑有如下三种方式：

① 飞溅润滑　大多数用于无十字头式的小型通用压缩机。

② 吸油润滑　这是一种在压缩机进气中吸入少量润滑油的润滑方法，常用于无法采用飞溅润滑的无十字头式压缩机。

③ 压力注油润滑　此方式的最大优点是能以最少的油量达到各摩擦表面的最均匀而合理的润滑，被广泛应用于有十字头式压缩机和其他大容量、高压压缩机。

(2) 外部润滑(即运动机构的润滑)

往复式压缩机运动机构的润滑目的，除了减少运动部件各轴承及十字头导轨等摩擦表面的磨损与摩擦功率消耗外，还起到冷却摩擦表面及带走摩擦下来的金属磨屑的作用。

往复式压缩机运动机构润滑的主要方式是压力强制润滑，其特点是油量充足，润滑充分，并能有效地带走摩擦表面的热量与金属磨屑，因此在各种压缩机上广泛采用。而在微型压缩机和一部分小型压缩机中，还常常采用飞溅的润滑方式。

(3) 往复式压缩机油的使用条件

往复式压缩机，就其对润滑油恶劣影响的程度来说，内部润滑系统严重得多，内部润滑油由于直接接触压缩气体，易受气体性质的影响和高温高压的作用，使用条件比较苛刻。因此，应该根据汽缸内部工作条件和润滑特点来决定润滑油应具有的性能。其使用条件是：

① 高温、高压缩比(温度可达220℃以上)，冷却条件差，容易氧化而形成积炭。

② 高氧分压(指空气压缩机)，油品与氧气的接触比在大气中多，更易被氧化。

③ 冷凝水和铜等金属在高温下的催化作用，会使油品更迅速地氧化，在汽缸及排气系统中形成积炭。

④ 油品在汽缸内部润滑完毕后被排出，不再回收、循环回汽缸内使用。

(4) 往复式压缩机油基本性能要求

① 适宜的黏度　其要求是随其润滑部位的不同而异，对内部、外部润滑系统独立的压缩机，应采用不同黏度的油；对内外部油兼用的通用压缩机，应以润滑条件差的内部用油来选择。黏度一般是考虑汽缸与活塞环之间的润滑与密封要求，根据压缩压力、活塞速度、载荷及工作温度确定的。

往复式压缩机外部润滑系统用润滑油黏度的选择，主要是考虑维持轴承液体润滑的形成。一般可采用黏度等级为32~100的汽轮机油或液压油。

② 良好的热氧化安定性　在高温下不易生成积炭。

③ 积炭倾向小　积炭倾向小，生成的积炭松软易脱落。通常积炭倾向深度精制的油比浅度精制的油小，低黏度油比高黏度油小，窄馏分油比宽油分油小；环烷基油生成的积炭比石蜡基油松软。

④ 良好的防锈防腐蚀性　由于空气中含有水分，空气进入压缩机受压缩后凝缩出的水气会对汽缸、排气管及排气阀等造成锈蚀，因此要求压缩机油有良好的防锈防腐性。

⑤ 好的油水分离性。

2. 回转式压缩机的润滑特点

(1) 润滑特点

回转式压缩机应用最广泛的是螺杆式和滑片式，按其采用的润滑方式又可分为三种润滑类型：

① 干式压缩机　指气腔内不给油，压缩机油不接触压缩介质，仅润滑轴承、同步齿轮和传动机构。其润滑条件相当于往复式压缩机的外部润滑系统或速度型压缩机，选油也相同。

② 滴油式压缩机(亦称非油冷式压缩机)　这是一种采用滴油润滑、双层壁水套冷却的滑片式压缩机，多数采用两级压缩，排气量较大，作为固定式使用。它有卸荷环式和无卸荷环式之分，采用一个油量可调节的注油器，通过管路将油注滴在汽缸、汽缸端盖及轴承座上的各个润滑点，以此润滑轴承、转子轴端密封表面及汽缸、滑片、转子槽等摩擦表面，然后随压缩气体排出机外。其润滑条件与往复式压缩机内部润滑的压力注油方式相仿，选油也相同。

③ 油冷式(或称喷油式)压缩机　这是目前螺杆式和滑片式压缩机中最广泛采用的润滑方式。润滑油被直接喷入汽缸压缩室内，起润滑、密封、冷却等作用，然后随压缩气体排出压缩室外，经油气分离，润滑油得以回收、循环使用。油冷回转式压缩机与往复式压缩机的内部润滑或滴油回转式、滑片式压缩机相比具有两个明显的特点：a. 供油量大(约为排气量的0.24%~1.1%)，以保证最佳的冷却和有效的密封；b. 润滑油可以回收和循环使用。

下面叙述的回转式压缩机油是指油冷回转式压缩机油，主要应用于油冷回转式压缩机。

(2) 回转式压缩机油的使用条件

可以认为，润滑油在油冷回转式压缩机中的工作条件是极其严酷的。这主要表现在：

① 油成为雾状并与热的压缩空气充分混合，与氧气的接触面积大大增加，受热强度大，这是油品最易氧化的恶劣条件。

② 润滑油以高的循环速度，反复地被加热、冷却，且不断地受到冷却器中铜、铁等金属的催化，易氧化变质。

③ 混入冷凝液造成润滑油严重乳化。

④ 易受吸入空气中颗粒状杂质、悬浮状粉尘和腐蚀性气体的影响。这些杂质常常成为强烈的氧化催化剂，加速油的老化变质。

(3) 回转式压缩机油的基本性能要求

① 良好的氧化安定性　否则，油品氧化，黏度增加就会减少油的喷入量，使油和压缩机的温度升高，导致漆膜和积炭生成，造成滑片运动迟钝，压缩机失效。由于回转式压缩机油循环使用，其老化变质、形成积炭的倾向甚至大于一次性使用的往复式压缩机油。

② 合适的黏度　以确保有效的冷却、密封和良好的润滑。为了得到最有利的冷却，在满足密封要求的前提下，尽量采用低黏度的润滑油。其黏度范围通常为32~100mm^2/s(40℃)。

③ 良好的水分离性(即抗乳化性)　一级回转式压缩机通常排气温度较高，使空气中的水分呈蒸汽状态随气流带出机外。但在两级压缩机中，有时会因温度过低凝结大量水分，促使润滑油乳化，其结果不仅造成油气分离不清，油耗量增大，而且造成磨损和腐蚀加剧。因此，对两级压缩机的润滑应该选用水分离性好的压缩机油，而不应该选用易与水形成乳化的油品(如使用内燃机油代用)。

④ 防锈蚀性好。

⑤ 挥发性小与抗泡沫性好　为了使压缩机油从压缩空气中得到很好的分离与回收，必须选择一种比较不易挥发的油。通常，石蜡基油比环烷基油具有低的挥发性而应优先选用。此外，回转式压缩机油还应具有良好的抗泡沫性，否则，会使大量的油泡沫灌进油分离器，使分油元件浸油严重，导致阻力增大，造成压缩机内部严重过载，并且会使油耗剧增。

3. 速度型压缩机的润滑特点

速度型压缩机的润滑油与气腔隔绝，润滑部位是轴承、联轴节、调速机构和轴封。其中，高速旋转的滑动轴承的润滑是其主体，故可以采用蒸汽轮机轴承润滑所建立的技术理论。

速度型压缩机油的使用条件及质量要求与蒸汽轮机油基本相同，主要要求油品具有适当的黏度、良好的黏温性能、氧化安定性、防锈性、抗乳化性以及抗泡沫性等。目前，运转中的速度型压缩机除特殊情况下，一般均使用防锈汽轮机油。

第二节　压缩机油的分类及组成

一、压缩机油分类

压缩机有多种结构形式，其工作条件、润滑方式及压缩介质各有差异，所需要的润滑油也各不相同。因此，通常所说的压缩机油仅是指用于往复式和回转式压缩机的汽缸(内部)或汽缸与轴承等运动机构(内外部共用)的润滑油。

GB/T 7631.9—2014 对压缩机油作了分类，见表5-2~表5-4。

表 5-2 空气压缩机润滑剂的分类

组别符号	应用范围	特殊应用	更具体应用	产品类型和(或)性能要求	产品代号(ISO-L)	典型应用	备注
D	空气压缩机	压缩腔室有油润滑的容积型空气压缩机	往复的十字头和筒状活塞或滴油回转(滑片)式压缩机	通常为深度精制的矿物油，半合成或全合成液	DAA	普通负荷	见附录A
				通常为特殊配制的半合成或全合成液，特殊配制的深度精制的矿物油	DAB	苛刻负荷	
			喷油回转(滑片和螺杆)式压缩机	矿物油，深度精制的矿物油	DAG	润滑剂更换周期≤2000h	
				通常为特殊配制的深度精制的矿物油或半合成液	DAH	2000h＜润滑剂更换周期≤4000h	
				通常为特殊配制的半合成或全合成液	DAJ	润滑剂更换周期>4000h	
		压缩腔室无油润滑的容积型空气压缩机	液环式压缩机，喷水滑片和螺杆式压缩机，无油润滑往复式压缩机，无油润滑回转式压缩机	—	—	—	润滑剂用于齿轮、轴承和运动部件
		速度型压缩机	离心式和轴流式透平压缩机	—	—	—	润滑剂用于轴承和齿轮
	真空泵	压缩腔室有油润滑的容积型真空泵	往复式、滴油回转式、喷油回转式(滑片和螺杆)真空泵	—	DVA	低真空，用于无腐蚀性气体	低真空为$10^{2}\sim10^{-1}$kPa
				—	DVB	低真空，用于有腐蚀性气体	
			油封式(回转滑片和回转柱塞)真空泵	—	DVC	中真空，用于无腐蚀性气体	中真空为$10^{-1}\sim10^{-4}$kPa
				—	DVD	中真空，用于有腐蚀性气体	
				—	DVE	高真空，用于无腐蚀性气体	高真空为$10^{-4}\sim10^{-8}$kPa
				—	DVF	高真空，用于有腐蚀性气体	

表 5-3　气体压缩机润滑剂的分类

组别符号	应用范围	特殊应用	更具体应用	产品类型和(或)性能要求	产品代号(ISO-L)	典型应用	备注
D	气体压缩机	容积型往复式和回转式压缩机，用于除制冷循环或热泵循环或空气压缩机以外的所有气体压缩机	不与深度精制矿物油发生化学反应或不会使矿物油的黏度降低到不能使用程度的气体	深度精制的矿物油	DGA	< 10^4kPa 压力下的 N_2、H_2、NH_3、Ar、CO_2，任何压力下的 He、SO_2、H_2S，<10^3kPa 压力下的 CO	氨会与某些润滑油中所含的添加剂反应
			用于 DGA 油的气体，但含有湿气或凝缩物	特定矿物油	DGB	< 10^4kPa 压力下的 N_2、H_2、NH_3、Ar、CO_2	氨会与某些润滑油中所含的添加剂反应
			在矿物油中有高的溶解度而降低其黏度的气体	通常为合成液	DGC[a]	任何压力下的烃类，> 10^4kPa 压力下的 NH_3、CO_2	氨会与某些润滑油中所含的添加剂反应
			与矿物油发生化学反应的气体	通常为合成液	DGD[a]	任何压力下的 HCl、Cl_2、O_2 和富氧空气，>10^3kPa 压力下的 CO	对于 O_2 和富氧空气应禁止使用矿物油，只有少数合成液是合适的
			非常干燥的惰性气体或还原气(露点-40℃)	通常为合成液	DGE[a]	> 10^4kPa 压力下的 N_2、H_2、Ar	这些气体使润滑困难，应特殊考虑

[a] 用户在选用 DGC、DGD 和 DGF 三种合成液时应注意，由于牌号相同的产品可以有不同的化学组成，因此在未向供应商咨询前不得混用。

注：高压下气体压缩可能会导致润滑困难(咨询压缩机生产商)。

表 5-4 制冷压缩机润滑剂的分类

组别符号	应用范围	制冷剂	润滑剂类别	部分润滑剂类型（典型-非包含）	产品代号（ISO-L）	典型应用	备注
D	制冷压缩机	氨（NH_3）	不互溶	深度精制的矿物油（环烷基或石蜡基），烷基苯，聚α烯烃	DRA	工业用和商业用制冷	开启式或半封闭式压缩机的满液式蒸发器
			互溶	聚（亚烷基）二醇	DRB	工业用和商业用制冷	直接膨胀式蒸发器；聚（亚烷基）二醇用于开启式压缩机或工厂组装装置
		氢氟烃（HFC）	不互溶	深度精制的矿物油（环烷基或石蜡基），烷基苯，聚α烯烃	DRC	家用制冷，民用和商用空调，热泵，公交空调系统	适用于小型封闭式循环系统
			互溶	多元醇酯，聚乙烯醚，聚（亚烷基）二醇	DRD	车用空调，家用制冷，民用和商用空调、热泵，商用制冷包括运输制冷	—
		氯氟烃（CFC）氢氯氟烃（HCFC）	互溶	深度精制的矿物油（环烷基或石蜡基），烷基苯，多元醇酯，聚乙烯醚	DRE	车用空调，家用制冷，民用商用空调、热泵，商用制冷包括运输制冷	制冷剂中含氯有利用润滑
		二氧化碳（CO_2）	互溶	深度精制的矿物油（环烷基或石蜡基），烷基苯，聚（亚烷基）二醇，多元醇酯，聚乙烯醚	DRF	车用空调，家用制冷，民用和商用空调、热泵	聚（亚烷基）二醇用于开启式车用空调压缩机
		烃类（HC）	互溶	深度精制的矿物油（环烷基或石蜡基），烷基苯，聚α烯烃，聚（亚烷基）二醇，多元醇酯，聚乙烯醚	DRG	工业制冷，家用制冷，民用和商用空调、热泵	典型应用是工厂组装低负载装置

虽然有了 2014 年新分类，但各分类下的产品规格标准仍按原 ISO 规格标准和我国按 ISO 规格制定的产品规格标准执行，见表 5-5 和表 5-6。

表 5-5 ISO 往复式空气压缩机油规格

<table>
<tr><td>标准号</td><td colspan="10">ISO/DIS 6521.2—83</td><td colspan="5">SC/WG2 提案</td><td>试验方法</td></tr>
<tr><td>ISO-L 的符号</td><td colspan="5">DAA</td><td colspan="5">DAB</td><td colspan="5">DAC</td><td></td></tr>
<tr><td>油组成</td><td colspan="10">矿物油</td><td colspan="5">合成油</td><td></td></tr>
<tr><td>黏度等级(ISO VG)</td><td>32</td><td>46</td><td>68</td><td>100</td><td>150</td><td>32</td><td>46</td><td>68</td><td>100</td><td>150</td><td>32</td><td>46</td><td>68</td><td>100</td><td>150</td><td></td></tr>
<tr><td>运动黏度/(mm^2/s)
40℃±10%</td><td>32</td><td>46</td><td>68</td><td>100</td><td>150</td><td>32</td><td>46</td><td>68</td><td>100</td><td>150</td><td>32</td><td>46</td><td>68</td><td>100</td><td>150</td><td rowspan="2">ISO 3104</td></tr>
<tr><td>100℃</td><td colspan="5">报告</td><td colspan="5">报告</td><td colspan="5">报告</td></tr>
<tr><td>黏度指数 不小于</td><td colspan="15"></td><td>ISO 2909</td></tr>
<tr><td>倾点/℃ 不高于</td><td colspan="5">-9</td><td colspan="5">-9</td><td colspan="5">-9</td><td>ISO 3016</td></tr>
<tr><td>铜片腐蚀(100℃,3h)/级 不大于</td><td colspan="5">1</td><td colspan="5">1</td><td colspan="5">1b</td><td>ISO 2160</td></tr>
<tr><td>抗乳化性
温度/℃</td><td colspan="5" rowspan="2"></td><td colspan="3">54</td><td colspan="2">82</td><td colspan="3">54</td><td colspan="2">82</td><td rowspan="2">ISO 6614</td></tr>
<tr><td>乳化层到小于 3mL 的时间/min 不大于</td><td colspan="3">30</td><td colspan="2">30</td><td colspan="3">30</td><td colspan="2">30</td></tr>
<tr><td>防锈(24h)</td><td colspan="5"></td><td colspan="5">无锈</td><td colspan="5">无锈</td><td>ISO 7120A</td></tr>
<tr><td>老化特性
① 200℃,空气
蒸发损失/% 不大于</td><td colspan="5">15</td><td colspan="5" rowspan="2"></td><td colspan="5" rowspan="4">方法待定</td><td rowspan="2">ISO 6617(Ⅰ)(=DIN 51352Ⅰ)</td></tr>
<tr><td>康氏残炭增加/% 不大于</td><td colspan="3">1.5</td><td colspan="2">2.0</td></tr>
<tr><td>② 200℃,空气,Fe_2O_3
蒸发损失/% 不大于</td><td colspan="5" rowspan="2"></td><td colspan="5">20</td><td rowspan="2">ISO 6617(Ⅱ)(=DIN 51352Ⅱ)</td></tr>
<tr><td>康氏残炭增加/% 不大于</td><td colspan="3">2.5</td><td colspan="2">3.0</td></tr>
<tr><td>减压蒸馏蒸出 80% 后残留物性质
残留物康氏残炭/% 不大于</td><td colspan="5" rowspan="2"></td><td colspan="4">0.3</td><td>0.6</td><td colspan="5" rowspan="2"></td><td>ISO 6616
ISO 6615</td></tr>
<tr><td>新旧油 40℃时运动黏度比 不大于</td><td colspan="5">5</td><td>ISO 3104</td></tr>
</table>

表 5-6 ISO 回转式空气压缩机油规格

标准号	ISO/DP 6521.3—81												SCA/WG2 提案						试验方法
ISO-L	DAG						DAH						DAJ						
油组成	矿物油												合成油						
黏度等级(ISOVG)	15	22	32	46	68	100	15	22	32	46	68	100	15	22	32	46	68	100	
运动黏度/(mm^2/s) 40℃±10%	15	22	32	46	68	100	15	22	32	46	68	100	15	22	32	46	68	100	ISO 3104
100℃	报告						报告						报告						
黏度指数 不小于	90						90												ISO 2909
倾点/℃ 不高于	-9						-9						-9						ISO 3016
铜片腐蚀(100℃，3h)/级 不大于	1b						1b						1b						ISO 2160
抗乳化性 温度/℃	54					82	54					82	54	82					ISO 6614
乳化层到小于 3mL 的时间/min 不大于	30					30	30					30	30	30					
防锈(24h)	无锈						无锈						无锈						ISO 7120A
老化特性 ① 200℃，空气 蒸发损失/% 不大于 康氏残炭增加/% 不大于 ② 200℃，空气，Fe_2O_3 蒸发损失/% 不大于 康氏残炭增加/% 不大于							方法待定						方法待定						ISO 6617(Ⅰ) (=DIN 513 52Ⅰ) ISO 6617(Ⅱ) (=DIN 51 352Ⅱ)
泡沫性(24℃) (吹气 5min/静 10min)/(mL/mL) 不大于	300/0						300/0						300/0						
氧化安定性/h 不小于	1000																		ISO 4263

我国亦参照有关的 ISO 标准制定了相应的产品标准，见表 5-7、表 5-8、表 5-9。

除上述压缩机油外，在压缩机的润滑中还常用到汽轮机油、液压油、发动机油、白油及复合型压缩机油等。实际上，很多国家并无单独的压缩机油分类，欧美、日本等国的一些压缩机制造商常常推荐使用发动机油(如 SAE 20、30 的 CC、CD 级油)和抗磨液压油、自动传动液等。在我国也有这方面的经验，如茂名石油化工公司炼油厂焦化车间的 4L-20/5 和 4L-23.5/5 压缩机曾先后使用过 19 号压缩机油和 100DAB 压缩机油，均感效果不够理想。后来改用 30 CC 级发动机油取得了较为满意的效果，解决了压缩机腐蚀及积炭较重、温升较高的问题。

表 5-7 空气压缩机油标准(GB 12691—1990)

项目	质量指标										试验方法
品种	L-DAA					L-DAB					
黏度等级(按 GB 3141)	32	46	68	100	150	32	46	68	100	150	
运动黏度/(mm^2/s) 40℃	28.8~35.2	41.6~50.6	61.2~74.8	90.0~110	135~165	28.8~35.2	41.6~50.6	61.2~74.8	90.0~110	135~165	GB/T 265
100℃	报告					报告					
倾点/℃ 不高于	-9				-3	-9				-3	GB/T 3535
闪点(开口)/℃ 不低于	175	185	195	205	215	175	185	195	205	215	GB/T 3536
腐蚀试验(铜片，100℃，3h)/级 不大于	1					1					GB/T 5096
抗乳化性(40-37-3)/min											GB/T 7305
54℃ 不大于	—					30	—				
82℃ 不大于	—					—	30				
液相锈蚀试验(蒸馏水)	—					无锈					GB/T 11143
硫酸盐灰分/%	—					报告					GB/T 2433
老化特性 ① 200℃，空气											SH/T 0192 (推荐用) GB/T 12709—91
蒸发损失/% 不大于	15					—					
康氏残炭增值/%	1.5		2.0			—					
② 200℃，空气，Fe_2O_3											
蒸发损失/% 不大于	—					20					
康氏残炭增值/% 不大于	—					2.5	3.0				
减压蒸馏蒸出 80%后残留物性质											GB/T 9168
残留物康氏残炭/% 不大于	—					0.3			0.6		GB/T 268
新旧油 40℃运动黏度之比 不大于	—					5					GB/T 265

续表

项目	质量指标		试验方法
品种	L-DAA	L-DAB	
中和值/(mgKOH/g) 未加剂 加剂后	 报告 报告	 报告 报告	GB/T 4945
水溶性酸或碱	无	无	GB/T 259
水分/% 不大于	痕迹	痕迹	GB/T 260
机械杂质/% 不大于	0.01	0.01	GB/T 511

表 5-8 轻载荷喷油回转式空气压缩机油(L-DAG 级)(GB 5904—1986)

项目	质量指标						试验方法
黏度等级	15	22	32	46	68	100	GB/T 3141
40℃黏度/(mm^2/s)±10%	15	22	32	46	68	100	GB/T 265
黏度指数 不大于	90						GB/T 2541
倾点/℃ 不高于	-9						GB/T 3535
闪点(开口)/℃ 不低于	165	175	190	200	210	220	GB/T 267
铜片腐蚀(100℃, 3h)/级 不大于	1						GB/T 5096
抗泡性(24℃)/mL 泡沫倾向 不大于 泡沫稳定性 不大于	 100 0						GB/T 12579
破乳化性(40-37-3)/min 54℃ 不大于 82℃ 不大于	 30 —					 — 30	GB/T 7305
防锈试验(15 号钢)	无锈						GB/T 11143
氧化安定性/h 不大于	1000						GB/T 12581
机械杂质/% 不大于	0.01						GB/T 511
水分/% 不大于	痕迹						GB/T 260
水溶性酸或碱	无						GB/T 259
残炭(加剂前)/%	报告						GB/T 268

表 5-9　DAH 回转式空气压缩机油标准

项　目		质量指标				试验方法
黏度等级		32	46	32A	46A	GB/T 3141
运动黏度/(mm^2/s) 40℃		28.8～35.2	41.4～50.6	28.8～35.2	41.4～50.6	GB/T 265
100℃		报告		报告		
黏度指数	不小于	90		90		GB/T 2541
色度/号	不大于	1		1		GB/T 6540
密度(200c)/(g/cm^3)		报告		报告		GB/T 1884
闪点(开口)/℃	不低于	220		220		GB/T 3536
倾点/℃	不高于	-9		-9		GB/T 3535
酸值/(mgKOH/g)		报告		报告		GB/T 7304
抗乳化性(40-37-3)/min	不大于	30		30		GB/T 7305
泡沫性(泡沫倾向/泡沫稳定性)/(mL/mL)24℃	不大于	300/0		300/0		GB/T 12579
液相锈蚀(A 法)		无锈		无锈		GB/T 11143
腐蚀试验(铜片，100℃，3h)/级	不大于	1b		1b		GB/T 5096
氧化试验(200℃空气，Fe_2O_3)						SH/T 0192
蒸发损失/%	不大于	20		20		
康氏残炭增加/%	不大于	2.5		2.5		
FZG 齿轮机失效载荷/级	不大于	—		10		SH/T 0306

二、压缩机油组成

1. 基础油

压缩机油按基础油的类型可分为矿物油型和合成油型两类。

矿物油型压缩机油必须选择经过深度精制的，其重芳烃及胶质含量少、残炭低、对抗氧剂感受性好的基础油。

合成油型的基础油主要有合成烃(聚 α-烯烃)、有机酯(双酯)、多元醇酯、氟硅油和磷酸酯等。这些合成型基础油氧化安定性好，积炭倾向小，可超过矿物油的温度范围进行润滑，使用寿命长，可以满足一般矿物油型压缩机油所不能承受的使用要求。如 ISO L-DAC、DAJ 压缩机油就是采用合成型基础油。

2. 添加剂

多数矿物油基压缩机油都加有抗氧剂、防锈剂、金属钝化剂和抗泡沫剂。某些特殊压缩机油中还加有油性剂、抗磨极压剂、清净分散剂及减少压缩气体中携带油量的添加剂。

第三节　压缩机油的应用

一、压缩机油选用

合理选择压缩机油对延长设备的使用寿命，提高设备运转的可靠性，防止事故的发生等方均有直接影响，故对此必须十分慎重。

压缩机油的质量选择主要是黏度选择。黏度的选择与压缩机的类型、功率、给油方法和工作条件(主要是出口温度和压力)有关，要求油的黏度对润滑部位能形成油膜，同时起到润滑、减摩、密封、冷却、防腐蚀等作用。表5-10是各类型压缩机使用的润滑油(包括内部油、外部油和内外部共用油)黏度选择参考。

表5-10　压缩机油黏度选择参考表

<table>
<tr><th colspan="4">压缩机型式</th><th>排气压力/0.1MPa</th><th>压缩级数</th><th>润滑部位</th><th>润滑方式</th><th>ISO黏度等级</th></tr>
<tr><td rowspan="14">容积式</td><td rowspan="10">往复式</td><td colspan="2" rowspan="4">移动式</td><td rowspan="2">10以下</td><td rowspan="2">1~2</td><td>汽缸</td><td>强制、飞溅</td><td>46、68</td></tr>
<tr><td>轴承</td><td>循环、飞溅</td><td>46、68</td></tr>
<tr><td rowspan="2">10以上</td><td rowspan="2">2~3</td><td>汽缸</td><td>强制、飞溅</td><td>68、100</td></tr>
<tr><td>轴承</td><td>循环、飞溅</td><td>46、68</td></tr>
<tr><td colspan="2" rowspan="6">固定式</td><td rowspan="2">50~200</td><td rowspan="2">3~5</td><td>汽缸</td><td>强制</td><td>68、100、150</td></tr>
<tr><td>轴承</td><td>强制、循环</td><td>46、68</td></tr>
<tr><td rowspan="2">200~1000</td><td rowspan="2">5~7</td><td>汽缸</td><td>强制</td><td>100、150</td></tr>
<tr><td>轴承</td><td>强制、循环</td><td>46、68</td></tr>
<tr><td rowspan="2">>1000</td><td rowspan="2">多级</td><td>汽缸</td><td>强制</td><td>100、150</td></tr>
<tr><td>轴承</td><td>强制、循环</td><td>46、68</td></tr>
<tr><td rowspan="4">回转式</td><td rowspan="4">滑式片</td><td rowspan="2">水冷式</td><td><3</td><td>1</td><td rowspan="2">汽缸滑片
侧盖轴承</td><td rowspan="2">压力注油</td><td rowspan="2">100、150</td></tr>
<tr><td>7</td><td>2</td></tr>
<tr><td rowspan="2">油冷式</td><td>7~8</td><td>1</td><td rowspan="2">汽缸</td><td rowspan="2">循环</td><td rowspan="2">32、46、68</td></tr>
<tr><td>7~8</td><td>2</td></tr>
</table>

续表

压缩机型式				排气压力/0.1MPa	压缩级数	润滑部位	润滑方式	ISO 黏度等级
容积式	回转式	螺杆式	干式	3.5	1	轴承、同步齿轮传动机构	循环	32、46、38
				6~7	2			
				12~26	3~4			
			油冷式	3.5~7	1	汽缸	循环	32、46、68
				7	2			
		转子式		—	—	齿轮	油浴、飞溅	46、68、100
				—	—	汽缸、轴承	循环	46、68、100
速度型	离心式			7~9		轴承（有时含齿轮）	循环（或油环）	32、46、68
	轴流式			7~9				

选择压缩机油的基本原则有两个：一是按压缩机的不同结构类型来选择压缩机油，以适应其性能要求与工作条件，参考表 5-11；二是按不同压缩介质来选择压缩机油以使压缩介质不受影响，参考表 5-12。

表 5-11　不同类型空气压缩机选油参考表

压缩机类型	油 品 类 型
无油润滑压缩机：往复式和回转式	DAA 压缩机油或汽轮机油或液压油
有油润滑压缩机	按压缩机载荷轻重选用
① 空冷往复式压缩机（轴输入功率 20kW）	① DAA 或 DAB 或 DAC 压缩机油；轻、中载荷亦可选用单级 CC、CD 发动机油①
② 空冷往复式压缩机（轴输入功率>20kW）	② 按压缩机载荷选用
③ 水冷往复式压缩机及滴油润滑回转式压缩机	③ 轻、中载荷用 DAA、DAB 压缩机油，或汽轮机油、液压油；亦可选用单级 CC、CD 发动机油① 重载荷用 DAC 压缩机油
④ 油冷回转式压缩机	④ 轻载荷用 DAA 油或汽轮机油或液压油，中载荷用 DAB 油，可用单级 CC、CD 发动机油① 轻载荷用 DAG 油或汽轮机油或液压油 中载荷用 DAH 油 重载荷用 DAJ 油

① 不可选用多级发动机油。

表 5-12　不同压缩介质压缩机选用润滑油参考表

介质类别	对润滑油的要求	选用润滑油
空　气	因有氧，对油的抗氧化性要求高，油的闪点应比最高排气温度高 40℃	压缩机油(参考表 5-10、表 5-11)
氢、氮	无特殊的影响，可用压缩空气时用的油	压缩机油
氩、氖、氦	此类气体稀有贵重，经常要求气体中绝对无水、不含油，应用膜式压缩机	在膜式压缩机腔内用 N32 汽轮机油或 N32 机械油
氧	氧会使矿物油剧烈氧化而爆炸，因此不可用矿物油	多采用无油润滑
氯(氯化氢)	因在一定条件下与烃起作用生成氯化氢	用浓硫酸或无油润滑(石墨)
硫化氢 二氧化碳 一氧化碳	因水分溶解气体后生成酸，会破坏润滑油性能，所以润滑系统要求干燥	防锈汽轮机油或压缩机油或单级 CC、CD 发动机油(往复式)
一氧化氮 二氧化硫	能与油互溶，会降低油黏度。系统要保持干燥，防止生成腐蚀性酸	防锈汽轮机油或压缩机油或单级 CC、CD 发动机油(往复式)
氨	如有水分会与油的酸性氧化物生成沉淀，还会与酸性防锈剂生成不溶性皂	抗氨汽轮机油
天然气	湿而含油	干气用压缩机油，湿气用复合压缩机油
石油气	会产生冷凝液，稀释润滑油	压缩机油
乙　烯	在高压合成乙烯的压缩机中，为避免油进入产品，影响性能，不用矿物油	采用白油或液体石蜡
丙　烷	易与油混合而稀释，纯度高的用无油润滑	乙醇肥皂润滑剂，防锈抗氧汽轮机油
焦炉气 水煤气	这些气体对润滑油没有特殊破坏作用，但比较脏，含硫较多时会有破坏作用	压缩机油或单级 CC、CD 发动机油(往复式)
煤　气	杂质较多，易弄脏润滑油	多用过滤用过的压缩机油

二、压缩机油的使用管理

合理使用压缩机油不仅是保证压缩机安全正常运转的重要条件，而且是节约能源的重要途径。

1. 正确控制给油量

供给压缩机的润滑油量，应在保证润滑和冷却的前提下尽量减少。给油量过多，会增加汽缸内积炭，使气阀关闭不严，压缩效率下降，甚至引起爆炸，并浪费润滑油；给油量过少，则润滑和冷却效果不好，引起压缩机过热，增大机械磨损。因此，必须根据压缩机的压力、排气量和速度以及润滑方式和油的黏度等条件来正确控制给油量。关于最佳给油量，有不少的经验数据和计算公式，尚无统一的说法，一般认为：遍及汽缸全面，无块状油膜；不从汽缸底部外流。达到这种状况的给油量即为最佳给油量。

往复活塞式压缩机的汽缸内部和传动机构是分别润滑时，汽缸的给油量可根据压缩机的类型和运转条件不同直接用注油器调节，给油量原则上按汽缸和活塞的滑动面积确定(见表 5-13)。但即使滑动面积相同，如压力增加，给油量亦要增加。

滴油式回转压缩机的给油量按功率大小确定，如表 5-14 所示。

对新安装或新更换活塞环的压缩机，则必须以 2~3 倍的最低给油量进行磨合运转。

2. 合理确定换油指标

压缩机的换油期，随着压缩机的构造形式、压缩介质、操作条件、润滑方式和润滑油质量的不同而异。通常，可以根据油品在使用过程中质量性能的变化情况确定换油，目前尚无统一的换油标准。

往复式压缩机的内部油是全损式润滑，冷却器回收用过的油不再循环使用。

外部油及内外部共用油的换油指标可参考表 5-15。轻负荷喷油回转空气压缩机油的换油标准可参考表 5-16。

表 5-13　往复活塞式压缩机汽缸润滑参考给油量

汽缸直径/mm	活塞行程容积/cm^3	滑动表面积/(m^2/min)	给油量/(mL/h)	给油滴数/(滴/min)
15 以下	1 以下	45 以下	3	2/3
15~20	1~2	45~70	5	1
20~25	2~4	70~100	6	4/3
25~30	4~6	100~140	10	1~2
30~35	6~10	140~185	18	2~3
35~45	10~17	185~240	23	3~4
45~60	17~30	240~340	33	4~5
60~75	30~50	140~450	40	5~6
75~90	50~75	450~560	50	6~8
90~105	75~105	560~700	75	8~10
105~120	105~150	700~840	100	10~12

表 5-14　滴油式回转压缩机的参考给油量

压缩机的功率/kW	55 以下	55~75	75~150	150~300
给油量/(mL/h)	15~25	27~30	20~25	14~20

表 5-15　压缩机油换油参考指标

类　型	润滑部位		换油质量指标				附　注
			黏　度	酸值/(mgKOH/g)	残炭/%	正庚烷不溶物/%	
往复式	高压用	内部用(汽缸)	—	—	—	—	不反复使用、排出可作轴承润滑用
往复式	高压用	外部用(轴承)	比新油上升 1.5 倍	2.0	1.0	0.5	
往复式	低压用	汽缸轴承共用	比新油上升 1.5 倍	2.0	1.0	0.5	
回转式	汽缸轴承共用		比新油上升 1.5 倍	0.5		0.2	主要使用汽轮机油和回转压缩机油
离心式	轴承用		比新油上升 1.5 倍	0.5		0.2	主要使用汽轮机油

表 5-16　轻负荷喷油回转式空气压缩机油换油指标(NB/SH/T 0538—2013)

项　目		指　标	项　目		指　标
运动黏度(40℃)变化率/%	大于	±10	氧化安定性(旋转氧弹)/min	小于	50
酸值增加值/(mgKOH/g)	大于	0.2	水分/%	大于	0.1
正戊烷不溶物/%	大于	0.2			

3. 压缩机因润滑油选用不当或质量不好而引起的事故

① 和生成积炭有关的炭的附着、着火、爆炸等。

② 和凝缩液排放有关的疏水器动作不良，滑阀启动不灵。

③ 汽缸、活塞环的磨损、烧结。其中，最危险的是排气管的着火、爆炸。

4. 生成积炭的原因

生成积炭的原因主要有以下 6 个方面：一是排气温度高；二是选油不当，例如，黏度过大，质量不好等；三是给油量过大；四是被压缩的气体不安全；五是油中混入了杂质或水(加速了油在高温下的老化)；六是管线结垢、锈蚀等。其中，最常见的是给油量过大。

5. 关于螺杆空压机的润滑与故障

喷油式螺杆空压机由于效率高、体积小、结构简单而在工业上得到广泛的使用，它的润滑油不单起到润滑螺杆、轴承等运动部件的作用，而且工作时喷成油雾进到高温的压缩空气中混合以冷却压缩空气，因此压缩机厂家往往又称它为冷却剂，也因为如此，油在工作中经受的氧化作用比一般润滑油强烈得多。近年来发生在螺杆空压机中与润滑油有关的故障较为频繁，厂家往往把责任推到润滑油上，这些故障有如下特点：

① 轴承及油路部位结焦，有麦芽糖状浅色胶状物，堵塞油路、滤网，导致轴承烧死，启动困难。

② 经常发生在换新油后的数百小时至千多小时之间，有时在同一用户及同一维修承包商的多台设备上同时发生。

③ 发生在换用任何品种新油后，尤其以换以Ⅱ、Ⅲ类油为基础油的空压机油更为多见。

④ 现场有异常气味。

⑤ 在用油的性质异乎寻常，典型数据如表 5-17 所示，油的变化称之为“二高一低”，即高黏度，一般高达新油数倍；高酸值，一般高达新油数十倍；低色度，其浅色度与黏度和酸值的高值很不相称。更奇怪的是在油中加少量 NaOH 水溶液即可生成肥皂状物，显然是脂肪酸类化合物，相反，把 NaOH 加入任何矿物油的任何老化程度在用油都不会生成肥皂状物，此情况表明旧油含大量脂肪酸类物，才会与 NaOH 生成肥皂，也因此推断此机曾用过脂肪酸酯类油。

表 5-17　某螺杆空压机在用油数据

项目	40℃黏度/(mm^2/s)	酸值/(mgKOH/g)	色度
数据	110.42	26.63	2.5

原因分析：经多次到故障现场发现一个奇怪现象，不管设备大修小修或换油，都无法把旧油放干净，尤其油气分离器往往积存较多的旧油，维修人员习惯性地把放油口打开让其自然流干净就认为“放干净了”，其实在底壳、油滤等处仍积存较多旧油，由于每次都放不干净，这些旧油经多次积存，成为高度氧化产物，一部分混进新油中加速了新油的老化，另一部分加深氧化成为半胶体沉积物，造成上述的故障。这种现象还造成一个假象，本来上述故障是因旧油多次残存致高度氧化而成，但此账总是算在最后加的那个油上，替以前的油和旧油反复残存等背了黑锅。

为了证明上述原因，我们做了两个油氧化对比试验，一个是某著名国外螺杆空压机品牌专用超级冷却剂(酯类油)，一个是用Ⅲ类油为基础油的空压机油，黏度都是 N46，试验结果如表 5-18 所示。

表 5-18　螺杆空压机油氧化试验结果

（油温 150℃，240h，氧流量 100mL/min，铜丝催化）

项　　目	某品牌超级冷却剂	46 号螺杆空压机油
40℃黏度/(mm²/s)	439.94	46.90
酸值/(mgKOH/g)	74.21	1.11
色度	<5.5	>6.0

从表 5-18 中可看出，某品牌的酯类油氧化后的性质与从故障空压机中取来的旧油样性质(见表 5-17)十分相似，都是“二高一低”，表明推测准确，因为一般进口空压机第一次运行都采用随机带来的品牌油，这些油氧化后变成类似表 5-18的性质，每次换油残留一部分，再多次氧化就造成上述故障。

因此提出以下建议：

① 一定要请维修行业人员每次把旧油放干净，做法一是趁热放油，二是带压放油，在系统仍有压力时放油容易放干净。

② 机子大修后或换油前先进行加新油热循环，机子冲洗后把油放掉再加新油。这种做法虽然较麻烦，又浪费油，但事实证明，采用此程序后对减少故障、延长使用寿命的利益很明显。

③ 螺杆空压机油的特点一是要有突出的氧化稳定性，二是有一定的对高分子氧化产物的溶解性能，但现在市面上螺杆空压机油质量鱼龙混杂，某些品牌采用抗磨液压油的技术，氧化稳定性根本不够；某些螺杆空压机品牌油质量也无保证，在此情况下建议不要频繁变换品牌，以检证质量。

三、压缩机油应用的要点

1. 以合成油为压缩机油的基础油是发展趋势

由于压缩机油对各种理化性能要求较全面严格，尤其抗氧要求高，使用寿命要求越来越长，因此矿物油并不能完全满足要求，而有些种类合成油的优秀特性很适合做优质压缩机油，如表 5-19、表 5-20 和图 5-4 所示。

表 5-19　旋转螺杆空气压缩机油润滑剂特性

特　　性	双酯	多元醇酯	PAG 和酯	PAO	硅氧烷
抗氧性	G	E	—	—	E
闪点	VG	E	—	—	E
倾点	VG	E	G	—	E
挥发性	VG	E	G	—	—

续表

特　　性	双酯	多元醇酯	PAG 和酯	PAO	硅氧烷
润滑性	G	—	—	G	F
破乳化性	G	G	P	E	E
抗泡沫	VG	—	—	—	G
防锈防腐	G	G	G	—	F
水解安定性	G	G	G	E	E
毒性	G	G	G	E	G
材料相容性	F	F	F	E	E

注：P-差，F-尚好，G-好，VG-非常好，E-优秀。

表 5-20　一些螺杆空压机品牌油实测数据

项目/压缩机品牌	康普艾 400	复盛超冷	阿特拉斯	寿力	英格索兰
外观	深兰	水白	浅黄	绿	浅黄
40℃黏度/(mm^2/s)	54.04	49.18	46.29	39.22	47.93
黏度指数	97	103	107	146	161
倾点/℃	-30	-39	-27	-36	-36
酸值/(mgKOH/g)	0.098	0.031	0.555	0.046	0.025
闪点/℃	256	238	240	274	262
基础油类型	可能是矿物油或合成油			肯定是酯类	

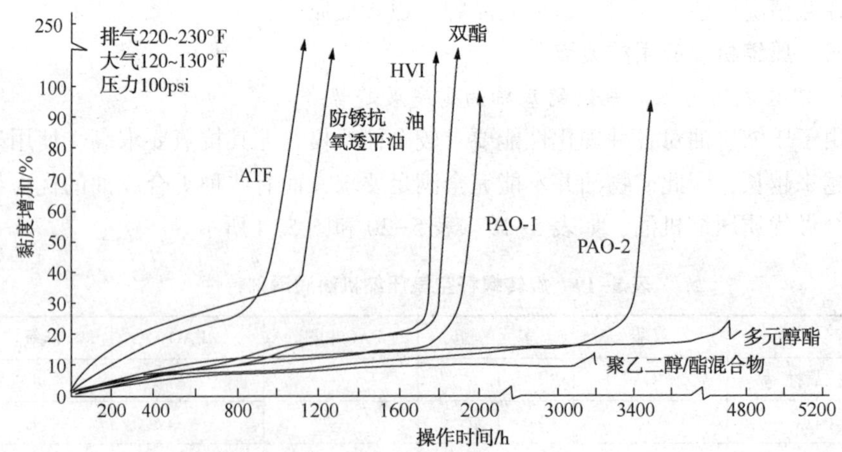

图 5-4　高温压缩机试验结果

从以上图表可以看出，要使空压机油特别是回转喷油空压机油性能好，使用寿命长，首选好的合成油如 PAO 或酯类作基础油。但用于矿物油作基础油的空压机油添加剂配方不能通用，要开发合适的添加剂配方。从表 5-18 氧化试验看出，某著名螺杆式空压机油虽然采用较贵的酯类油，但添加剂配方不理想，抗氧表现并不好，也曾把一些进口著名螺杆空压机所携带的油用简单的烘箱加热一周的方式初步检验其高温性能，发现它们间的表现也参差不齐。

2. 某些喷油式回转空压机油故障再讨论

本章第三节已讨论了一种螺杆空压机油的故障类型，在原来讨论的基础上，下面对此类故障再作深一步的讨论。

螺杆空压机由于结构紧凑、大小机型齐全，很适合使用压缩空气的工厂作为气源供应者，其应用趋于普遍，国内外机型在我国都有使用。但这些机子的供应及维修较为混乱，这些机子用油的质量、组成和来源更为多样化，其所用基础油有Ⅰ类油、Ⅱ、Ⅲ类油、PAO、酯类、PAG 和硅氧烷等，尤其很多品牌机都有本品牌的空压机油(有的称超级冷却剂)，这些油基本为合成油。从原讨论看出，这类故障的一些现象有违我们以前的润滑油应用常识：

① 发生故障的在用油“二高一低”，黏度和酸值高于新油数倍至数十倍，但色度很浅(见表 5-17)，这现象在矿物油中不可能发生。

② 在用油有高的皂化值，加入 NaOH 后会生成固体皂状物，这在矿物油中也不可能发生。

③ 多在加入用Ⅲ类或 PAO 为基础油的新油后数百小时后发生故障，而这些新油在氧化试验中表现很优秀，质量再差也不可能在那么短期内产生那么大的故障。

发生这些故障，用户都把责任归在后加入新油的质量上。但从上述现象看，新加的Ⅲ类油或 PAO 不可能发生这类故障，在用油也不可能有上述①、②现象。对故障的原因本书也作了分析，这里再作更进一步的讨论。

我们过去所用的润滑油都是矿物油，近十多年来润滑油品质高档化后才逐渐接触各种合成油。在矿物油时代，各种不同品种不同黏度油都是单一的碳氢化合物，都可以随意混兑，不会发生浑浊分层等现象，因此在应用中从不考虑不同油品溶混会出问题。但在使用合成油后，虽统称为“合成油”，但它们的化学组成相差甚远，它们与矿物油的组成也相差甚远，能否完全溶混就成了问题。近十年来内燃机油的高档油中部分或全部使用了Ⅲ类油或 PAO 合成油，因与一些添加剂溶混不好，要加入一定量的助溶剂，也因此规格中新增加了一个溶混性的项目要求。而用于螺杆空压机油的合成油品种较多，它们之间能否良好溶混，并不明确，但像Ⅲ类油和 PAO 等较纯净的烷烃与一些合成油溶混不好是肯定的。因为我们曾试验把表5-17中的“二高一低”在用油加入用Ⅲ类油做的空压机油搅拌后很浑浊甚至沉淀，而加入用Ⅰ类油做的空压机油(出光或道达尔油)就溶混较好。为此推断上述类型故障的原因是：进口品牌机子上的原用油(某类合成油)未完全放干净，残留一定量氧化后的如表5-18中的在用油，加入Ⅲ类油后与在用油溶混后浑浊、沉积，堵塞油道滤网，运转一段时间就会发生大故障。再推断此类合成油应是三羟甲基丙烷脂肪酸酯，它们氧化产物会“二高一低”(如表5-18中的在用油)，其中的脂肪酸就有皂化值。因此针对合成油组成的多样性，要避免产生此类故障，要尽量避免不同油品间的不良溶混。为此，要做到以下两点：

① 换油时一定要把残油放干净，或放干净后再用溶剂清洗后再加新油。

② 一台机加油和补加油要始终使用同一来源和同一品牌的油。

3. 重视进气和润滑油的过滤

空压机工作中要进入大量空气，而工厂中的空气可能含有大量灰尘、固体颗粒甚至化学化合物。若进气过滤效率差，一方面这些脏物进到润滑油中，使油污染，会增加设备磨损和降低油使用寿命；另一方面有脏物的压缩空气也影响气动设备或仪器并使之受损。因此要使用品质良好的空气和油滤清器，切勿贪便宜使用质劣价低油品。一些故障设备中的在用油中常发现油中有大量固体脏物，估计这应是原因所在。

4. 乙烯气体压缩机不能用矿物油作压缩机油

乙烯和矿物油都是碳氢化合物，它们间有一定的溶解度。在压缩机工作中，压缩气与润滑油会有一定接触，就会有相互溶解现象，一方面污染了润滑油的压缩乙烯气制成塑料制品可能通不过食品级安全检验，也影响制品的某些性能；另一方乙烯气窜到润滑油中使润滑油受到稀释，黏度下降，缩短换油期。现在有的采用低分子聚异丁烯，更多的是采用水溶性PAG。

5. 压缩机油也在低黏度化

低黏度油流动性好，冷却性好，生成积炭倾向小，能耗少，随着润滑油质量的提高，提倡应用低黏度油。通过对往复式空气压缩机现在使用的低黏度32号油与以前使用的高黏度19号油进行对比试验，可明用32号具有优越性。

6. 压缩机油的选择和应用最为重要

压缩机的种类、结构、压缩介质和工作条件变化很大，因此分为很多类别，每种类别间性能要求区别很大，因此应注意：

① 按设备说明书要求选用指定的润滑油，不能因为名为“压缩机油”就可通用或混用。

② 使用中补加油或换油都尽量使用同样的油，混用或代用要慎重。

第六章　涡轮机油

涡轮机油用于蒸汽轮机、燃汽轮机、水轮机的主机和辅机的主轴润滑。这几类涡轮机普遍用于发电机组、轮船动力。近年来这些设备的参数越加先进，涡轮机油承受的温度和压力越来越高，对油的性能要求也越来越高。

第一节　涡轮机油工作条件及性能要求

以前我国润滑油分类标准 GB/T 7631. 10—1992 的类别称汽轮机油，现在的分类标准 GB/T 7631. 10—2013 称为涡轮机油，它是总称，其中包括以蒸汽为动力的称汽轮机油(TS)，以燃气为动力的称燃气涡轮机油(TG)，以水力为动力的称水力涡轮机油(TH)，本分类不包括风动涡轮机用油。

由于蒸汽轮机、燃汽轮机、水轮机的工作原理、油的基本性能要求大体相似，而蒸汽轮机的应用最为广泛，所以下面以蒸汽轮机(汽轮机油)为例进行介绍。

一、汽轮机油工作条件

汽轮机的润滑系统如图 6-1 所示。汽轮机油从油箱出来后分成二路，一路进到调速系统，作为工作液，像液压液一样作为调速；另一路进到各轴承中润滑各滑动轴承。由此可看到，润滑油起如下作用：

① 润滑作用　汽轮机油通过油楔作用把滑动轴瓦托起，起流体润滑作用。由于负荷不重，没有达到边界润滑区域，一般无需具备极压性能，仅靠保证一定黏度即可保证润滑。

② 调速作用　起液压介质作用，传递动力，起调速作用要求可压缩性小，能迅速把油中及油面的空气分离等，具有液压液的基本性质。

③ 冷却作用　汽轮机的转速一般在 3000r/min 以上，机组高速运转会产生大量摩擦热，蒸汽和燃气的高温也通过叶片传递到轴承，这些都通过循环流动的汽轮机油把热量带走，通过冷却系统降温，使机组在适当的温度下安全长周期运转。

二、汽轮机油性能要求

1. 优良的抗氧化安定性

汽轮机组都较大，油箱大，油容量大，换一次油费用大，因而要求汽轮机油换油期长，一般要数年到十多年，这就要求汽轮机油的抗氧性能好，变质慢。

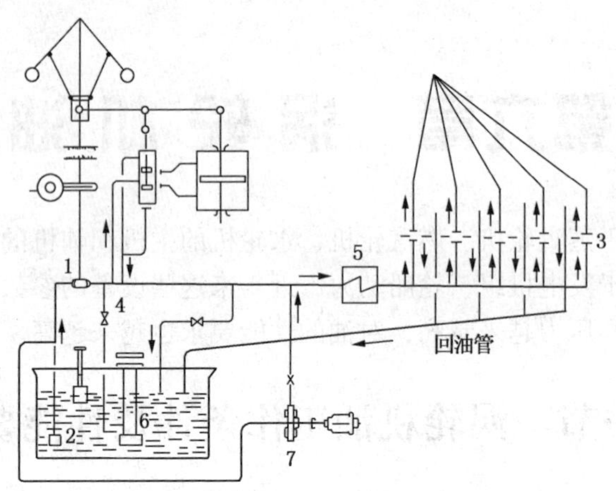

图 6-1 汽轮机润滑系统示意图

1—主轴泵；2—滤清器；3—汽油发电机组各轴承；4—减压阀；5—油冷却器；6—启动油泵；7—电动油泵

2. 抗乳化和防锈性能好

蒸汽和冷凝水渗进油系统的可能性大，要求汽轮机油抗乳化性能好，能迅速与水分离而除去。水的存在也易造成锈蚀，因而也要求防锈性好，在船上或沿海的汽轮机有可能有海水或盐雾的入侵，因而要通过锈蚀试验的 B 法(人工海水)。

3. 良好的黏温性及适当的黏度

作为调速系统的工作液，要靠一定的黏度去完成。一般采用的黏度级为 ISO 32、46 和 68。因此在温度变化时黏度的变化应尽量小，也就是黏温性要好，一般要求黏度指数要在 90 以上。

4. 抗泡性好

机组运转时空气会进到油系统中产生泡沫，会影响供油的连续性及调速系统的工作平稳，因而要求有少泡及迅速消泡的性能。

5. 有的要求极压性能

当汽轮机不是直接连接到载荷而要用齿轮连接时，齿轮传动也要由汽轮机油润滑，汽轮机油就要求有一定的极压性能。

第二节 涡轮机油分类和品种

一、涡轮机油分类

按国标 GB 7631.10—2013，涡轮机油分类如表 6-1 所示。

表6-1　润滑剂、工业用油和有关产品(L类)—T组(涡轮机)分类

组别符号	一般应用	特殊应用	更具体应用	产品类型和/或性能要求	符号ISO-L	典型应用
T	涡轮机	蒸汽	一般用途	具有防锈和抗氧化性的深度精制的石油基润滑油	TSA	不需要润滑剂具有抗燃性的发电、工业驱动装置和相配套的控制机构和不需改善齿轮承载能力的船舶驱动装置
			齿轮连接到负荷	具有防锈、抗氧化性和高承载能力的深度精制的石油基润滑油	TSE	需要润滑剂改善齿轮承载能力的发电、工业驱动装置、船舶齿轮装置及其相配套的控制系统
			抗燃	磷酸酯基润滑剂	TSD	要求润滑剂具有抗燃性的发电、工业驱动装置及其相配套的控制装置
		燃气直接驱动，或通过齿轮驱动	一般用途	具有防锈和抗氧化性的深度精制的石油基润滑油	TGA	不需要润滑剂抗燃性的发电、工业驱动装置和相配套的控制机构和不需改善齿轮承载能力的船舶驱动装置
			高温使用	具有防锈和抗氧化性的深度精制的石油基润滑油	TGB	要求润滑剂具有抗高温性的发电、工业驱动装置和相配套的控制系统
			特殊用途	聚α烯烃和相关烃类的合成液	TGCH	要求润滑剂具有特殊性能(增强的氧化安定性、低温性能)的发电、工业驱动装置和相配套的控制系统
			特殊用途	合成酯型的合成液	TGCE	需要润滑剂具有特殊性能(增强的氧化安定性、低温性能)的发电、工业驱动装置和相配套的控制系统
			抗燃	磷酸酯基润滑剂	TGD	要求润滑剂具有抗燃性的发电、工业驱动装置及其相配套的控制装置
			高承载能力	具有防锈、抗氧化性和高承载能力的深度精制的石油基润滑油	TGE	需要润滑剂改善齿轮承载能力的发电、工业驱动装置、船舶齿轮装置及其相配套的控制系统
			高温使用高承载能力	具有防锈、抗氧化性和高承载能力的深度精制的石油基润滑油	TGF	要求润滑剂具有抗高温和承载性能的发电、工业驱动装置及其相配套的控制系统

续表

组别符号	一般应用	特殊应用	更具体应用	产品类型和/或性能要求	符号ISO-L	典型应用
T	涡轮机	具有公共润滑系统，单轴连接循环涡轮机	高温使用	具有防锈和抗氧化性的深度精制的石油基或合成基润滑油	TGSB	不需要润滑剂抗燃性的发电和控制系统
			高温使用和高承载能力	具有高承载能力、防锈和抗氧化性的深度精制的石油基或合成基润滑油	TGSE	不需要润滑剂抗燃性，但需要改善齿轮承载能力的发电和控制系统
		控制系统	抗燃	磷酸酯控制液	TCD	润滑剂和抗燃液需分别(独立)供给的蒸汽、燃气、水力轮机控制装置
		水力汽轮机	一般用途	具有防锈和抗氧化性的深度精制的石油基润滑剂	THA	具有液压系统的水力涡轮机
			特殊用途	聚α烯烃和相关烃类的合成液	THCH	需要润滑剂具有排水毒性低和环境保护性能的水力涡轮机
			特殊用途	合成酯型的合成液	THCE	需要润滑剂具有排水毒性低和环境保护性能的水力涡轮机
			高承载能力	具有抗摩擦和/或承载能力的防锈和抗氧化性的深度精制的石油基润滑油	THE	没有液压系统的水力涡轮机

二、涡轮机油品种

1. 防锈汽轮机油与汽轮机油

上述分类应用最普遍的是一般用途的TSA类，我们常称防锈汽轮机油或透平油，我国国标为GB 11120—1989，它相当于分类的TSA和TGA，它的正规名字就叫汽轮机油。我国20世纪80年代前也有汽轮机油规格，为GB 2537—1981，此标准指标简单，比较明显的是没有防锈要求，已于1991年淘汰。为了与新标准有区别，就在符合新标准的汽轮机油前面冠上“防锈”二字，随着旧标准汽轮机油的淘汰及在市场上的消失，不久会取消防锈二字，将来市场上的汽轮机油就是现在叫的防锈汽轮机油。另一个易给用户造成误会的是产品规格中酸值这个指标，旧标准的汽轮机油的酸值为低于“0.03”，新标准汽轮机油此值为低于“0.3”(L-TSA2011年新标准酸值不大于0.2)，升高了10倍，用惯旧标准的用户不易接受新标准，因为旧标准汽轮机油的报废指标中，酸值为0.3，也就是新汽轮机油还没有使用其酸值已达到报废了。事实是，为了使新标准汽轮机油中的锈蚀指标能通过，一般加入少量酸值很高而防锈性能很好的添加剂T-746，使新油的酸值上升，与汽轮机油在使用中由于氧化使酸值上升是两码事。GB 11120—2011见表6-2~表6-4。

表6-2　L-TSA和L-TSE汽轮机油技术要求(GB 11120—2011)

<table>
<tr><th colspan="2" rowspan="2">项　　目</th><th colspan="7">质量指标</th></tr>
<tr><th colspan="3">A级</th><th colspan="4">B级</th></tr>
<tr><td colspan="2">黏度等级</td><td>32</td><td>46</td><td>68</td><td>32</td><td>46</td><td>68</td><td>100</td></tr>
<tr><td colspan="2">外观</td><td colspan="3">透明</td><td colspan="4">透明</td></tr>
<tr><td colspan="2">色度/号</td><td colspan="3">报告</td><td colspan="4">报告</td></tr>
<tr><td colspan="2">运动黏度(40℃)/(mm²/s)</td><td>28.8~35.2</td><td>41.4~50.6</td><td>61.2~74.8</td><td>28.8~35.2</td><td>41.4~50.6</td><td>61.2~74.8</td><td>90.0~110.0</td></tr>
<tr><td>黏度指数</td><td>不小于</td><td colspan="3">90</td><td colspan="4">85</td></tr>
<tr><td>倾点/℃</td><td>不高于</td><td colspan="3">-6</td><td colspan="4">-6</td></tr>
<tr><td colspan="2">密度(20℃)/(kg/m³)</td><td colspan="3">报告</td><td colspan="4">报告</td></tr>
<tr><td>闪点/℃</td><td>不低于</td><td colspan="2">186</td><td>195</td><td colspan="2">186</td><td colspan="2">195</td></tr>
<tr><td>酸值(以KOH计)/(mg/g)</td><td>不大于</td><td colspan="3">0.2</td><td colspan="4">0.2</td></tr>
<tr><td>水分(质量分数)/%</td><td>不大于</td><td colspan="3">0.02</td><td colspan="4">0.02</td></tr>
<tr><td>泡沫性/(mL/mL)</td><td>不大于</td><td colspan="3">450/0(前24℃)，50/0(93.5℃)，450/0(后24℃)</td><td colspan="4">450/0(前24℃)，100/0(93.5℃)，450/0(后24℃)</td></tr>
<tr><td>空气释放值(50℃)/min</td><td>不大于</td><td colspan="2">5</td><td>6</td><td>5</td><td>6</td><td>8</td><td>—</td></tr>
<tr><td>铜片腐蚀(100℃，3h)/级</td><td>不大于</td><td colspan="3">1</td><td colspan="4">1</td></tr>
<tr><td colspan="2">液相锈蚀(24h)</td><td colspan="3">无锈</td><td colspan="4">无锈</td></tr>
<tr><td colspan="2">抗乳化性(乳化液达3mL时间)/min</td><td colspan="2"></td><td></td><td colspan="2"></td><td></td><td></td></tr>
<tr><td>54℃</td><td>不大于</td><td colspan="2">15</td><td>30</td><td colspan="2">15</td><td>30</td><td>—</td></tr>
<tr><td>82℃</td><td>不大于</td><td colspan="2">—</td><td>—</td><td colspan="2">—</td><td>—</td><td>30</td></tr>
<tr><td colspan="2">旋转氧弹</td><td colspan="3">报告</td><td colspan="4">报告</td></tr>
<tr><td colspan="2">氧化安定性</td><td></td><td></td><td></td><td></td><td></td><td></td><td></td></tr>
<tr><td>1000h后总酸值(以KOH计)(mg/g)</td><td>不大于</td><td>0.3</td><td>0.3</td><td>0.3</td><td>报告</td><td>报告</td><td>报告</td><td>—</td></tr>
<tr><td>总酸值达2.0(以KOH计)/(mg/g)的时间/h</td><td>不小于</td><td>3500</td><td>3000</td><td>2500</td><td>2000</td><td>2000</td><td>1500</td><td>1000</td></tr>
<tr><td>1000h后油泥/mg</td><td>不大于</td><td>200</td><td>200</td><td>200</td><td>报告</td><td>报告</td><td>报告</td><td>—</td></tr>
<tr><td colspan="2">承载能力</td><td></td><td></td><td></td><td colspan="4" rowspan="2">—</td></tr>
<tr><td>齿轮机试验/失效级</td><td>不小于</td><td>8</td><td>9</td><td>10</td></tr>
</table>

续表

项目	质量指标	
	A级	B级
过滤性		
干法/%　　不小于	85	报告
湿法	通过	报告
清洁度/级　　不大于	—/18/15	报告

表 6-3　L-TGA 和 L-TGE 燃汽轮机油技术要求(GB 11120—2011)

项目	质量指标					
	L-TGA			L-TGB		
黏度等级	32	46	68	32	46	68
外观	透明			透明		
色度/号	报告			报告		
运动黏度(40℃)/(mm^2/s)	28.8~35.2	41.4~50.6	61.2~74.8	28.8~35.2	41.4~50.6	61.2~74.8
黏度指数　　不小于	90			90		
倾点/℃　　不高于	-6			-6		
密度(20℃)/(kg/m^3)	报告			报告		
闪点/℃						
开口　　不低于	186			186		
闭口　　不低于	170			170		
酸值(以 KOH 计)/(mg/g)　不大于	0.2			0.2		
水分(质量分数)/%　　不大于	0.02			0.02		
泡沫性/(mL/mL)　　不大于	450/0(前 24℃),50/0(93.5℃),450/0(后 24℃)					
空气释放值(50℃)/min　不大于	5		6	5		6
铜片腐蚀(100℃,3h)/级　不高于	1			1		
液相锈蚀(24℃)	无锈			无锈		
旋转氧弹/min	报告			报告		
氧化安定性						
1000h 后总酸值(以 KOH 计)/(mg/g)　　不大于	0.3	0.3	0.3	0.3	0.3	0.3
总酸值达 2.0(以 KOH 计)(mg/g)时间/h　　不小于	3500	3000	2500	3500	3000	2500
1000h 后油泥/mg　　不小于	200	200	200	200	200	200

续表

项　目	质量指标				
	L-TGA	L-TGB			
承载能力 齿轮机试验/失效级　不小于	—	8	9	10	
过滤性 干法/%　不小于 湿法	85 通过	85 通过			
清洁度　不大于	-/17/14	-/17/14			

表 6-4　L-TGSB 和 TGSE 燃/汽轮机油技术要求(GB 11120—2011)

项　目	质量指标					
	L-TGSB			L-TGSE		
黏度等级	32	46	68	32	46	68
外观	透明			透明		
色度/号	报告			报告		
运动黏度(40℃)/(mm^2/s)	28.8~35.2	41.4~50.6	61.2~74.8	28.8~35.2	41.4~50.6	61.2~74.8
黏度指数　不小于	90			90		
倾点/℃　不高于	-6					
密度(20℃)/(kg/m^3)	报告					
闪点/℃ 开口　不低于 闭口　不低于	200 190			200 190		
酸值(以 KOH 计)/(mg/g)　不大于	0.2			0.2		
水分(质量分数)/%　不大于	0.02			0.02		
泡沫性/(mL/mL)　不大于	450/0(前 24℃), 50/0(93.5℃), 450/0(后 24℃)			50/0(前 24℃), 50/0(93.5℃), 50/0(后 24℃)		
空气释放值(50℃)/min　不大于	5	5	6	5	5	6
铜片腐蚀(100℃, 3h)/级　不大于	1			1		
液相锈蚀(24℃)	无锈			无锈		
抗乳化(54℃, 乳化液达 3mL 时间)/min　不大于	30			30		

续表

项目		质量指标					
		L-TGSB			L-TGSE		
旋转氧弹/min	不小于	750			750		
改进旋转氧弹/%	不小于	85			85		
氧化安定性 总酸值达到 2.0(以 KOH 计)/(mg/g)的时间/h	不小于	3500	3000	2500	3500	3000	2500
高温氧化安定性(175℃, 72h) 黏度变化/% 酸值变化(以 KOH 计)/(mg/g) 金属片(钢, 铝, 镉, 铜, 镁)质量变化/(mg/cm²)		 报告 报告 ±0.250					
承载能力 齿轮机试验/失效级	不小于	—			8	9	10
过滤性 干法/% 湿法	 不小于	 85 通过					
清洁度	不大于	1/17/14					

原1989版标准称汽轮机油，仅一个品种L-TSA(优级品、一级品、合格品)，GB 11120-2011总称涡轮机油，除了原L-TSA外，增加了L-TSE、L-TGA、L-TGE、L-TGSB、L-TGSE几个品种，具体为：

① L-TSE用于有齿轮传动系统的蒸汽汽轮机，增加了极压要求。

② L-TGA用于燃汽轮机，是含抗氧抗腐剂的精制矿物油。

③ L-TGE用于有齿轮传动系统的燃汽轮机，在L-TGA上增加了极压要求。

④ L-TGSB用于蒸汽汽轮机和燃汽轮机联合使用的共用润滑系统，也可单独用于蒸汽轮机或燃汽轮机，在L-TSA和L-TGA上增加了耐高温氧化安定性和耐高温热安定性要求。

⑤ L-TGSE用于有齿轮传动系统的蒸汽轮机和燃汽轮机联合使用的共用润滑系统，在L-TGSB上增加了极压要求，也可各自单独使用。

⑥ L-TSA中的A级基本上按原1989版标准的优级品要求，B级则按原标准的一级品要求，新标准没有原标准合格品品种。

新标准使品种更齐全，增加了一些新项目并提高了原项目的质量要求，与一些西方标准和OEM要求更接近或部分更严格，易于与国际融合。

2. 抗氨汽轮机油

这是分类中没有的品种。它的背景是我国很多引进的大型化肥项目，其中的氨气压缩机与汽轮机共用一个润滑系统，若采用新标准的汽轮机油就会产生一个大问题，因为汽轮机油采用的防锈添加剂有一定酸性，而氨是碱性的，当氨气渗到汽轮机油中就会与酸性物反应而产生少量絮状沉淀。为了解决这类问题就产生一个新品种：抗氨汽轮机油，它是在添加剂配方上作了改变，采用与氨气不发生反应的防锈添加剂，规格中加上一个往汽轮机油中通氨气评定其反应性的试验方法(SH/T 0302)，其他质量要求与正常的汽轮机油基本相同。我国的行业标准为SH/T 0362—1996，见表6-5。

表6-5　抗氨汽轮机油(SH/T 0362—1996)

项　目		质量指标			试验方法
牌　号		32	32D	68	GB/T 3141
运动黏度(40℃)/(mm^2/s)		28.8~35.2	28.8~35.2	61.2~74.8	GB/T 265
黏度指数	不小于	90	90	90	GB/T 1995①
倾点/℃	不高于	-17	-27	-17	GB/T 3535
闪点(开口)/℃	不低于	180	180	180	GB/T 267
酸值/(mgKOH/g)	不大于	0.03	0.03	0.03	GB/T 264
灰分(加剂前)/%	不大于	0.005	0.005	0.005	GB/T 508
水分		无	无	无	GB/T 260
机械杂质		无	无	无	GB/T 511
氧化安定性(酸值达2.0mgKOH/g的时间)/h	不大于	1000	1000	1000	GB/T 2581②
破乳化时间(54℃)/min	不大于	30	30	30	GB/T 7305
液相锈蚀试验(蒸馏水，24h)		无锈	无锈	无锈	GB/T 1143③
抗氨性试验		合格	合格	合格	SH/T 0302

① 中间基原油生产的抗氨汽轮机油黏度指数允许不低于70。
② 氧化安定性和抗氨性试验作为保证项目，每年测定一次。
③ 液相锈蚀试验，15号钢棒材质的含碳量为0.15%~0.20%。

3. 极压汽轮机油

当汽轮机由齿轮连接到载荷时，汽轮机油不但要润滑汽轮机，还要润滑齿轮，就要用极压汽轮机油，即分类中的TSE和TGE。表6-6、表6-7列出了美军及Brown Boveri的极压汽轮机油规格。

表 6-6 美国 MII-L-17331 极压汽轮机油主要性能要求

项目		指标	项目		指标
黏度/(mm^2/s)			D943 氧化试验(酸值达 2.0mgKOH/g 时间)/h		1000
38.8℃		82~11	D146 乳化试验(30min)/mL	不小于	40/37/3
98.9℃	不小于	8.2			
9.4℃	不大于	870	莱德齿轮试验		
闪点/℃	大于	201	承载能力/(kN/cm)		3.858
倾点/℃	不大于	-7.9	磨损试验，磨斑直径/mm	不大于	0.33
中和值/(mg KOH/g)	不大于	0.30	防锈性(D665B)		无锈
无机酸		无	腐蚀试验(100℃，3h)/级	不大于	1

表 6-7 Brown Boveri HTGD 90117 极压汽轮机油主要性能要求

项目		指标	项目		指标
黏度指数	不小于	90	抗泡性(泡沫倾向/稳定)/(mL/mL)		
闪点/℃	不小于	185	24℃		450/10
倾点/℃	不高于	-6	93℃	不大于	50/10
中和值		报告	24℃	不大于	450/10
空气释放值(DINSl38/ASTM D3427)/min			氧化安定性		
抗乳化性		5	D943(2000h 后)酸值/(mg KOH/g)		2
蒸汽法	不大于	5	D943(100h 后油泥)/mg	不大于	100
ASTM D1401 法	不大于	30	IP 280 油泥/%	不大于	0.4
铜片腐蚀(D130，100℃，3h)/级	不大于	2	TOP	不大于	1.8
锈蚀(D665B)		通过	承载能力(FZG，A/8.3/90)/失效级	不小于	6~7[①]

① 取决于油品的黏度级。

4. 汽轮机油的组成

汽轮机油的组成油一般为深度精制的矿物油，含少量的抗氧防锈添加剂。

第三节 涡轮机油的选择及使用管理

一、涡轮机油的选择

一要根据涡轮机的类型选择涡轮机油的品种。如普通的涡轮机组可选择防锈汽轮机油，接触氨的汽轮机组须选择抗氨涡轮机油，减速箱载荷高、调速器润滑条件苛刻的涡轮机组须选择极压涡轮机油，而高温涡轮机则须选择难燃涡轮机油。

二要根据涡轮机的轴转速选择涡轮机油的黏度等级。通常在保证润滑的前提下，应尽量选用黏度较小的油品。低黏度的油，其散热性和抗乳化性均较好。

二、涡轮机油的使用管理

涡轮机油的容器，包括储油缸、油桶和取样工具等必须洁净。尤其在储运过程中，不能混入水、杂质和其他油品。不得用镀锌或有磷酸锌涂层的铁桶及含锌的容器装油，以防油品与锌接触发生水解和乳化变质。

新机加油或旧机检修后加油或换油前，必须将润滑油管路、油箱清洗干净，不得残留油污、杂质，尤其不得残留如金属清洗剂等表面活性剂。合理的方法是先用少量油品把已清洗干净的管路循环冲洗一下，抽出后再进油。每次检修抽出的油品，应进行严格的过滤并经检验合格后，方可再次投入运行。

涡轮机油的使用温度以40~60℃为宜，要经常调节涡轮机油冷却器的冷却水量或供油量，使轴承回油管温度控制在60℃左右。

在机组的运行过程中，要防止漏气、漏水及其他杂质的污染。

定期或不定期地将油箱底部沉积的水及杂质排出，以保持油品的洁净。

定期或根据具体情况随机地对运行中的涡轮机油取样，观察油样的颜色和清洁度，并有针对性地对油样进行黏度、酸值、水分、杂质、水分离性、防锈性、抗氧剂的含量等项目的分析。如变化过大，应及时换油。

《电厂用运行中汽轮机油质量标准》(GB/T 7596—2008)和《电厂运行中汽轮机用矿物油维护管理导则》(GB/T 14541—2005)中包含了运行中汽轮机油和燃汽轮机油的质量指标和检查周期，见表6-8和表6-9。表6-10~表6-12是L-TSA、抗氨汽轮机油和国外一些石油公司推荐的汽轮机油换油指标，可供用户参考。

表6-8 运行中汽轮机油的质量指标和检查周期

项　　目	GB/T 7596 指标	GB/T 14541 指标	GB/T 14541 周期
外观	透明	透明，无机械杂质	每周
颜色		无异常变化	每周
黏度(40℃)/(mm^2/s)	28.8~35.2(32)，41.4~50.6(46*)	与新油相差±10%	6个月
闪点(开口杯)/℃	≥180，且比前次测定值不低于10℃	不比新油差±15℃	必要时
洁净度(NAS1638)/级	200MW及以上≤8	≤8	3个月
酸值/(mgKOH/g)	未加防锈剂≤0.2 加防锈剂≤0.3	未加防锈剂≤0.2 加防锈剂≤0.3	3个月
液相锈蚀	无锈	无锈	6个月
破乳化度/min	≤30	≤30	6个月
水分/(mg/L)	≤100	氢冷却机组≤80mg/kg 非氢冷却机组≤150mg/kg 水轮机(水岛部分除外)	3个月
起泡沫试验/mL	500/10(前24℃)，50/10(93.5℃)，500/10(后24℃)	200MW及以上≤500/10	每年或必要时
空气释放值/min	≤10	200MW及以上≤10	必要时

*32、46为汽轮机油的黏度等级。

表 6-9　燃汽轮机油正常运行期间质量指标及检验周期

项　　目	质量指标	检验周期
外观	清洁透明	100h
颜色	无异常变化	200h
黏度(40℃)/(mm^2/s)	不超出新油±10%	500h
酸值/(mgKOH/g)	≤0.4	500~1000h
洁净度(NAS)/级	≤8	1000h
RBOT(剩余氧化能力)	不比新油低 75%	2000h
T501 含量	不比新油低 25%	2000h

表 6-10　L-TSA 汽轮机油换油指标(NB/SH/T 0636—2013)

项　　目		换 油 指 标			
		32	46	68	100
运动黏度(40℃)变化率/%	大于	±10			
酸值增加/(mgKOH/g)	大于	0.3			
水分(质量分数)/%	大于	0.1			
抗乳化(乳化层减少到 3mL，54℃)时间/min	大于	40		60	
热氧化安定性：旋转氧弹(150℃)/min	小于	60			
液相锈蚀(蒸馏水)		不合格			
清洁度		报告			

表 6-11　抗氨汽轮机油换油指标(NB/SH/T 0137—2013)

项　　目		换油指标
运动黏度(40℃)变化率/%	大于	±10
酸值增加/(mgKOH/g)	大于	0.3
水分(质量分数)/%	大于	0.1
破乳化时间/min	大于	80
液相锈蚀(蒸馏水)		不合格
氧化安定性(旋转氧弹，150℃)/min	小于	60
抗氨性能试验		不合格

表 6-12　国外汽轮机油换油指标

项　　目		丸善石油公司	大协石油公司	加德士石油公司	日本船用机关学会
运动黏度(40℃)变化率/%	大于	±10	±15	±20	±10
酸值/(mgKOH/g)	大于	0.5	0.3	0.3	0.3
水分/%	大于	0.2	0.2	爆裂试验有水	0.1
表面张力(25℃)/(dyn/cm)	小于	新油的 1/2	15	—	—
色度	大于	—	5	—	—
沉淀值/(mL/10mL)	大于	—	0.1	—	—
污染度/(mg/100mL)	大于	—	—	—	10

注：1dyn = 10^{-5}N。

第四节　涡轮机油应用要点

涡轮机油在应用时，应注意以下几点：

① 严格控制油的清洁度，控制操作中油温适中和定期做油品质检验是涡轮机油应用要点。

② 涡轮机油用量大，寿命长，运行期中一定要按要求定期检验油质和控制操作参数。

③ 涡轮机油不能与其他润滑油混用或代用。

第七章　冷冻机油

冷冻机也是一种压缩机，它的类型和结构和前面的空气压缩机基本相似。所不同的是，它压缩的不是空气，而是可以压缩成为液体且这种液体又通过蒸发而吸热的气体介质，如氨、低分子烃类、氟氯烃类等。这类压缩机的工作任务是制冷，大型冷库、空调器、冰箱等的心脏部分就是制冷压缩机，也就是冷冻机。用于这类冷冻机的润滑油就是冷冻机油。

第一节　冷冻机制冷工作原理和对冷冻机油的性能要求

一、冷冻机制冷的工作原理和润滑特点

制冷循环示意图如图 7-1 所示，其中的制冷压缩机多种多样，制冷介质也有多种，如表 7-1 所示。

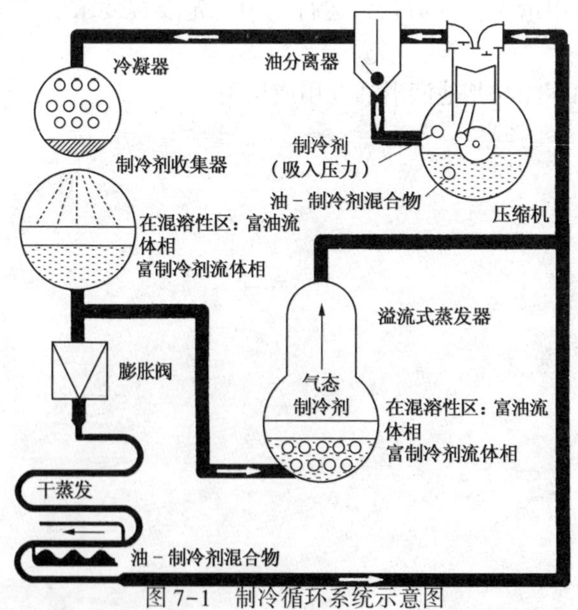

图 7-1　制冷循环系统示意图

（在混溶性区富制冷剂流体相密度大于富油流体相密度）

表 7-1　重要制冷剂和冷冻机油的分类

项　　目	ASHRAE 名称	商 品 名 称	化学名称或化学式	冷冻机油[①]
无氯制冷剂和冷冻机油	R 134a	Diverse	CH_2FCF_3	POE，PAG
	R 507	Solkane 507，AZ 50	R 125/R 143a	POE
	R 404A	Diverse	R 125/R 143a/R 134a	POE
	R 407C	Diverse	R 32/R 125/R 134a	POE
	R 410A	Solkane 410，AZ 20	R 32/R 125	POE
	R 600a/R 290	异丁烷/丙烷	C_4H_{10}/C_3H_8	MO/AB
	R 717	氨	NH_3	MO/PAO/AB
	R 744	二氧化碳	CO_2	合成油[②]
Drop-In 制冷剂和冷冻机油	R 22	Diverse	$CHClF_2$	MO/AB
	R 401 A	MP 39	R 22/R 152a/R 124	MO/AB
	R 401B	MP 66	R 22/R 152a/R 124	MO/AB
	R 402A/B	HP 80/81	R 22/R 125/R 290	MO/AB
	R 403 A/B	69 S/L	R 22/R 218/R 290	MO/AB
	R 408A	FX 10	R/22/R 143a/R 125	MO/AB

① AB 为烷基苯油；MO 为矿物油；PAG 为聚(亚烷基)二醇；PAO 为聚 α-烯烃；POE 为多元醇酯油。

② 试制品：POE、PAG 等。

在制冷压缩机中工作的冷冻机油的作用与一般压缩机油有部分相同之处：润滑、密封和冷却。不同的是：①它要与制冷剂直接接触；②它经历压缩后的制冷剂蒸发的低温和排气阀的高温；③在如电冰箱等用途中是全封闭的，不存在中途补加油和换油，因而是全寿命的；④它与线圈的绝缘材料与机子的密封材料接触。

二、冷冻机油主要性能要求

1. 黏度和黏温性能

用于制冷的冷冻系统的冷冻机油的黏度较低，而用于空调系统的冷冻机油，由于其蒸发温度较高，油的黏度也较高，一般为 ISO 32～46。冷冻机油对黏温性能要求也要高一些，但低温流动性优良的环烷基油和烷基苯类的黏度指数虽然较低，也普遍使用。

2. 热稳定性和化学稳定性

制冷压缩机的排气阀片附近温度在 150℃以上，冷冻机油会生成高温沉积物如积炭等，使压缩机工作效率下降甚至出故障，油本身也会降解变质，因而冷冻机油要有好的热稳定性。同时，制冷剂如氟利昂类的化学活性很高，在高温及金属催化下与冷冻机油发生反应而生成腐蚀性酸类，影响设备寿命及制冷系统工作。虽然冷冻机油与氨反应很小，但若油中有酸性添加剂，也会发生反应，因此冷冻机油的化学稳定性要好。

3. 低温性能

制冷剂可分为以下 4 类：

① 天然制冷剂类，如二氧化碳、氨、丙烷、异丁烷等；

② 氯氟烃类 CFCs，如 R12；

③ 氢氯氟烃类 HCFCs，如 R22；

④ 氢氟烃类 HFCs，如 R134a、R407c。

以前广泛使用的制冷剂是 CFCs 类。20 世纪 70 年代环保会议认为 CFCs 会破坏地球上空的臭氧层，产生温室效应，提出 1995 年禁止生产，2020 年废止此类制冷剂。我国安排 2005~2010 年 100% 由环保型制冷剂代替 CFCs，20 世纪 90 年代提出采用对环保无害的 HFCs 或正六烷 R600a 取代 CFCs。

由于制冷剂的改变，关系到冷冻机油的适应性问题，而适应性问题主要是与低温流动性有关。因为在冷冻机运转中，总会有少量冷冻机油与制冷剂接触与混合，若制冷剂低温流动性能差，就会堵塞管道，沉积在蒸发系统，降低换热效率，产生制冷故障，因而除了氨制冷剂与冷冻机油不溶解外，要求制冷剂与冷冻机油的溶解性要好。评定冷冻机油的低温性能有两个特定指标：①絮凝点，是把 10%油和 90%制冷剂混合均匀后降温至出现絮状物时的温度，若在工作温度下出现絮凝，就可能会堵塞管路，一般来说，絮凝点应低于制冷剂制冷时的工作温度；②U 形管流动点，它比倾点更准确地表示油在低温下的流动情况。以前大多采用价廉的矿物油作为冷冻机油，随着制冷剂的变迁，矿物油型冷冻机油对一些制冷剂的絮凝点或 U 形管流动点不能符合要求，要采用合成型的冷冻机油，如烷基苯、多元醇聚酯、聚乙二醇等，如表 7-2 所示。

表 7-2 不同制冷剂适用的冷冻机油类型

制冷剂	R12	R22	R134a		氨		R600a	二氧化碳
			工业	汽车	正常	干式直冷		
冷冻机油类型	矿物油	矿物油、烷基苯、酯类	酯类	PAG	矿物油	PAG	酯类，矿物油，PAG	PAG，酯类

4. 抗磨损性能

这个性能对冷冻机油并不重要，大多制冷剂特别是氟利昂类本身具有好的润滑极压性能，但由于冷冻机的小型化及高效化，此性能也已越来越重要了。

5. 含水量

油中少量的水在低温下结冰会造成管线堵塞，使絮凝点上升。水的存在也会降低冷冻机油的绝缘性能，高温下还会促使氟利昂分解，见表 7-3。氨制冷系统也不允许水的存在，氨溶在水中成氢氧化铵，有较强的碱性，对金属产生腐蚀，油中的水还会使油产生大量泡沫。一般含水量不得超过 35×10^{-6}。

表 7-3　含水量对 RS-32A 合成冷冻机油的絮凝点和绝缘性的影响

含水量/10^{-6}	180	100	88	71	61	20	18
絮凝点/℃	-50	—	-52	-55	—	—	-64
绝缘强度/kV	—	10	—	—	26.6	51.4	—

6. 良好的绝缘性

由于全封闭式制冷系统的电动机为内置式，其漆包线等浸在油中，因而油的绝缘性要好，应控制其击穿电压等指标。

第二节　冷冻机油的组成和产品

冷冻机油要有低的倾点，与制冷剂有好的相溶性，以及热和氧化稳定性等。用量最大的是矿物油型，一般采用环烷基基础油，它倾点低，不含蜡，低温流动性好，我国新疆大量生产，与 R12 溶解性好。如用石蜡基基础油，要进行深度脱蜡。矿物油优点是价廉，可大量供应，用于氨及 R12、R600a 等制冷剂的制冷系统。

烷基苯也是应用较广的冷冻机油，它低温流动性好，化学稳定性好，与很多制冷剂溶解性好，价格不算高，用于 R22 等系统中。

目前很多制冷系统已采用环保型制冷剂 HFCs 类如 R134a（R600a 也是环保型制冷剂，但有安全性隐患，闪点低，易着火，因而应用受限制），它们的制冷系统不能用矿物油或烷基苯作冷冻机油，要采用多元醇聚酯或聚乙二醇。它们与 R134a 相溶性好，絮凝点低，化学稳定性好。几种不同类型冷冻机油基础油的优缺点如表 7-4 所示。

表 7-4　几类冷冻机油基础油特性比较

	多元醇聚酯	聚　醚	改性聚醚	烷基苯
制冷剂溶解性	好	好	好	差
热稳定性	好	差	差	好
氧化稳定性	好	差	差	好
加水分解稳定性	良	好	好	好
润滑性	良	良	良	好
电气特性	好	差	好	好
吸湿性	高	很高	很高	高
供给性	好	好	差	好
用　途	全封闭	开式	全封闭	全封闭

用于冷冻机油的添加剂配方一般以尽量少加为好，因为很多添加剂有很高的化学活性，与一些制冷剂接触时有反应，因而很多仅加抗氧剂或少量化学稳定性好的抗磨极压剂，不提倡为了改善低温流动性而加降凝剂或黏度指数改进剂。

冷冻机油的分类见表 7-5。

表 7-5　冷冻机油分类及各品种的应用(GB/T 16630—2012)

<table>
<tr><th>组</th><th>用途</th><th>制冷剂</th><th>相溶情况</th><th>润滑剂类型</th><th>代号</th><th>典型应用</th><th>备注</th></tr>
<tr><td rowspan="5">D</td><td rowspan="5">制冷压缩机</td><td rowspan="2">NH_4
(氨)</td><td>不相溶</td><td>深度精制矿油(环烷基和石蜡基)，合成烃(烷基苯，PAO)</td><td>DRA</td><td>工业和商业制冷</td><td>开启式或半封闭式压缩机的满液式蒸发器</td></tr>
<tr><td>相溶</td><td>聚（亚烷基）二醇(PAG)</td><td>DRB</td><td>工业和商业制冷</td><td>开启式压缩机或厂房装置用的直膨式蒸发器</td></tr>
<tr><td>HFC_s
(氢氟烃)</td><td>相溶</td><td>聚酯油，聚乙烯醚，PAG</td><td>DRD</td><td rowspan="2">车用、家用、民用、商用空调，热泵，商业及运输制冷</td><td>—</td></tr>
<tr><td>$HCFC_s$
(氢氯氟烃)</td><td>相溶</td><td>深度精制矿油(环烷基和石蜡基)，烷基苯，聚乙烯醚，聚酯油</td><td>DRE</td><td>—</td></tr>
<tr><td>HC_s
(烃类)</td><td>相溶</td><td>深度精制矿油(环烷基和石蜡基)，PAG，合成烃(烷基苯，PAO)，聚酯油，聚乙烯醚</td><td>DRG</td><td>工业及家用制冷，民用商用空调，热泵</td><td>厂房用低负载制冷</td></tr>
</table>

冷冻机油的产品规格标准，我国为 GB/T 16630—2012，见表 7-6～表 7-8。很多尤其是全封闭式冷冻机油由供需双方协商规格，很多著名品牌的制冷压缩机制造业的规模都很大，它们对适合此品牌的制冷压缩机的冷冻机油提出详细的规格要求及检测方法，即使符合规格的产品也要冷冻机制造商的认可。

表 7-6 L-DRA、L-DRB 和 L-DRD 冷冻机油技术要求(GB/T 16630—2012)

项目	质量指标																							
品种	L-DRA						L-DRB						L-DRD											
黏度等级	15	22	32	46	68	100	22	32	46	68	100	150	7	10	15	22	32	46	68	100	150	220	320	460
外观	清澈透明						清澈透明						清澈透明											
运动黏度(40℃)/(mm^2/s)	13.5~16.5	19.8~24.2	28.8~35.2	41.4~50.6	61.2~74.8	90.0~110	19.8~24.2	28.8~35.2	41.4~50.6	61.2~74.8	90.0~110	135~165	6.12~7.48	9.00~11.0	13.5~16.5	19.8~24.2	28.8~35.2	41.4~50.6	61.2~74.8	90.0~110	135~165	198~242	288~352	414~506
倾点/℃ 不高于	-39	-36	-33	-33	-27	-21	供需协商						-39	-39	-39	-39	-39	-39	-36	-33	-30	-21	-21	-21
闪点/℃ 不低于	150		160		170		200						130		150		180		180		210			
密度(20℃)/(km/m^3)	报告						报告						报告											
酸值(以 KOH 计)/(mg/g) 不大于	0.02						供需协商						0.10											
灰分(质量分数)/% 不大于	0.005						—						—											
水分/(mg/kg) 不大于	30						350						100 300											
颜色/号 不大于	1	1	1	1.5	2.0	2.5	供需协商						协商											
机械杂质(质量分数)/%	无						无						无											
泡沫性(泡沫倾向/泡沫稳定性,24℃)/(mL/mL)	报告						报告						报告											
铜片腐蚀(T_2 铜片,100℃,3h)/级 不大于	1						1						1											
击穿电压/kV 不小于	供需协商						—						25											
化学稳定性(175℃,14d)	—						—						无沉淀											

续表

项目	质量指标																							
品种	L-DRA						L-DRB						L-DRD											
黏度等级	15	22	32	46	68	100	22	32	46	68	100	150	7	10	15	22	32	46	68	100	150	220	320	460
残炭(质量分数)/% 不大于	0.05						—						—											
氧化安定性(140℃，14h) 氧化油酸值(以 KOH 计)/(mg/g) 不大于	0.2						供需协商						—											
氧化油沉淀(质量分数)/% 不大于	0.02																							
极压性能(法莱克斯法)失效负荷/N	报告						报告						报告											
压缩机台架试验	通过						通过						通过											

表 7-7　L-DRE 和 L-DRG 冷冻机油技术要求(GB/T 16630—2012)

项目	质量指标																						
品种	L-DRE											L-DRG											
黏度等级	15	22	32	46	56[a]	68	100	150	220	320	460	8[a]	10	15	22	32	46	68	100	150	220	320	460
外观	清澈透明											清澈透明											
运动黏度(40℃)/(mm^2/s)	13.5～16.5	19.8～24.2	28.8～35.2	41.4～50.6	50.8～61.0	61.2～74.8	90.0～110	135～165	198～242	288～352	414～506	8.5～9.0	9.0～11.0	13.5～16.5	19.8～24.2	28.8～35.2	41.4～50.6	61.2～74.8	90.0～110	135～165	198～242	288～352	414～506
倾点/℃ 不高于	-39	-36	-36	-33	-30	-27	-24	-18	-15	-12	-9	-48	-45	-39	-36	-33	-33	-24	-24	-21	-15	-12	-9
闪点/℃ 不低于	150		160		170		180	210		225		145	150			160		170		210			225
密度(20℃)/(kg/m^3)	报告											报告											

续表

项　　目	质量指标																						
品种	L-DRE											L-DRG											
黏度等级	15	22	32	46	56[a]	68	100	150	220	320	460	8[a]	10	15	22	32	46	68	100	150	220	320	460
酸值(以 KOH 计)/(mg/g)　不大于	0.02											0.02											
灰分(质量分数)/%　不大于	0.005											—											
水分/(mg/kg)　不大于	30											30											
颜色/号　不大于	0.5	1.0	1.0	1.5	2.0	2.0	供需协商					供需协商		0.5	1.0	1.0	1.5	2.0	供需协商				
泡沫性(泡沫倾向/泡沫稳定性，24℃)/(mL/mL)	报告											报告											
机械杂质(质量分数)/%	无											无											
铜片腐蚀(T_2 铜片 100℃，3h)/级　不大于	1											1											
击穿电压/kV　不小于	25											25											
残炭(质量分数)/%　不大于	0.03											0.03											
絮凝点/℃　不高于	-45	-42	-42	-42	-42	-42	-35	-20				-42	-42	-42	-42	-42	-35	-35	-30	-25	-20		
化学稳定性(175℃，14d)	无沉淀											—											
极压性能(法莱克斯法)失效负荷/N	报告											报告											
压缩机台架试验	通过											通过											

[a] 不属于 ISO 黏度等级。

表 7-8 其他技术要求(GB/T 16630—2012)

项　目	试验方法	项　目	试验方法
皂化值(以 KOH 计)/(mg/g)	GB/T 8021	冷冻机油与制冷剂相溶性/℃	SH/T 0699
絮凝点/℃	GB/T 12577	折射率/%	SH/T 0205
油/制冷剂混合物黏度/(mm^2/s)	供需协商	苯胺点/℃	GB/T 262

此外，我国汽车空调合成冷冻机油的标准为 NB/SH/T 0849—2010，见表 7-9。

表 7-9 汽车空调合成冷冻机油(NB/SH/T 0849—2010)

项　目		规格要求			
黏度等级		46	68	100	150
外观		透明、均匀液体			
闪点(开口)/℃	不低于	200			
倾点/℃	不高于	-35			
酸值/(mgKOH/g)	不大于	0.15			
腐蚀试验(100℃，3h)/级	不大于	1			
击穿电压/kV	不小于	25			
水含量/(mg/kg)		报告			
与制冷剂相容性(油分率 5%)/℃	不大于	-35		报告	
化学稳定性(密封玻璃管法，175℃，14d)		无沉淀			
储存安定性(24~22℃，365d)		合格			
承载能力(四球机，P_d，P_b，ZMZ)/N		报告			
相容性		合格			

第三节　冷冻机油的选用

冷冻机油的选用可从以下几个方面考虑：

一是按制冷剂类型选用合适类型的冷冻机油(上面几个表都有说明)。

二是按封闭类型选用不同档次的冷冻机油，一般敞开式制冷压缩机较缓和，可以加油和换油，选用 DRA 级即可。而全封闭式的制冷机机子很紧凑，苛刻度高，与设备同寿命，一般运行 10~15 年不换油，应选用 DRB 以上的。

三是按工作状况选用，如蒸发器温度与油的倾点很有关，油的倾点应低于蒸发温度，若排气温度很高，应选用抗氧化性好的冷冻机油。

四是黏度的选择可参考表 7-10。

表 7-10　冷冻机油黏度选择

制冷压缩机类型		制 冷 剂	蒸发温度/℃	适用黏度(40℃)/(mm²/s)
活塞式	开　式	氨	-35 以上	46~68
			-35 以下	22~46
		R12	-40 以上	46
		R22	-40 以下	32
	封闭式	R12	-40 以下	10~32
		R22	-40 以下	22~68
	斜板式	R12	冷气，空调	46~100
回转式	螺杆式	氨	-50 以下	56
		R12		100
		R22		56
	转子式	R12	一般空调	32~68
		R22		32~100
离心式		R11	一般空调	32(汽轮机油)
		其他氟里昂		56
		氯甲烷		56

冷冻机油在储存、加油等过程中一定要清洁、干燥，不允许混杂、污染。对敞开式制冷压缩机的冷冻机油，可参照表 7-11 的指标换油。

表 7-11　冷冻机油的换油指标

项　　目	指　　标	变 质 原 因
外观	浑浊	水分混入，变质
色度	大于 4~5	异物混入，高度氧化
水分/10^{-6}	大于 50~100	进水
$\nu_{40℃}$/(mm²/s)	±15%~20%	氧化或进入其他油
正辛烷不溶物/%	大于 0.1	变质
酸值/(mgKOH/g)	大于 0.3	氧化

第四节　冷冻机油应用要点

1. 严格按设备说明书要求选用合适的冷冻机油

很多油有“专用”性质，不能代用和混用。例如，同样是全封闭制冷压缩机，用于电冰箱、家用空调和汽车空调的压缩机的机型、结构、制冷剂和蒸发温度等都相差甚远，所用的冷冻机油的组成、性能要求等也各有不同。若用错，由于是全封闭，使用中既不能换也不能补救，不合适的油会使压缩机过早损坏，也等于使冰箱、空调过早损坏；同样是大型氨制冷压缩机(见表 7-5)，其用途和蒸发系统不同，所用的冷冻机油也不同。一般设备生产厂家都会指定用油，应按此执行，若要进行研发，则一定要通过台架试验。

2. 冷冻机油中的含水量和击穿电压十分重要

一般的润滑油的含水量要求都是用%表示，而冷冻机油用 mg/kg(ppm)表示，表明冷冻机油对含水量要求严格得多。因为油中水滴受冷结晶，会使絮凝点上升和击穿电压下降(见表 7-12)；水还会与一些制冷剂如氨生成对金属有腐蚀性的氢氧化氨，从而对设备造成腐蚀。冷冻机油中的水含量要用专用的卡尔-费休法测定。

表 7-12　油中水分对 RS-32A 合成冷冻机油絮凝点和绝缘性能的影响

水分/ppm	150	100	88	71	61	20	18
絮凝点/℃	-50	—	-52	-55	—	—	-64
击穿电压/kV	—	10	—	—	26.6	51.4	—

3. 有的冷冻机油不能用降凝剂和增黏剂去降低倾点和提高黏度

使用制冷剂 R12 的制冷系统中的冷冻机油与 R12 混合，油中的降凝剂或增黏剂会发生凝聚析出，堵塞毛细管、油路、滤网、蒸发器等，产生故障。但冷冻机油与氨制冷剂不存在此问题。

4. 冷冻机油的低黏度化

低黏度冷冻机油有利于节能，如在小型全封闭制冷压缩机中用 N15 代替 N32，可节电 3%~5%。但黏度也不宜过低，因为过低的黏度对密封不利。此外，高黏度指数油对节能也有利。

第八章　电器绝缘油

电器绝缘油是指用在变压器、互感器、油浸开关、电容和电缆等的油类。由于后二者用电器绝缘油日渐减少，大多改用膏状填充物，而互感器、油浸开关等的电器绝缘油用量不多，且要求与变压器油相同，因而下面主要讨论变压器油。

第一节　变压器油的性能要求与组成

一、变压器油性能要求

1. 好的导热性和流动性

变压器在运行中，电流通过用铜导线的线圈，其电阻会产生热，电流通过铁芯，其磁通变化也会产生热。这些热量需通过变压器油进行冷却，通过油的自然对流散到自然环境中，保持变压器在不高的温度下（60～80℃）正常工作，因而冷却是变压器油的最主要作用。一般变压器油的黏度较低，使其流动性好，同时大多变压器安装在室外，在冬天寒冷气候下不能凝固，因而倾点要低。

2. 绝缘性能好

变压器油浸泡在各通电部件及绝缘部件中，一定要有好的绝缘性能。一般用介电强度或击穿电压、介质损耗因素二个指标作为绝缘性能要求。

3. 良好的抗氧化安定性

变压器油工作温度60～80℃，接触空气和湿汽，氧化变质后其绝缘性能变坏，氧化后的酸性物会腐蚀变压器部件，加上变压器油容量大，在野外工作多，换一次油费用大，工作量大，要求换油期长达数年到十多年，因而要求变压器油氧化安定性良好。

二、变压器油组成

目前的变压器油由轻的石油馏分经深度精制加少量抗氧剂组成，一般采用西北油田的环烷基油较好，这类油的电绝缘性能优异，含蜡少，倾点低。为了保证变压器油的绝缘性能，应尽量少加各种添加剂。例如，为了使变压器油的倾点低，要用含蜡少的环烷基础油或深度脱蜡基础油而不提倡加降凝剂。超高压变压器油除了用矿物油作基础油外，还要加入烷基苯或抗气组分以提高其绝缘性能。

除了大量使用的矿物油变压器油外，还有用烷基苯、烷基萘和硅油等制的变压器油产品，已有高闪点（280℃以上）的安全性好且可生物降解的变压器油，用于高端用途的变压器。

第二节 变压器油的品种

我国变压器油早期的质量标准较为简单，有三个牌号：10 号、25 号和 45 号，分别代表其凝点：-10℃、-25℃、-45℃。其他几个指标完全相同或基本相同。到国家标准 GB 2536—1990 颁布，增加了很多指标如密度、低温黏度、氧化、界面张力、水含量等。现行的标准为 GB 2536—2011 版(见表 8-1~表 8-3)。GB 2536—2011 版与 1990 版相比，有以下变化：①品种牌号增加和要求改变，旧标准有三个品种，用倾点和凝固点区分，新标准有五个品种，用最低冷态投运温度、倾点及低温黏度区分；②旧标准只有性能指标，项目少，新标准除有项目较多的性能指标外，还增加了精制/稳定指标、运行指标和健康环保安全等指标，较为全面，更接近国际有关标准；③旧标准只有“变压器油”一个大品种，后来又加了一个“超高压变压器油”行业标准(SH 0040—1991)，而新标准有三个大品种，即变压器油(通用)、变压器油(特殊)和低温开关油，除了大多要求相同外，各有特殊要求，选择时更明确。用于 500kV 的变压器的国家标准为 GB 14542—2005(见表 8-4)。

表 8-1 变压器油(通用)技术要求(GB/T 2536—2011)

项目			指标				
最低冷态投运温度(LCSET)/℃			0	-10	-20	-30	-40
功能特性	倾点/℃	不高于	-10	-20	-30	-40	-50
	运动黏度/(mm^2/s)	不大于					
	40℃		12	12	12	12	12
	0℃		1800	—	—	—	—
	-10℃		—	1800	—	—	—
	-20℃		—	—	1800	—	—
	-30℃		—	—	—	1800	—
	-40℃		—	—	—	—	2500
	水含量/(mg/kg)	不大于	30/40				
	击穿电压/kV	不小于					
	未处理油		30				
	经处理油		70				
	密度(20℃)/(kg/m^3)	不大于	895				
	介质损耗因素(90℃)	不大于	0.005				

续表

<table>
<tr><th colspan="3">项　　目</th><th>指　　标</th></tr>
<tr><td rowspan="8">精制/稳定特性</td><td>外观</td><td></td><td>清澈透明，无沉淀物和悬浮物</td></tr>
<tr><td>酸值(以 KOH 计)/(mg/g)</td><td>不大于</td><td>0.01</td></tr>
<tr><td>水溶性酸或碱</td><td></td><td>无</td></tr>
<tr><td>界面张力/(mN/m)</td><td>不小于</td><td>40</td></tr>
<tr><td>总硫含量/%</td><td></td><td>无通用要求</td></tr>
<tr><td>腐蚀性硫</td><td></td><td>非腐蚀性</td></tr>
<tr><td>抗氧化剂含量/%
不含抗氧剂油(U)
含微抗氧化剂油(T)
含抗氧化剂油(I)</td><td>

不大于
</td><td>
检测不出
0.08
0.08~0.40</td></tr>
<tr><td>2-糠醛含量/(mg/kg)</td><td>不大于</td><td>0.1</td></tr>
<tr><td rowspan="2">运行特性</td><td>氧化安定性(120℃)，U 试验 164h，T 试验 332h，I 试验 500h
总酸值(以 KOH 计)/(mg/g)
油泥/%
介质耗损因数(90℃)</td><td>
不大于
不大于
不大于</td><td>
1.2
0.8
0.500</td></tr>
<tr><td>析气性/(mm^3/min)</td><td></td><td>无通用要求</td></tr>
<tr><td rowspan="3">健康、安全和环保特性</td><td>闪点(闭口)/℃</td><td>不低于</td><td>135</td></tr>
<tr><td>稠环芳烃(PCA)含量/%</td><td>不大于</td><td>3</td></tr>
<tr><td>多氯联苯(PCB)含量/(mg/kg)</td><td></td><td>检测不出</td></tr>
</table>

表 8-2　变压器油(特殊)技术要求(GB/T 2536—2011)

<table>
<tr><th colspan="3">项　　目</th><th colspan="5">质量指标</th></tr>
<tr><td colspan="3">最低冷态投运温度(LCSET)/ ℃</td><td>0</td><td>-10</td><td>-20</td><td>-30</td><td>-40</td></tr>
<tr><td rowspan="8">功能特性</td><td>倾点/℃</td><td>不高于</td><td>-10</td><td>-20</td><td>-30</td><td>-40</td><td>-50</td></tr>
<tr><td>运动黏度/(mm^2/s)
40℃
0℃
-10℃
-20℃
-30℃
-40℃</td><td>不大于</td><td>
12
1800
—
—
—
—</td><td>
12
—
1800
—
—
—</td><td>
12
—
—
1800
—
—</td><td>
12
—
—
—
1800
—</td><td>
12
—
—
—
—
2500</td></tr>
<tr><td>水含量/(mg/kg)</td><td>不大于</td><td colspan="5">30/40</td></tr>
<tr><td>击穿电压/kV
未处理油
经处理油</td><td>不小于</td><td colspan="5">
30
70</td></tr>
<tr><td>密度(20℃)/(kg/m^3)</td><td>不大于</td><td colspan="5">895</td></tr>
<tr><td>苯胺点</td><td></td><td colspan="5">报告</td></tr>
<tr><td>介质损耗因数(90℃)</td><td>不大于</td><td colspan="5">0.005</td></tr>
</table>

续表

项　目			质量指标
精制/稳定特性	外观		清澈透明，无沉淀物，悬浮物
	酸值(以 KOH 计)/(mg/g)	不大于	0.01
	水溶性酸或碱		无
	界面张力/(mN/m)	不小于	40
	总含硫量/%	不大于	0.15
	腐蚀性硫		无腐蚀性
	抗氧化剂含量/% 含抗氧化添加剂油(I)		0.08~0.40
	2-糠醛含量/(mg/kg)	不大于	0.05
运行特性	氧化安定性(120℃)，I 试验 500h 总酸值(以 KOH 计)/(mg/g) 油泥/% 介质损耗因数(90℃)	 不大于 不大于 不大于	 0.3 0.05 0.050
	析气性/(mm^3/min)		报告
	带电倾向(ECT)/(μC/m^2)		报告
健康、安全和环保特性	闪点(闭口)/℃	不低于	135
	稠环芳烃(PCA)含量/%	不大于	3
	多氯联苯(PCB)含量/(mg/kg)		检测不出

表 8-3　低温开关油技术要求(GB/T 2536—2011)

项　目			质量指标
最低冷态投运温度(LCSET)/℃			-40
功能特性	倾点/℃	不高于	-60
	运动黏度/(mm^2/s) 40℃ -40℃	不大于	 3.5 400
	水含量/(mg/kg)	不大于	30/40
	击穿电压/kV 未处理油 经处理油	不小于	 30 70
	密度(20℃)/(kg/m^3)	不大于	895
	介质损耗因数(90℃)	不大于	0.005

续表

项目			质量指标
精制/稳定特性	外观		清澈透明，无沉淀和悬浮物
	酸值(以KOH计)/(mg/g)	不大于	0.01
	水溶性酸和碱		无
	界面张力/(mN/m)	不小于	40
	总硫含量/%		无通用要求
	腐蚀性硫		非腐蚀性
	抗氧化剂含量/% 含抗氧化添加剂油(I)		0.08~0.40
	2-糠醛含量/(mg/kg)	不大于	0.1
运行特性	氧化安定性(120℃)，I试验500h 总酸值(以KOH计)/(mg/g) 油泥/% 介质损耗因数(90℃)	 不大于 不大于 不大于	 1.2 0.8 0.500
	析气性/(mm^3/min)		无通用要求
健康、安全和环保特性	闪点(闭口)/℃	不低于	100
	稠环芳烃(PCA)含量/%	不大于	3
	多氯联苯(PCB)含量/(mg/kg)		检测不出

表8-4 新变压器油净化后检验指标(GB 14542—2005)

项目	设备电压等级/kV		
	500及以上	330~220	≤110
击穿电压/kV	≥60	≥55	≥45
水分/(mg/kg)	≤10	≤15	≤20
含气量(体积分数)/%	≤1	—	—
介质损耗因数(90℃)	≤0.005	≤0.005	≤0.005

第三节 变压器油的应用

一、变压器油的选用

按当地的气候条件选用牌号，以当地冬天最冷时气温作考虑依据。如华南地区及华东部分地区，冬天寒冷时气温在-5℃以上，可选用10号；而华北、西北及华东部分地区寒冷时气温在-20℃以上，可选用25号；而东北及西北北部高原冬天气温低至-35℃以下，就要用45号。有人认为45号比10号好，这是误解，它们的质量相同，差别在于倾点不同，使用的环境温度不同。

另一选用原则在于变压器的功率，一般变压器油适用于330kV以下的变压器，在这以上则要用超高压变压器油。

二、变压器油的应用

变压器油和汽轮机油、液压油等都是属于对污染很敏感的油品，从运输、储存到装机的容器、管线等应专用。严禁与其他润滑油、水分、杂质等污染接触。在装机前一律要精密过滤和脱水。

使用中要定期抽样检验，从指标的变化找出故障原因并及时排除之，同时观察油的使用寿命。相关的标准有：新变压器油净化后检验指标 GB 14542—2005，热油循环后变压器油质量检验指标 GB 14542—2005，运行中变压器油质量标准 GB 7595—2008，分别见表8-5～表8-8。

表8-5　热油循环后变压器油质量检验指标(GB 14542—2005)

项　目	设备电压等级/kV		
	500及以上	330～220	≤110
击穿电压/kV	≥60	≥50	≥40
水分/(mg/kg)	≤10	≤15	≤20
含气量/%(体积分数)	≤1	—	—
介质损耗因数(90℃)	≤0.005	≤0.005	≤0.005

表8-6　运行中变压器油质量标准(GB 7595—2008)

序号	项　目	设备电压等级/kV	质量标准	
			投入运行前的油	运行油
1	外　观		透明，无杂质或悬浮物	
2	水溶性酸(pH值)		>5.4	≥4.2
3	酸值/(mgKOH/g)		≤0.03	≤0.1
4	闪点(闭口)/℃		≥135	
5	水分/(mg/kg)	330～500	≤10	≤15
		200	≤15	≤25
		≤110及以下	≤20	≤35
6	界面张力(25℃)/(mN/m)		≥35	≥19

续表

序号	项　　目	设备电压等级/kV	质量标准	
			投入运行前的油	运行油
7	介质损耗因数(90℃)	500~1000	≤0.005	≤0.020
		≤330	≤0.010	≤0.040
8	击穿电压/kV	750~1000	≥70	≥60
		500	≥60	≥50
		330	≥50	≥45
		66~220	≥40	≥35
		35 及以下	≥35	≥30
9	体积电阻率(90℃)/Ω·m	500~1000	$\geq 6\times10^{10}$	$\geq 1\times10^{10}$
		≤330		$\geq 5\times10^{9}$
10	油中含气量(体积分数)/%	750~1000	<1	≤2
		330~500		≤3
		电抗器		≤5
11	油泥与沉淀物/%		<0.02(以下可忽略不计)	
12	析气性/(μL/min)	≥500	报告	
13	带电倾向		报告	
14	腐蚀性硫		非腐蚀性	
15	油中颗粒度/目	≥500	报告	

表 8-7　运行中断路器油质量标准(GB/T 7595—2008)

序号	项　　目	质　量　指　标
1	外观	透明，无杂质或悬浮物，无游离水分
2	水溶性酸(pH 值)	≥4.2
3	击穿电压/kV	
	110kV 以上	
	投运前或大修后	≥40
	运行中	≥35
	110kV 及以下	
	投运前或大修后	≥35
	运行中	≥30

表 8-8　运行中变压器油、断路器油检验周期（GB/T 7595—2008）

设备名称	设备规范	检验周期	检验项目
变压器，电抗器，所、厂用变压器	330～1000kV 66～220kV	设备投运前或大修后	1～10
		每年至少一次	1，5，7，8，10
		必要时	2，3，4，6，9，11～15
		设备投运前或大修后	1～9
	8MVA 及以上	每年至少一次	1，5，7，8
		必要时	3，6，7，11，13，14 或自定
	<35kV	设备投运前或大修后	自行规定
		3 年至少一次	
互感器，套管		设备投运前或大修后	自行规定
		1～3 年	
		必要时	
断路器	>110kV	设备投运前或大修后	1～3
	≤110kV	每年至少一次	4
	油量 60kg 以下	3 年至少一次	4
		3 年一次，或换油	4

注：变压器、电抗器、厂用变压器、互感器、套管等的检验项目为表 8-6 中的序号；断路器油的检验项目为表 8-7 中的序号。

第四节　电绝缘油应用要点

1. 电绝缘油——娇气的油品

电绝缘油的主要性能要求是其绝缘性能，即击穿电压和介质损耗因数，这两个指标对原料的纯净度、含水及机械杂质和环境非常敏感。因此在使用时要做到：

① 原料要非常纯净，不要混杂。

② 从生产、包装、储运到进入变压器的各环节，都要保持干净，不能被水和杂质污染。加入变压器前的油，需经脱水过滤处理。

③ 运行中要按规定对油进行检验。

④ 不允许与其他品种牌号油品混用或代用。

2. 电绝缘油中的水分、机械杂质对击穿电压的影响很大

电绝缘油中的水分、机械杂质对击穿电压的影响见表 8-9～表 8-11。

表 8-9　变压器油中水分对击穿电压的影响

油序号	水分/(mg/kg)	击穿电压/kV	油序号	水分/(mg/kg)	击穿电压/kV
1	10	44.6	4	40	39.8
2	20	43.4	5	50	22.7
3	30	40.9	6	60	11.6

表 8-10　环境湿度对变压器油击穿电压的影响

环境湿度/%	击穿电压/kV	环境湿度/%	击穿电压/kV
50	58.9	70	28.2
60	55.4		

表 8-11　变压器油中机械杂质对击穿电压的影响

序号	测前处理	水分/(mg/kg)	污染度/级	击穿电压/kV
1	摇匀	15	6	51.8
2	滤纸过滤	14	6	63.8
3	摇匀	23	7	32.3
4	滤纸过滤	12	4	45.6
5	摇匀	27	7	30.5
6	真空过滤	26	5	66.0

由表 8-9 和表 8-10 可知，电绝缘油中的水分对击穿电压的影响是很大的，当水分大于 40mg/kg 时，击穿电压将不合格。油中水的来源主要有：①管线、容器中不够干燥，残存微量水；②油在运行时因温度变化的呼吸作用把大气中湿气吸进，油温为 60℃时，若大气湿度为 80%，则油中水分为 4×10^{-4}。水分对介质损耗因数影响也很大，水含量 0.03%时，介质损耗因数为 0.001，水分为 0.10%时，介质损耗因数 0.0021。油中水分也会使油变质，产生腐蚀，缩短寿命。同样，由表 8-11 可知，电绝缘油中的机械杂质对击穿电压也有较大的影响。因此，在使用电绝缘油时，应严格检查和控制电绝缘油中的水分和机械杂质，确保变压器安全可靠运行。

第九章 热处理液

第一节 金属的热处理与热处理液

在金属加工工艺中，总是存在一个矛盾，把毛坯加工成所要求的形状时，希望金属的强度和硬度小些，减少加工难度，而加工成成品后，又希望其强度和表面硬度尽量大，使其能承受更大负荷，更难磨损，从而有更长的使用寿命。金属的热处理工艺就是在金属工件完成或即将完成全部机械加工工艺后，通过改变金属的晶体组织状态从而提高表面硬度和强度的一个过程。这包括淬火、调质、回火等，而这些工艺大多要用合适的冷却介质，如矿物油，某些水溶液等。针对不同的金属材质、形状，选用各种不同的冷却介质，对满足热处理后的硬度要求起到至关重要的作用。

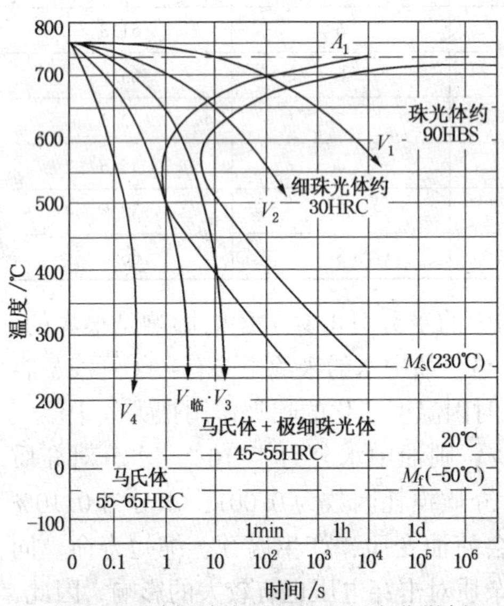

图 9-1 碳钢淬火过程的组织变化举例

A_1—奥氏体变为过冷奥氏体的临界温度；M_s—过冷奥氏体转变为马氏体的临界温度；M_f—相变结束的临界温度；V_1—缓冷（退火）的冷却速度；V_2—空气中冷却（正火）的冷却速度；V_3—油中冷却的冷却速度；V_4—水中冷却的冷却速度；$V_临$—奥氏体全部冷到 M_s 以向马氏体转变的最小冷却速度；HRC—钢材硬度的单位

一、钢材的淬火

把钢材加热到特定的温度（800～900℃），使钢材中铁-碳晶体结构从各种组织都变成奥氏体组织，然后快速放入淬火介质中冷却，使表面的晶体组织变为硬度较高的马氏体，达到表面硬化的目的。在淬火过程中钢材的金相变化如图9-1 所示。在冷却过程中金相变化的不可逆性对淬火介质的冷却速度提出了要求，如图9-2 所示。奥氏体组织要尽快通过过渡区（图中的鼻子形状，约 550～650℃）而达到马氏体区（从 M_s 点，约 230℃ 开始）。若通过速度慢，淬火后表面的马氏体中有部分过渡性组织，硬度就达不到要求。而图中的曲线形状随钢材的含碳量和合金类形而变化，因而淬火介质的冷却速度也随之变化，马氏体的转变极快，转变时由于马氏体的比容大于奥氏体而发生体积膨胀，产生大的内应力，因而冷却介质的冷却速度并不是越快越好。其原因一是变为奥氏体和马氏体组织要有一定时间(即要在它们各自的稳定区)才能完成；二是冷却过程会产生二类内应力，一类是表面冷却与中心高温的温差因体积热胀冷缩不同所产生的内应力，另一类是中心为奥氏体而表面为马氏体的晶体结构差异所产生的内应力，冷却速度越快，内应力越大。内应力不平衡使零件易于变形和开裂，零件体积越大，形状越复杂越易发生。在这阶段就要放慢冷却速度，使内应力自行平衡。因而合适的冷却介质的冷却速度在淬火过程的各个阶段应“该快的快，该慢的慢”。

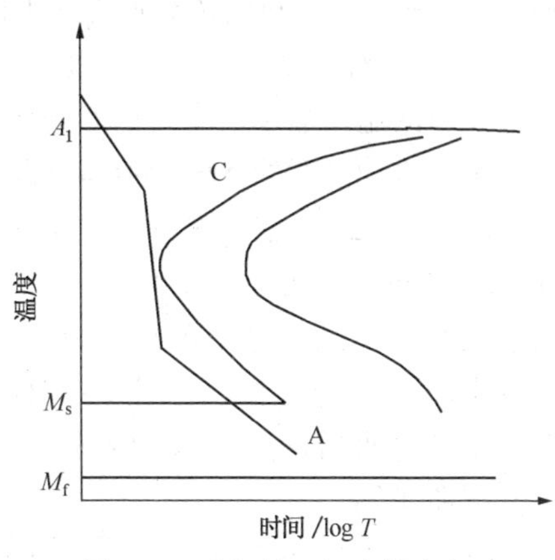

图 9-2 碳钢的理想冷却速度

二、冷却介质在淬火中的冷却过程

冷却介质在钢材的淬火中有三个冷却过程，如图 9-3 所示。

① 蒸气膜冷却　与高温工件表面接触的冷却介质温度超过其沸点而成蒸气，

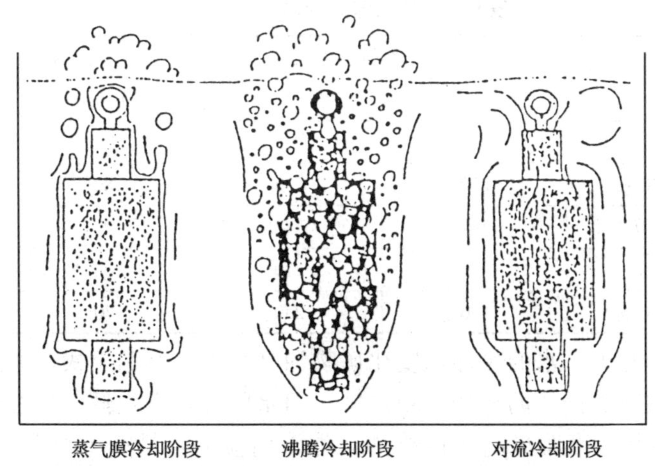

图 9-3 工件淬火时冷却介质的三个冷却过程示意

工件的热量靠蒸气膜的辐射和传导而传到冷却介质，冷却速度较慢。

② 沸腾冷却　工件温度降到冷却介质的沸点后，与工件表面接触的冷却介质处于沸腾状态，热的传导速度比上阶段快得多。

③ 自然对流冷却　工件温度继续下降至冷却介质的沸点以下，工件表面与冷却介质的温差缩小，靠自然对流传热，冷却速度再下降。

三、冷却介质的冷却速度与金属淬火硬化的关系

从图 9-2 可看到钢材在淬火时的理想冷却速度，高温时冷却速度要慢，使生成整齐的奥氏体，随后要迅速通过组织变化的不稳定区（C 线的鼻子区）到生成马氏体区。这个阶段冷却速度要快，然后冷却速度变慢，生成马氏体并使内应力达到平衡，与图 9-3 的淬火冷却介质的冷却过程相吻合，只是由于材质和淬火后硬度要求的差异而对各阶段冷却速度和阶段转折时间的具体数值有所不同。

第二节　冷 却 介 质

一、对冷却介质的主要要求

1. 冷却速度

这是淬火介质最主要的要求。现在用得较为普遍的淬火介质为矿物油基和水基，各种淬火冷却介质的冷却速度如表 9-1 所示。

表 9-1　常用淬火介质的冷却性能

冷 却 介 质	最大冷却速度		平均冷却速度/(℃/s)	
	所在温度/℃	冷却速度/(℃/s)	650~550℃	300~200℃
静止水 20℃	340	275	135	450
静止水 60℃	220	275	80	185
10%氯化钠水溶液 20℃	580	2000	1900	1000
矿物油 20℃	430	230	60	65
矿物油 80℃	430	230	70	55

从表 9-1 看出，水的冷却速度比矿物油高得多，有利于快速通过图 9-2 中的 C 曲线的过冷奥氏体的相变不稳定区。但水的沸点大大低于矿物油，故在较低温度下其冷却速度明显高于矿物油，加大内应力，易产生变形开裂等可能。另外，水温不同对冷却速度影响很大，矿物油温度在一定范围内对冷却速度影响不大。

2. 光亮性

用矿物油作为淬火介质时，矿物油会在高温的工件表面生成深色沉积物。这大多是矿物油在高温下氧化的产物。对某些工件，把淬硬作为最后一道工序，如轴承的滚珠等，要求淬火后金属表面不变色，保持金属光泽，就要求淬火油有光亮性能。当然还要配合淬火中有惰性气体等保护气氛或真空，排除氧气的氧化作用影响。

3. 高温抗氧性能

淬火油在高温下易氧化变质，变质到某种程度时使冷却性能明显变坏，而一般淬火油池容量较大，换一次油费用较高，这就希望淬火油有好的高温抗氧性能，变质慢，延长换油周期。

二、冷却介质的组成

为了达到上述要求，一般以矿物油为基础油的淬火油要含有催冷剂以提高冷却速度，有高温抗氧剂以减缓油的变质速度，有光亮性能的淬火油还要含有光亮剂。对真空淬火油，其基础油的馏分要窄，挥发性要小。

水基淬火液的基础液就是水。由于水的冷却速度太快，要加入可降低冷却速度的添加剂，一般加入高相对分子质量水溶性聚醚。它有一个特别的逆溶性，高温时在水中的溶解性下降，淬火时工件表面在水温度下，这种添加剂析出包围工件使冷却速度减慢，工件温度下降时它又溶解在水中，使冷却速度加快。水基淬火液还要有防锈剂等其他添加剂。

第三节　淬火油产品

一、淬火油的分类

热处理用淬火油的分类如表 9-2 所示。

1. 光亮淬火油

钢材淬火时，一是金属表面组织变化而变色，二是油氧化物附在金属表面而变色。对于大多数工件加工工序，淬火不是最后一道工序，还要经过精磨、抛光等，因而无需考虑淬火后表面变色。但对于淬火作为末道工序的工件，如滚珠、仪表件等，其表面要求光亮，就要使用光亮淬火油，油中含有光亮剂，使有色的油氧化物不附在金属表面。同时，还要有惰性气氛保护或真空，使油与氧少接触而少氧化。同时，油中含水要尽量低。以上三种措施加在一起，才能使淬火时金属表面保持原色。

表 9-2　热处理用淬火液的分类(GB/T 7631.4—1998)

代号字母	应用范围	特殊用途	更具体应用	产品类型和性能要求	代号 L-	备　注
U	热处理	热处理油	冷淬火 $\theta \leqslant 80℃$	普通淬火油	UHA	某些油品易用水冲洗，由于在配方中加入破乳化剂而具有此特性，这类油称为“可洗油”，此特性是由最终用户要求，由供应商规定
				快速淬火油	UHB	
			低热淬火 $80℃ < \theta \leqslant 130℃$	普通淬火油	UHC	
				快速淬火油	UHD	
			热淬火 $130℃ < \theta \leqslant 200℃$	普通淬火油	UHE	
				快速淬火油	UHF	
			高淬火 $200℃ < \theta \leqslant 310℃$	普通淬火油	UHG	
				快速淬火油	UHH	
			真空淬火		UHV	
			其他		UHK	
		热处理水基液	表面淬火	水	UAA	
				慢速水基淬火液	UAB	
				快速水基淬火液	UAC	
			整体淬火	水	UAA	
				慢速水基淬火液	UAD	
				快速水基淬火液	UAE	
			其他		UAK	
		热处理熔融盐	$150℃ < \theta < 500℃$	熔融盐 $150℃ < \theta < 500℃$	USA	
			$500℃ \leqslant \theta < 700℃$	熔融盐 $500℃ \leqslant \theta < 700℃$	USB	
			其他		USK	
		热处理气体		空气	UGA	
				中性气体	UGB	
				还原气体	UGC	
				氧化气体	UGD	
		流化床			UF	
		其他			UK	

注：θ 表示在淬火时液体的温度。

2. 真空淬火油

在真空条件下淬火工艺用的淬火油叫真空淬火油，此工艺目的是使油少氧化而达到表面光亮。真空淬火油要求有低的极限压强和蒸发损失，这就要求基础油深度精制，馏分窄，还要真空脱气，当然，还要有淬火油的各项要求指标。

3. 多级(通用)淬火油

用于万能淬火炉、多用淬火炉和通用淬火炉的淬火液称多级淬火油，它能对多种钢材淬火，适用于渗淬性好、渗淬性差和形状复杂材料的淬火；在低油温(40~80℃)和高油温(100~200℃)下均能达到淬火要求，是淬火液的发展方向。

对淬火油冷却性能的测定，专门采用一以贵金属为探头的冷却性能测定仪。测定结果如图 9-4 所示的二条曲线，一条为温度-冷却速度曲线，另一条为时间-温度曲线。作为产品规格，采用曲线中二个数据，即特性温度，大约相当于从蒸气冷却转到沸腾冷却阶段时转折点的温度，此温度较高时冷却速度较快，即冷却通过 800℃→400℃或 800℃→300℃的时间(s)，可看作冷却时从 C 线转过鼻子区的速度，此时间短表示冷却速度快。

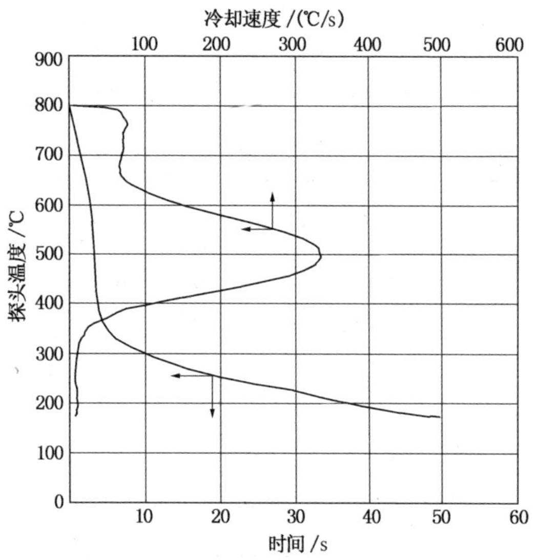

图 9-4　淬火油冷却性能测定结果

图 9-4 中的冷却性能的测定采用石化行业标准《热处理油冷却性能测定法》(SH/T 0220—1992)，它与国际标准《工业淬火油冷却特性的测定　镍合金探测试验法》(ISO 9950—1995)有较大区别，如表 9-3 所示。它们的测试结果有好的对应性，已有人做过在最大冷速下，冷至 400℃的时间、冷至 300℃的时间等项

目的对应关系，并得出了计算公式。

表 9-3　ISO 9950 与 SH/T 0220 试验法对比

项　目	ISO 9950	SH/T 0220
探头材质	镍铬合金	纯银
探头尺寸	ϕ12. 3mm×60mm	ϕ10mm×30mm
探头加热温度/℃	850	800
标定油	ISO 9950 标准油	邻苯二甲酸二辛酯
测温点	心部	心部
样品量/mL	2000	250
介质温度/℃	40	80
热电偶	ϕ1. 5mm 铠装	ϕ0. 5mm 镍铬-镍硅电偶丝
试验参数	最大冷速	特性温度
	最大冷速时的温度 冷却至 600℃时间 冷却至 400℃时间 冷却至 200℃时间 300℃时的冷速	冷却至 400℃时间

中国石化行业标准 SH/T 0564—1993 的淬火油分类如表 9-4 所示。

表 9-4　石化行业标准淬火油分类(SH/T 0564—1993)

项　目		普通	快速	超速	快速光亮	真　空		分　级		回　火	
						1	2	1	2	1	2
$\nu_{40℃}$/(mm²/s)	小于	30	26	38	17	40	90	—	—	—	—
$\nu_{100℃}$/(mm²/s)	小于	—	—	—	—	—	—	20	35	30	50
闪点(开口)/℃	不低于	180	170	180	160	170	210	200	250	230	280
燃点/℃	不低于	200	190	200	180	190	230	220	280	250	310
水分/%	不大于	痕迹	痕迹	痕迹	无	无	无	痕迹	痕迹	痕迹	痕迹
倾点/℃	不高于	-9	-9	-9	-5	-5	-5	-5	-5	-5	-5
腐蚀(铜片，100℃，3h)/级	不大于	1									
光亮性/级	不大于	3	2	2	1	1	1	2	2	—	—
饱和蒸气压(20℃)/kPa	不大于	—	—	—	—	6. 7×10⁻⁶		—	—	—	—
热氧化安定性 黏度比	不大于	1. 5								1. 4	1. 4
热氧化安定性 残炭增加值/%	不大于	1. 5									
特性温度(80℃)/℃	不低于	520	600	585	600	600	585	—	—	—	—

续表

项　　目		普通	快速	超速	快速光亮	真　空		分　级		回　火	
						1	2	1	2	1	2
800℃→400℃(80℃)/s	不大于	5.0	4.0	—	4.5	5.5	7.5	—	—	—	—
800℃→300℃(80℃)/s	不大于	—	—	6.0	—	—	—	—	—	—	—
特性温度(120℃)/℃	不低于	—	500	—	—	—	—	600	600	—	—
800℃→400℃(120℃)/s	不大于	—	—	—	—	—	—	5.0	5.5	—	—
特性温度(160℃)/℃	不低于	—	—	—	—	—	—	—	600	—	—
800℃→400℃(160℃)/s	不大于	—	—	—	—	—	—	—	6.0	—	—

二、日本热处理油工业标准

日本热处理油工业标准 JIS K2242—1980 对有关淬火的一些名词概念作了叙述：

1. 热处理油

日本工业标准的这种热处理油指以矿物油为主要组分的油性物质，用于铁、钢及别的金属，统称为“热处理油”。

2. 标准中主要名词定义

① 淬硬　在奥氏体化温度下淬火使之硬化，有时意指快速冷却的操作。

② 易硬化材料　高碳钢、合金钢类。

③ 难硬化材料　低碳钢类。

④ 热浴淬火　在热浴下保持合适的时间使之淬硬，然后取出在空气中冷却。

⑤ 回火　在适当的温度下加热和冷却，以得到要求的特性，使由淬硬所产生的结构转换或固定下来。

⑥ 特性温度　在淬硬的冷却过程中，蒸气膜破裂时的温度。

3. 水基淬火液产品

水基淬火液冷却性能仍用油基的测量仪测量，但探头材料为镍铬合金，所用的参数用作主要指标的为 300℃时的冷却速度，其他指标作辅助比较，如图 9-5 所示。

水基淬火液产品目前并无分类和规格等，作为商品是浓缩液，由用户自行以水稀释使用，参照推荐的比例按淬火效果进行调节。

其浓缩液的主要组成：高相对分子质量聚醚、水溶性防锈剂、耦合剂、抗泡剂及水等。

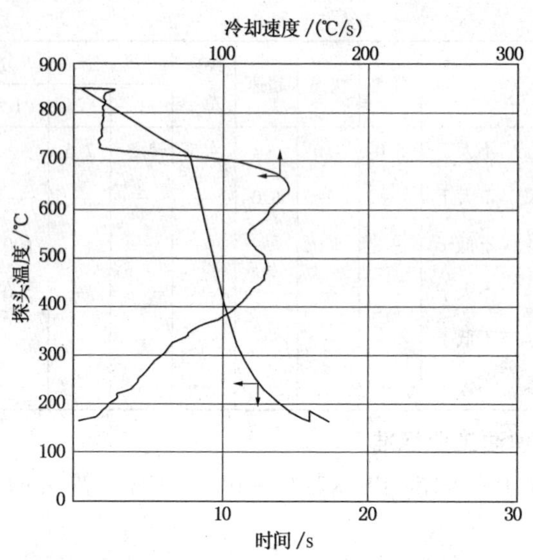

图 9-5　水基淬火液冷却性能

第四节　淬火液的应用和维护

一、选用

矿物油型淬火油，主要用于钢铁材料。选用时考虑两个方面：一是要求淬硬后硬度值的高低，要求硬度越高，选用淬火油的冷速越快；二是工件材质及形状，含碳低的钢材难淬硬，应选用冷速快的淬火油，含碳量高的钢材易淬硬，淬火油的冷速可慢些。表 9-5 是一些选用例子。

表 9-5　淬火油的选用例子(设淬火后表面硬度要求高)

	普通淬火油	快速淬火油	超速淬火油	分级淬火油
钢材	高、中、低合金工具钢，小件合金结构钢，不锈钢	合金轴承钢和结构钢，弹簧钢，合金工具钢	大型轴承钢，大尺寸低合金结构钢，小尺寸碳素钢	形状复杂或薄壁低合金工具钢和碳素钢，大尺寸齿轮、轴承等

与矿物油型淬火油相比，水基淬火液有很多优点，如安全，不燃烧；环境好，车间无油气；冷却速度快，不但可作钢铁淬火，还可作铜、铝等有色金属淬火；冷却速度可通过浓度变化而调节，不需变换淬火油品种；淬火后工件可用水

冲洗干净，无残存油污。其与水稀释浓度推荐如表 9-6 所示。

表 9-6　浓度适用参考值

材　　质	低-中碳钢	高碳钢，中碳合金钢	轴承钢及形状复杂工件
淬火液浓度/%	5~10	10~15	15~25

二、使用维护

1. 矿物油型淬火油

矿物油型淬火油使用时，一要加强通风，降低油气浓度，避免着火和改善环境；二要加强过滤和定期清理油槽，淬火中工件的氧化皮脱落及油泥会使淬火油污染，从而影响淬火效果，缩短油的使用寿命，应有滤清器及时把污染物清除，每半年到一年清理油槽一次；三要控制油温，油温高会加剧油的氧化，缩短油的使用寿命，应有有效的冷却措施；四要约 3~6 个月取油样分析一次，若超过表 9-7中任一项指标均应换油。

表 9-7　淬火油建议换油指标

$\nu_{40℃}$/(mm^2/s)	酸值/(mgKOH/g)	水分/%	不溶物/%
+25%	大于 2.0	大于 0.5	大于 1.0

由于换一次油费用较大，为了节省成本，若上述指标未达到，但淬火效果下降，可与油供应商联系，补加某些功能添加剂，可使冷却速度回复正常，延长换油期。

2. 水基淬火液

水基淬火液在使用中尤其要注意以下事项：

① 淬火液温度，矿物油基淬火液温度高低对冷却速度影响不明显，但水基淬火液温度对冷却速度很敏感，一般浸入淬火的水温为 25~45℃，喷淋淬火为 25~35℃，不高于 50℃，并且保持在 5℃内，因而应有严格控制水温措施。淬火液工作温度若超过 60℃，应停止工作，降温到 40℃以下再继续淬火。

② 淬火液池应有一定的搅拌。搅拌程度也对冷却速度有明显影响，因而应保持较恒定的搅拌速度。

③ 水基淬火液浓度、温度及搅拌程度是影响冷速的三大因素。在淬火中由于水的蒸发，淬火液的浓度也在变化，变化大时会影响淬火效果，应及时调节。因而要有相应的设备如液槽的冷却、搅拌等，把这三大因素控制在尽量窄的范围内。

④ 淬火液的补充。蒸发和工件携带等会使淬火液减少，浓度也会变化，应每1~2周用折光仪(读数乘2.5等于浓度）或测黏度的方法得到浓度，再由供应商补加一定浓度的浓缩液，使保持好的淬火效果。

第五节　热处理液应用要点

1. 使用中的维护是重要一环

① 加强室内通风。淬火时，800℃多的工件进入油中，大量油气分散在室内，与空气混合，当达到一定浓度时，会爆炸起火，影响安全生产；工人呼吸这些油气，会影响身体健康，因此室内要通风良好。

② 加强过滤。工件携带的脏物及淬火时生成的氧化皮等，都会污染热处理油而降低冷却速度，加快油的老化。因此要加强过滤，清除固体污染物。

③ 除去水分。油中的水会影响冷却速度，使工件光亮度下降，硬度不均匀，开裂，也加快油的老化，因此要在油池底部装放水阀，停工后及时排水。

④ 加强油的循环和温度调节，油池要有循环泵，冷却和加热盘管，使油温均匀保持在60~80℃内。

⑤ 在工作一段时间后，若油的理化指标变化不大，而冷却速度明显下降，则可能是催冷剂消耗，可联系油供应商，补充适量添加剂浓缩液，无需因此而换油。

2. 推广水基淬火液

油的冷却速度慢，要加入适当的催冷剂加快冷却速度，才能达到淬火效果。相反，水的冷却速度太快，要加入能降低冷却速度的水溶性添加剂，使冷却速度降低，才能达到淬火要求。这种添加剂就是某些高分子聚醚，它有一个特点，就是“逆溶性”，在水中溶解度随温度上升而下降。淬火时工件高温表面的淬火液使聚醚溶解度下降而浓度提高，从而冷却速度减慢；温度下降时溶解度上升使浓度变稀，冷却速度加快，达到淬火目的。

与淬火油比较，水基淬火液有如下优点：

① 安全生产。室内没有油气，因而不会着火、爆炸，环境清洁卫生，无油污。

② 一个品种即可解决各种工件淬火要求，不仅能用于不同钢材，还能用于铜、铝等有色金属。供应商提供的是聚醚浓缩液，用户按各自要求加水调成不同浓度的淬火液即可满足不同淬火工件对不同冷却速度的要求(见表9-8)。

表 9-8　水基淬火液浓度适用参考表

材质	低-中碳钢	高碳、中碳合金钢	轴承钢及形状复杂件
淬火液中聚醚浓度/%	5~10	10~15	15~25

③ 淬火后工件用水冲洗干净，表面无油污。

④ 淬火后工件不变色，无沉积物。

水基淬火液的使用维护有以下特点：

① 使用一段时间后，由于水蒸发，浓度会变化，使淬火效果也发生变化。要用专用折光仪测浓度，及时补充浓缩液，保持合适的浓度。

② 与油基相比，水基液温度对冷却速度较敏感，一般浸入淬火时液温为 25~45℃，喷淋淬火时液温为 25~35℃，液温变化保持在 5℃内。因此淬火池要有严格的控温系统，若超过 60℃，要停止工作，待降到 40℃下再继续工作。

③ 液体要保持恒定的搅拌速度。

第十章　热传导油

需要使物体温度升高时，最简单快捷的方法是用燃料或电等能源直接加热，但这种方法容易产生局部过热，受热不均匀，温度无法准确控制。若采用导热介质进行间接加热，就可克服上述缺点，因而应用广泛。工业上从印染、建筑、木材加工、化工到日常生活的食品加工、电取暖等都大量采用此种方式。此种方式除了有合适的硬件——锅炉和热传导系统外，最主要的是要有合适的热传导介质。

第一节　热传导油的性能要求和种类

合适的热传导油要满足如下要求：①在工作温度范围内热稳定性好；②沸点高，蒸气压低；③热氧性能好；④比热容高，热传导性能好；⑤低温流动性好；⑥安全、无毒、环境友好；⑦与系统的材料相容性好，不腐蚀。

这里叙述的是在工业上广泛使用的常压液相传热系统的热传导油，传热介质最高温度400℃。其他气相传热，有压力或有惰性气体保护等热传导系统，由于使用少，本文不叙述。

GB/T 7631.12—2014对有机热载体作了分类，见表10-1。

表10-1　有机热载体分类

组别符号	应用范围	特殊应用使用温度范围	更具体应用使用条件	产品性能和类型	符号(ISO-L-)	应用实例	备　注
Q	传热	最高允许使用温度≤250℃	敞开式系统	具有氧化安定性的精制矿油或合成液	QA	用于加热机械零件或电子元件的敞开式油槽	对特殊应用场合，包括系统，操作环境和液体本身，应考虑着火的危险性。 1. 带有有机热载体加热系统的装置，应配上有效的膨胀槽，排气孔和过滤系统。
		最高允许使用温度≤300℃	带有或不带有强制循环的开式和闭式系统	具有热稳定性的精制矿油或合成液	QB	——有机热载体加热系统； ——闭式循环油浴	
		最高允许使用温度>300℃并≤320℃	带有强制循环的闭式系统	具有热稳定性的精制矿油或合成液	QC	有机热载体加热系统	

续表

组别符号	应用范围	特殊应用使用温度范围	更具体应用使用条件	产品性能和类型	符号(ISO-L-)	应用实例	备　注
Q	传热	最高允许使用温度>320℃	带有强制循环的闭式系统	具有特殊高热稳定性的合成液	QD	有机热载体加热系统	2. 加热食品的热交换装置中，使用有机热载体应符合国家卫生和安全要求
		最高允许使用温度及最低使用温度* >-60℃并≤320℃	带有强制循环的闭式冷却系统或冷却/加热系统	具有在低温时低黏度和热稳定性的精制矿油或合成液	QE	有机热载体冷却系统或冷却/加热系统	

* 在最低使用温度下产品的运动黏度应不大于 $12mm^2/s$。

《有机热载体》(GB 23971—2009)对有机热载体的分类见表10-2，有机热载体的技术要求见表10-3。

表10-2　有机热载体产品分类(GB 23971—2009)

产品名称	L-QB		L-QC		L-QD
产品分类	精制矿物油型	普通合成型	精制矿物油型	普通合成型	特殊高温热稳定性合成型
使用状态	液相	液相或气相/液相	液相	液相或气相/液相	液相或气相/液相
适用的传热系统类型	闭式或开式		闭式		闭式
产品代号	L-QB280 L-QB300		L-QC310 L-QC320		L-QD330，L-QD340 L-QD350，L-QD×××

表10-3　有机热载体技术要求(GB 23971—2009)

项　目		质量指标							
		L-QB		L-QC		L-QD			
		280	300	310	320	330	340	350	×××
最高允许温度/℃		280	300	310	320	330	340	350	×××
外观		清澈透明，无悬浮物							
自燃点/℃	不低于	最高允许使用温度							
闪点(闭口)/℃	不低于	100							
闪点(开口)/℃	不低于	180		—					
硫含量/%	不大于	0.2							

续表

<table>
<tr><th colspan="2" rowspan="3">项　目</th><th colspan="8">质量指标</th></tr>
<tr><th colspan="2">L-QB</th><th colspan="2">L-QC</th><th colspan="4">L-QD</th></tr>
<tr><th>280</th><th>300</th><th>310</th><th>320</th><th>330</th><th>340</th><th>350</th><th>×××</th></tr>
<tr><td>氯含量/(mg/kg)</td><td>不大于</td><td colspan="8">20</td></tr>
<tr><td>酸值/(以 KOH 计)/(mg/g)</td><td>不大于</td><td colspan="8">0.05</td></tr>
<tr><td>铜片腐蚀(100℃, 3h)/级</td><td>不大于</td><td colspan="8">1</td></tr>
<tr><td>水分/(mg/kg)</td><td>不大于</td><td colspan="8">500</td></tr>
<tr><td>水溶性酸碱</td><td></td><td colspan="8">无</td></tr>
<tr><td>倾点/℃</td><td></td><td colspan="4">-9</td><td colspan="4">报告</td></tr>
<tr><td>密度(20℃)/(kg/m³)</td><td></td><td colspan="8">报告</td></tr>
<tr><td>灰分/%</td><td></td><td colspan="8">报告</td></tr>
<tr><td>馏程
初馏点/℃
2%点/℃</td><td></td><td colspan="8">
报告
报告</td></tr>
<tr><td>沸程(气相)/℃</td><td></td><td colspan="8">报告</td></tr>
<tr><td>残炭/%</td><td>不大于</td><td colspan="8">0.05</td></tr>
<tr><td>运动黏度/(mm²/s)
0℃
40℃
100℃</td><td>

不大于
</td><td colspan="7">
报告
40
报告</td><td>
报告
报告
报告</td></tr>
<tr><td>热氧化安定性(175, 72h)
40℃黏度增长/%
酸值增加(以 KOH 计)/(mg/g)
沉渣/(mg/100g)</td><td>
不大于
不大于
不大于</td><td colspan="2">
40
0.8
50</td><td colspan="6">—</td></tr>
<tr><td>热稳定性(最高允许使用温度下加热)
外观
变质率/%</td><td>

不大于</td><td colspan="4">720h
透明无悬浮物和沉淀
10</td><td colspan="4">1000h
透明无悬浮物和沉淀
10</td></tr>
</table>

本标准的最高使用温度是指产品经热稳定性试验测定变质率不大于10%所对应的温度，即加热器出口处测得的主流体平均温度。在实际使用中，加热器出口处测得的主流体平均温度较其最高使用温度至少低20℃。

导热介质一般分二类。应用最广泛的一类是矿物油，它来源丰富，价格低廉，工作温度达300℃，它应有高的精制深度和高的初馏点，窄的馏分范围，好的抗氧性和抗高温沉积性，40℃黏度在 25~35mm²/s 间。由于导热油的行业标准颁布较晚，市面上的此类产品较为混杂。另一类热传导介质为合成油，如烷基苯、二苯醚、三联苯、聚醚等，它们各有特点，有的生成沉积物趋势低，如聚醚，有的能在更高温度如 400℃下工作，如联苯类、聚苯醚类，其价格则高于矿物油。它们的比热容及热传导数据见表 10-4。长城牌矿物油型导热油的热传导数据见表 10-5。图 10-1 和图 10-2 是最常用的石蜡基矿物油在不同油温和流速下上述参数的变化情况。

表 10-4　几类热传导油的热传导数据

产　品	类　型	测量温度/℃	比热容/[kJ/(kg·K)]	导热系数/(W/m·K)
柯来茵 VG45WG	聚醚	200	2.03	0.185
VG90WG	聚醚	200	2.29	0.185
孟山都 Thermino166	三联苯	204	2.21	0.105
Multitherm PG-1	食品级白油	200	2.63	0.120
石蜡基矿物油		200	2.51	0.120

表 10-5　长城牌 32 号导热油的热传导数据

温度/℃	密度/(g/cm³)	黏度/(mm²/s)	比热容/[kJ/(kg·K)]	导热系数/(W/m·K)
40	0.8520	31.73	2.0746	0.1250
60	0.8389	15.75	2.1156	0.1244
80	0.8259	8.50	2.1566	0.1239
100	0.8129	5.30	2.1977	0.1233
120	0.7999	3.60	2.2387	0.1227
140	0.7869	2.80	2.2797	0.1221
160	0.7739	2.20	2.3207	0.1215
180	0.7608	1.75	2.3617	0.1209
200	0.7478	1.46	2.4028	0.1203

从上述图、表可看出，上述几种材料的热传导性能并无太大差别。同种导热油，其有关的热力学数据(比热容、导热系数和热扩散率等)与导热油的温度和在热交换器中的流速有关。

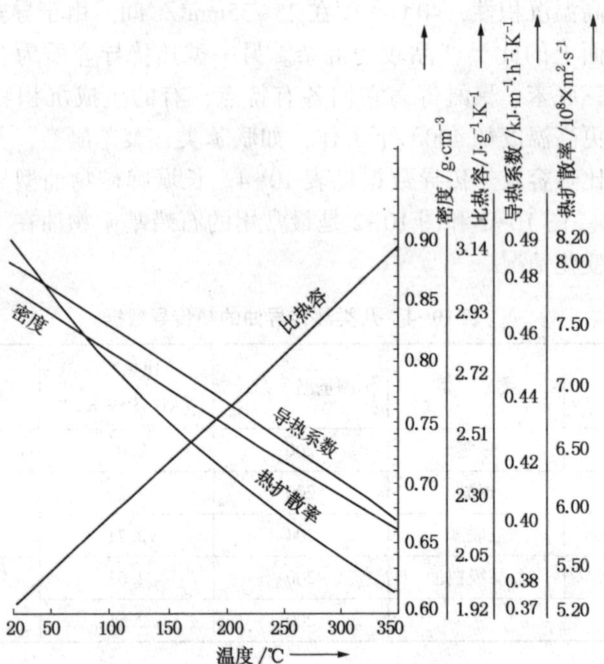

图 10-1　一种石蜡基导热油的热力学数据与温度的关系

[1kcal/(m·h·K)=1.163W/(m·K)，1kcal=4.1868kJ]

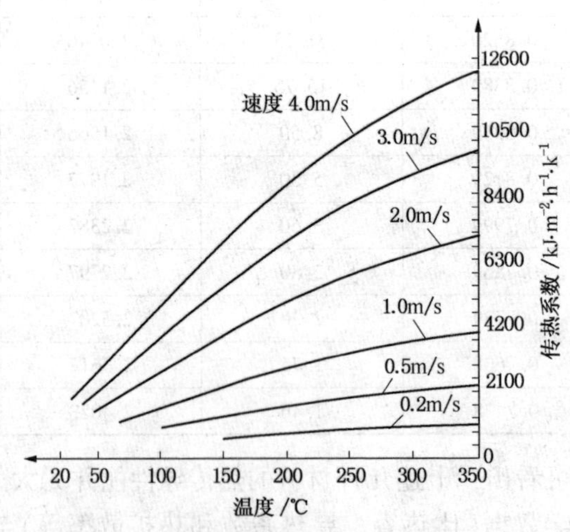

图 10-2　图 10-1 中的油料的传热与温度

[1kcal/(m²·h·K)=1.163W/(m²·K)，1kcal=4.1868kJ]

第二节　导热油的应用

导热油的应用场合一般有敞开式、非循环式和密闭循环式。前二种方式一般工作温度不高，如电暖器为非循环式，靠自然对流导热，导热油温度低于100℃。若温度太高则油的寿命很短或近热源处沉积物生成严重，所以在工作温度200℃以上都采用密闭循环式。其基本流程如图10-3所示，系统中有一膨胀槽，它是一个高位槽，有一细管与系统相连，它使系统中的导热油保持密封，调节高低温变化时的体积变化。由于管子很细，系统中油的热无法通过自然对流传到膨胀槽的油中，此槽中的油温一般稍高于常温，氧化程度很低，这是保证导热油长寿命使用的关键。从图的流程可知导热油使用中的注意事项。

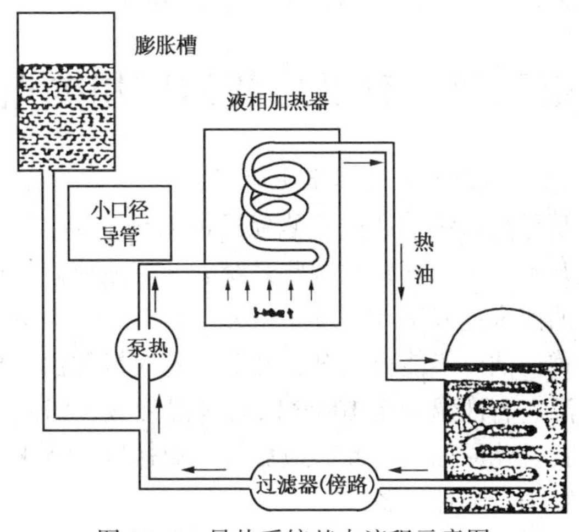

图10-3　导热系统基本流程示意图

1. 选用

根据导热油的工作温度长期低于300℃，选用矿物油型的即可。若长期在300℃以上，则选用某些合成油。针对目前导热油市场上此类产品品质参差不齐的情况，一定要选用正宗名牌产品，不要图便宜去购买杂牌货，因为导热油可使用数年才换油，所以选用价格稍贵的正品总比用寿命短的劣质油或出事故更为合算。

2. 启动及停车

一定先把导热油循环起来再启动热源缓慢升温，停工时先停热源，让导热油继续循环，其温度下降到安全温度再停止循环，避免换热器里的导热油局部过热而在管壁生沉积物，因为这些沉积物会使管径变窄，加大流动阻力，降低传热效率。

3. 泵流量要适当

使管壁的油呈层流，而中间属紊流状，流速太慢则易生沉积物，流速太快传热又不好。

4. 定期采导热油样分析

其指标变化到一定程度应换油，一般为 40℃ 黏度变化 15%，酸值>0.5mgKOH/g，闪点变化>20%，不溶物>0.5%就要换油。若上述指标变化太快，应寻找变化原因，并予以排除。有可能是膨胀槽密封失效，使空气入侵而加速氧化。

5. 用清洗剂清洗，除去沉积物

若感到导热性能明显变差，或因流动阻力大而使泵的出口压力明显升高，可能是导热油在热交换器中生成沉积物，应用合适的清洗剂清洗，除去沉积物。

第三节　有机热载体应用要点

1. 启动后导热油升温很慢或升不上去的原因

这通常发生在新导热系统投产或检修完后的系统启动，一般在升温到 100℃ 后油温上升缓慢或升不上去。真相是这些系统安装后或检修完后用水清洗系统或用水试压，加导热油前未把残留在系统中的水清除干净，加热到 100℃ 后混在导热油中的水开始沸腾，油温不能再上升，此时只能缓慢加温，到油中的水蒸发完后油温即能迅速升温。若油温升至 100℃ 以后升温慢或停滞不前，看到膨胀槽的油面冒出水蒸气，就是此原因了。此时应放慢加温速度，待水蒸气挥发完再加速升温，否则会发生突沸，损坏设备。

2. 导热油变质过快、沉积物多的原因

很多是系统有问题，主要是膨胀槽问题。有的无膨胀槽，有的虽有膨胀槽但位置不够高或里面液面低，使系统不密闭，导热油循环时空气不断进到油中，使油产生强的氧化反应，油的变质速度也就快了。

还有的用劣质导热油，轻馏分多或热稳定性差，高温下轻馏分逸出多或热分解程度高，可看到有气体不断从膨胀槽的油中冒出，当然变质也就快了。

3. 关于液相工作温度的误解

关于导热油的工作温度，不同品牌的产品说法不一，有的说可用于 300℃，有的说 320℃，有的说 350℃，而用户很注意此温度，总觉得工作温度高就是好，这是一种误解，因为某种导热油可以允许的工作温度主要决定于导热油的热稳定性，而热稳定性又主要决定于导热油所采用的基础油类型。虽然有一个导热油热稳定性的测定方法(SH/T 0680)，但人们不熟悉，因而供应商可以在一个大的温度范围内指定，甚至故意忽略是长期在此温度下操作还是允许短期达到此温度的差别，从而夸大(提高)允许的操作温度。应该认为，凡是质量合格的矿物油类的导热油，其可承受的最高工作温度相差无几。在新标准中是用初馏点作牌号，此指标仅控制馏分中的轻馏分程度，与使用温度有联系但无直接对应关系，用户不必对他们的说明书上的工作温度斤斤计较，而合成型导热油则能承受更高的温度。

4. 导热油使用中变色快、温度上升慢的原因

① 没有严格执行操作规程。正确的操作规程是：启动时，先启动油泵，使油在管中循环，再缓慢加热；停机时，先停止加热，导热油仍继续循环，待油温降至低温下才停油泵，避免油在静止情况下与高温管线长时间接触。

② 膨胀槽密封不良。检查膨胀槽工作是否工作正常，若密封不良使氧气不断进入，油就加速氧化。

5. 选择油品是要考虑油的真实工作温度

选择品种时，油的真实工作温度应低于最高允许温度20~30℃。

第十一章 真空泵油

工业上及日常生活中，真空技术大有用武之地，如白炽灯泡、旧电子技术的电子管、电视机的荧光屏等，里面都要高度的真空。这种真空一方面使高温的灯丝在无氧环境中保持光亮而不烧毁，另一方面使分子状态的物质自由度大了，进入要求的状态。又如炼油工业的减压蒸馏，在减压状态下使石油馏分的沸点下降，使在烃类不结焦的较低温度下把较重的馏分分离出来。这类使某一定空间中达到真空状态的设备就是真空泵。

第一节 真空泵的分类和性能要求

一、真空泵的分类

要达到不同的真空度，就要用不同的真空泵。不同的真空泵所用的润滑油也大有不同，图 11-1 是不同真空度所用的真空泵的类型。表 11-1 是真空泵的分类。

表 11-1 工业润滑剂和有关产品(L 类)分类——第九部分，D 组(压缩机)

应用范围	特殊应用	更具体应用	代号 L-	典型应用	备注
真空泵	压缩室有油润滑的容积式真空泵	往复式，滴油和喷油回转式(滑片和螺杆)	DVA	低真空，用于无腐蚀气体	粗真空 $10^{2} \sim 10^{-1}$kPa
			DVB	低真空，用于有腐蚀气体	
		油封式真空泵(回转滑片和回转柱塞)	DVC	中真空，用于无腐蚀气体	低真空 $<10^{-1} \sim 10^{-4}$kPa
			DVD	中真空，用于有腐蚀气体	
			DVE	高真空，用于无腐蚀气体	高真空 $<10^{-4} \sim 10^{-8}$kPa
			DVF	高真空，用于有腐蚀气体	

真空泵中应用最广泛的是机械真空泵，它可使真空度达到粗真空和低真空(大于 10^{-4}kPa)，又是其他高真空泵的前级真空泵。机械真空泵的类型较多，有往复式、旋片式、余摆式等，其工作原理与气体压缩机相反。压缩机是通过气体体积的变化把气体压缩成密度大的压缩气体，而真空泵也是通过气体体积的变化把空间内的气体抽成密度特小的真空状态，因而它们的设备也很相似，它们都要

用润滑油，这些润滑油与压缩机油的性能也有相似之处。

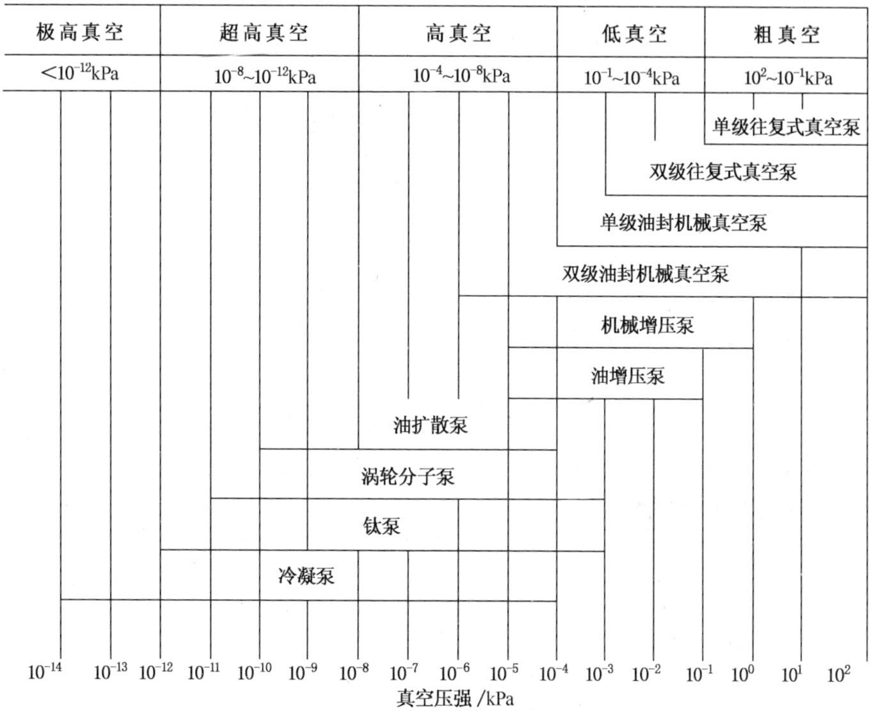

极高真空	超高真空	高真空	低真空	粗真空
<10^{-12}kPa	10^{-8}~10^{-12}kPa	10^{-4}~10^{-8}kPa	10^{-1}~10^{-4}kPa	10^{2}~10^{-1}kPa

单级往复式真空泵
双级往复式真空泵
单级油封机械真空泵
双级油封机械真空泵
机械增压泵
油增压泵
油扩散泵
涡轮分子泵
钛泵
冷凝泵

10^{-14}　10^{-13}　10^{-12}　10^{-11}　10^{-10}　10^{-9}　10^{-8}　10^{-7}　10^{-6}　10^{-5}　10^{-4}　10^{-3}　10^{-2}　10^{-1}　10^{0}　10^{1}　10^{2}

真空压强 /kPa

图 11-1　不同真空度所用真空泵的类型

二、真空泵对润滑油的要求

真空泵对润滑油主要有以下四个方面的性能要求：

一是适当的黏度，一般 40℃运动黏度为 ISO 32～150。

二是有低的饱和蒸气压，这是真空泵油的特有要求，这就要求真空泵油的馏分要窄，含的轻馏分要少。

三是有优良的热稳定性和抗氧性能，这与压缩机油相类似。

四是有好的分水性和抗泡性，这与压缩机油相一致。

机械真空泵只能使特定空间达到粗真空或低真空。要达到高真空或超高真空，要用喷射式蒸气流真空泵（增压泵）或扩散式蒸气流真空泵（扩散泵），它们可使空间达到 10^{-8}kPa 以下。其工作原理与机械真空泵完全不同，它是把工作液通过蒸发器汽化并高速喷出进到被抽真空的空间，把空间中的气体携带到泵的出口，被前置真空泵（机械真空泵）抽去并排出，工作液蒸气在泵壁冷凝再回到蒸发器汽化，这种工作液就是真空泵油，这里叫扩散泵油。它不仅是润滑油，还是工作液，因而性能要求与用于机械真空泵的润滑油有很大的不同。

三、扩散泵油的性能要求

对扩散泵油的性能要求主要有以下四个方面：

一是在冷凝器的温度下（约 20℃）必须有低的饱和蒸气压（小于 10^{-7}kPa），以得到高的真空度。

二是在蒸发器的温度下应有尽可能大的饱和蒸气压，使真空泵能在较高的出口压强下工作。

三是有优良的热安定性和氧化安定性，使之有长的使用寿命。

四是有些用途还要求有好的化学安定性和抗辐射能力。

第二节　真空泵油的品种和应用

一、真空泵油的品种

由于用于机械真空泵和扩散泵的油区别较大，下面按真空泵油和扩散泵油分别叙述。

真空泵油基本上用矿物油即可满足要求，我国的产品标准为矿物油型真空泵油（SH/T 0528—1992），分为三个黏度级，ISO 46、68、100（见表 11-2）。其特有的项目为饱和蒸气压和极限分压，其他项目为一些润滑油的通用项目。矿物油型真空泵油一般是由窄馏分基础油加上防锈抗氧添加剂组成。特殊用途的真空泵需用无腐蚀无污染的真空泵油，则需用合成油，如全氟醚类。

表 11-2　矿物油型真空泵油（SH/T 0528—1992）

项　目	质量指标						
质量等级	优质品			一级品			合格品
黏度等级	46	68	100	46	68	100	100
黏度（40℃）/（mm^2/s）	41.4~50.6	61.2~74.8	90~110	41.4~50.6	61.2~74.8	90~110	90~110
黏度指数　不小于	90	90	90	90	90	90	—
密度（20℃）/（kg/m^3）不大于	880	882	884	880	882	884	—
倾点/℃　不高于	-9	-9	-9	-9	-9	-9	-9
闪点（开口）/℃　不低于	215	225	240	215	225	240	206
中和值/（mgKOH/g）不大于	0.1	0.1	0.1	0.1	0.1	0.1	0.2

续表

项 目	质量指标						
色度/号 不大于	0.5	1.0	2.0	1.0	1.5	2.5	—
残炭/% 不大于	0.02	0.03	0.05	0.05	0.05	0.10	0.20
抗乳化性(40-37-3)/min							
54℃ 不大于	10	15	—	30	30	—	—
82℃ 不大于	—	—	20	—	—	30	报告
铜片腐蚀(100℃，3h)/级 不大于	1	1	1	1	1	1	—
泡沫性(泡沫倾向/泡沫稳定性)/(mL/mL)							
24℃ 不大于	100/0	100/0	100/0	—	—	—	—
93.5℃ 不大于	75/0	75/0	75/0	—	—	—	—
后 24℃ 不大于	100/0	100/0	100/0	—	—	—	—
氧化安定性							
a. 酸值达到 2.0mgKOH/g 时间/h 不小于	1000	1000	1000	—	—	—	—
b. 旋转氧弹(150℃)/min	实测	实测	实测	—	—	—	—
水溶性酸及碱	无	无	无	无	无	无	无
水 分	无	无	无	无	无	无	无
机械杂质	无	无	无	无	无	无	无
灰分/% 不大于	—	—	—	—	—	—	0.005
饱和蒸气压/kPa							
20℃ 不大于	—	—	—	—	—	—	5.3×10^{-5}
60℃ 不大于	6.7×10^{-6}	6.7×10^{-7}	1.3×10^{-7}	1.3×10^{-5}	1.3×10^{-6}	6.7×10^{-7}	报告
极限压力/kPa							
分压 不大于	2.7×10^{-5}	2.7×10^{-5}	2.7×10^{-5}	6.7×10^{-5}	6.7×10^{-5}	6.7×10^{-5}	—
全压	实测	实测	实测	—	—	—	—

扩散泵油也可用矿物油型，有行业标准 SH 0529—1992，见表 11-3，其对挥发性要求大大高于真空泵油，但比合成油易于氧化降解，使用寿命短，优点是价廉。表 11-4 是真空泵油和扩散泵油在对其特点项目的比较。

表 11-3　矿物油型扩散泵油(SH 0529—1992)

项　目		质量指标		
黏度等级		46	68	100
黏度(40℃)/(mm^2/s)		41.4~50.6	61.2~74.8	90~110
平均分子量	不小于	380	420	450
色度/号	不大于	0.5	1.0	2.0
倾点/℃	不高于	-9	-9	-9
闪点/℃	不低于	220	230	250
机械杂质		无	无	无
水　分		无	无	无
中和值/(mgKOH/g)	不大于	0.01	0.01	0.01
灰分/%	不大于	0.005	0.005	0.005
残炭/%	不大于	0.02	0.03	0.05
铜片腐蚀(100℃，3h)/级	不大于	1	1	1
饱和蒸气压(20℃)/kPa	不大于	5×10^{-9}	1×10^{-9}	5×10^{-10}
极限压力(全压)/kPa	不大于	7×10^{-8}	5×10^{-8}	3×10^{-8}
热安定性(150℃，24h)		实测	实测	实测

表 11-4　真空泵油和扩散泵油的比较

项　目		真空泵油	扩散泵油
黏度等级		46，68，100	46，68，100
饱和蒸气压/kPa	20℃	—	6×10^{-9}
	60℃	6.7×10^{-6}(以 46 号为例，下同)	—
极限压力/kPa	分压	2.7×10^{-5}	—
	全压	报告	7×10^{-8}

矿物油型扩散泵油除一般的精制外还要经分子蒸馏、分子薄膜脱气等工艺。由于矿物油型扩散泵油的先天缺点，大多采用热稳定性及氧化稳定性良好的合成油，如合成烃、酯类、硅油、聚苯醚及合氟醚等。表 11-5 和 11-6 是酯类及硅油真空泵油的数据。

表 11-5　酯类蒸气喷射泵油特性

名　　称	相对分子质量	相对密度（25℃）	蒸发热/（kJ/mol）	蒸气压（25℃）/kPa	极限压强/kPa	应用范围
邻苯二甲酸二乙酯	222	1.118	66.99	20×10^{-5}	10^{-4}	增压泵
邻苯二甲酸二丁酯	278	1.047	90.02	4.4×10^{-6}	10^{-5}	增压泵
邻苯二甲酸二戊酯	306	1.019	88.34	1.7×10^{-6}	10^{-6}	扩散泵
邻苯二甲酸二（2-甲基己）酯	362	0.973	113.88	7.0×10^{-8}	10^{-7}	扩散泵
邻苯二甲酸二（2-乙基己）酯	390	0.978	107.18	3.0×10^{-7}	10^{-8}	扩散泵
癸二酸二丁酯	314	0.933		5.0×10^{-7}	10^{-6}	扩散泵
癸二酸二戊酯	342	0.925	99.22	1.3×10^{-7}	10^{-7}	扩散泵
癸二酸二苄酯	382		120.99	5.3×10^{-9}	10^{-8}	扩散泵
癸二酸乙基己酯	426	0.910	105.51	2.7×10^{-9}	10^{-9}	扩散泵
磷酸间三甲苯酯	368		116.39	1.2×10^{-8}	10^{-7}	扩散泵
磷酸对三甲苯酯	368		113.46	2.6×10^{-9}	10^{-7}	扩散泵
三芳基磷酸酯	—		110.53	3.3×10^{-10}	10^{-10}	扩散泵

表 11-6　硅油扩散泵油性质

项　　目	272 硅油 DC 702SH702	273 硅油 DC 703SH703	274 硅油 DC 704SH704	275 硅油 DC 705SH705
颜色	透明			透明-淡黄
黏度（25℃）/（mm^2/s）	45		39	175
相对密度（25℃）	1.07		1.07	1.09
闪点（开口）/℃	193		221	243
沸点（66.5Pa）/℃	180		215	245
蒸气压常数　A 值	10.3	10.02	11.03	12.31
B 值	4820	5210	5577	6490
表面张力/（N/m）	3×10^{-2}		3.73×10^{-2}	3.65×10^{-2}
相对分子质量	530	570	484	546
蒸气压/kPa（25℃）	1.8×10^{-7}	4.6×10^{-9}	2.7×10^{-9}	4.5×10^{-11}
极限压强/kPa　无冷阱	10^{-7}	10^{-8}	10^{-9}	10^{-11}
有冷阱			10^{-11}	
氧化安定性	优			
返油率	少			
蒸发热/（kJ/mol）	92.1	99.6	106.8	118

二、真空泵油的应用

1. 真空泵油的选择

真空泵油主要选择黏度，一般转速越高，线速度越大，配合间隙越小，则选择黏度越低的油，见表 11-7。

表 11-7　各种真空泵选用不同黏度的真空泵油

泵类型	活塞式	旋片式	直联旋片式(高速)	滑阀式	余摆线	罗茨式
黏度级	100，150	68，100	46，68	68，100	100，150	32，46

真空泵油的品种以设备制造厂的推荐为主。

2. 真空泵油使用注意事项

真空泵油使用时要注意以下三点：

① 保证储运、加油、换油的过程要清洁，严防被污物、水、其他油污染。

② 不同牌号、不同品种油不能混用，新旧油不能混用。

③ 换油时旧油必须排尽，并清洗干净，最后用新油冲洗，再换新油。

扩散泵油主要选择类型，一般按泵的说明书要求选用。大尺寸的扩散泵，特别是换油频繁的冶炼设备，可选用矿物油型扩散泵油；而电子行业的扩散泵，换油期长，一般用硅油，有特别要求的选用全氟醚较多。

第十二章　防 锈 油

曾经有一些骇人听闻的统计数字，说是全世界每年由于金属腐蚀使金属制品不能使用的质量为当年金属年产量的三分之一，其中大部分可回炉再生，小部分完全损失，也就是浪费了制造能力和金属。这些统计数据如何得到及其准确性如何我们不得而知，虽然可能有夸大的成分，但说明由于金属表面保护技术不强和防护工作未得到足够重视，因腐蚀而造成的损失是十分惊人的。

金属腐蚀是指金属及其制品与其环境介质接触，产生化学或电化学反应而逐渐遭到破坏的现象。腐蚀是一个广义的名词，一般在生产过程中金属受到强酸强碱及强腐蚀物质的侵蚀产生的快速而显著的破坏称腐蚀，而在自然大气中金属表面受水、氧气及盐雾等侵蚀产生的较为缓慢的破坏称锈蚀（尤其对黑色金属）。本文的防锈就专指后一种情况。

锈蚀造成的损失是多方面的，直接的损失是使金属制品成为废品、次品，失去使用价值。间接损失是使设备安全系数降低，性能下降，增加维修工作量和停工周期乃至发生事故。更潜在的危机在于，锈蚀因其缓慢性和不显著性而得不到生产管理者的足够重视，对先进的防锈技术应用的投入没有放在应有的位置上，造成不断的恶性循环。

第一节　锈蚀原理和防锈油防锈机理

一、金属的锈蚀

金属的锈蚀有化学腐蚀和电化学腐蚀二种机理。化学腐蚀指环境介质与金属表面发生纯化学反应，生成机械强度很低或松脆的产物，如金属受空气中的氧化而生成金属氧化物；而电化学腐蚀是金属表面的液体介质如水与金属有电位差而形成微电池，使金属分子电解。若水中有污染物如盐，其反应更为迅速，在实际中这二种机理会同时发生并相互激发，并会不断往金属里层扩展。

二、防锈油的作用机理

防止锈蚀有多种方法，如采用某些不易锈蚀的合金材料、表面涂层等，采用防锈油是其中较为普遍的使用方便、成本较低的方法。

使金属表面锈蚀的主要介质是氧气和水。防锈油防锈的主要作用是隔断这二者与金属表面的接触，其主要机理如下。

1. 吸附

有的防锈添加剂的极性很强，能牢固地吸附在金属表面，形成致密的保护膜，防止锈蚀介质入侵到金属中。

2. 置换

有的防锈添加剂表面能很强，在与吸附在金属表面的微量水、手汗和氧气等腐蚀介质的竞争吸附中把它们挤出来后自己吸附上去，起到置换的作用。

3. 增溶和中和

有的防锈添加剂对水有增溶作用，把金属表面的微量水溶解在油中，还有的防锈添加剂有一定碱性，中和有腐蚀性的酸性介质，使之不产生腐蚀。其机理示意图如图 12-1 和图 12-2 所示。

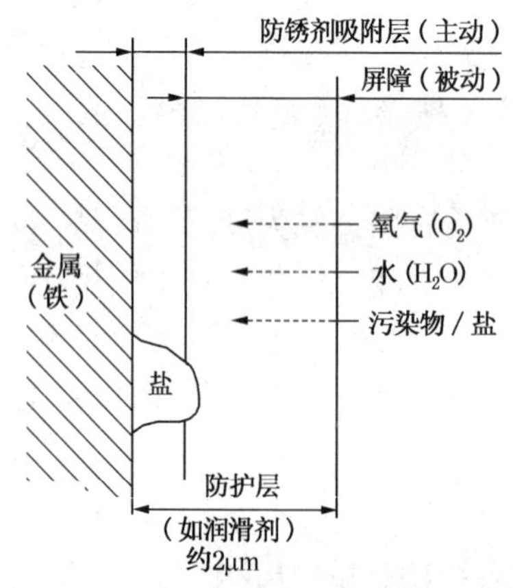

图 12-1　薄有机物层防锈蚀示意

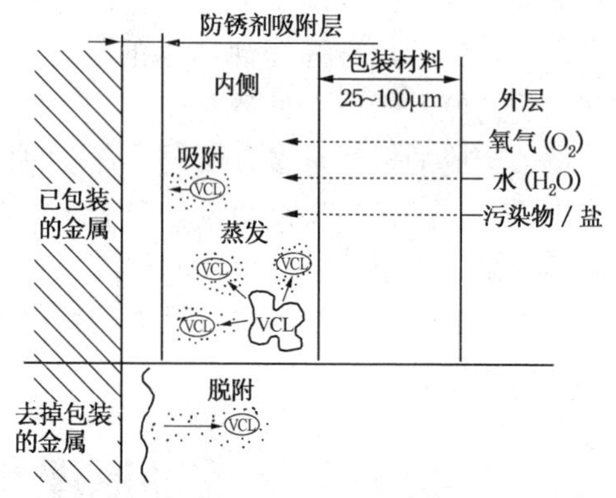

图 12-2　挥发性防锈剂的防锈作用

三、防锈油防锈效果的测定

防锈油除了润滑油一些基本的质量指标外，还有专用于评定其防锈效果的试验方法。这些方法一般分为两类：一类是把特定的金属材料做成试片，涂上防锈油后挂在大气中让其锈蚀，观察其锈蚀快慢和严重程度，要与参比油同时试验以作相对比较，称大气暴露试验。一般在百叶箱中挂片，这种方法时间长，重复性差，不能作为产品的规格试验的标准方法，只能作相对比较，但试验结果说服力强。另一类是在试验室内模拟和强化大自然的锈蚀条件，统一试验条件如试片尺寸、材质、表面处理、温度、湿度等，比较快速地得到防锈油的防锈效果好坏，可作为产品的规格试验方法。对目前的防锈油，这里简单介绍三个常用的主要试验方法。

1. 防锈油脂湿热试验方法(GB/T 2361—1992)

把涂有试验油的特定金属如45号钢、铸铁等并经表面打磨的试片挂在潮湿箱中，在湿度95%、49℃下保持一定时间，观察试片生锈情况或保持无锈的时间(天或小时)。

2. 防锈油脂盐雾试验方法(SH/T 0081—1991)

把涂有试验油的试片挂在有5%盐水的喷雾装置中，35℃下保持一定时间，观察试片生锈情况或保持无锈的时间(天或小时)。

3. 防锈油脂水置换性试验方法(SH/T 0036—1990)

把涂有试验油的试片在简易湿润器中放置1h，观察试片朝上的表面有无疤痕、污物和锈蚀，判断为合格或不合格。

此外还有很多与防锈性能有关的试验方法，如盐水浸渍试验法、人汗洗净性试验法等数十种，详情参看专著。

第二节 防锈油品种和分类

目前我国并无标准化的防锈油脂分类，20世纪80年代有过一些提议和草案，参照日本分类JIS K2246—80为主，如表12-1所示。

表12-1 我国防锈油脂产品分类及标准

名 称	牌 号	用 途	组 成
薄膜水置换型	L-RA	工序间防锈	基础油，水置换型防锈剂
水基防锈油	L-RB	乳化液，工序防锈	基础油，水置换型防锈乳化剂
	L-RH	蜡膜，长期封存	
	L-RM	干膜，涂抹用	
油型封存防锈油	L-RC	工序间短期防锈	基础油加多种防锈剂
	L-RCC	工序间短期防锈有水置换	基础油加多种防锈剂
	L-RD	黑色及有色金属长期封存	基础油加多种防锈剂
	L-RDD	有水置换有色金属长期封存	基础油加多种防锈剂
	RL	有涂层的板材、部件防锈	
机械润滑防锈油	1号	短期润滑，长期防锈	
	2号	短期润滑，长期防锈	
	3号	短期润滑，长期防锈	
内燃机润滑防锈油	1号	短期润滑，长期防锈	

续表

名　称	牌　号	用　途	组　成
	2号	短期润滑，长期防锈	
	3号	短期润滑，长期防锈	
溶剂稀释型	L-RG	沥青膜，室内长期，室外短期	溶剂，沥青，防锈剂
	L-RE	软膜室内长期，室外短期	溶剂，油或蜡，防锈剂
	L-REE	水置换软膜室内长期，室外短期	溶剂，油或蜡
	L-RS	硬膜室内长期，室外短期	溶剂，树脂，防锈剂
石油脂型	L-RK1	软质膜	
	L-RK2	中质膜	
	L-RK3	硬　膜	
气相防锈油		密闭系统封存防锈	基础油，气相防锈剂

在实际生产活动中，并没有完全按此分类去生产和使用。

我国的防锈油产品还没有完全标准化，很多属于“推荐标准”，有7个行业标准：防护油(SH 0353—1992)，L-RG溶剂稀释型防锈油(SH/T 0095—1991)，L-RK脂型防锈油(SH/T 0096—1991)，溶剂稀释型防锈油(SH/T 0354—1992)，置换型防锈油(SH/T 0367—1992)，L-RA水置换型防锈油(SH/T 0602—1994)，石油脂型防锈脂(SH/T 0366—1992)。

21世纪初我国对防锈油颁布了新的分类(见表12-2)及几种防锈油的质量指标，这些内容都包含在SH/T 0692—2000的标准中，分别代替上述的7个标准。新标准汇列如表12-3~表12-7所示。

表12-2　防锈油分类

<table>
<tr><th colspan="3">种　类</th><th>代号L-</th><th>膜的性质</th><th>主要用途</th></tr>
<tr><td colspan="3">除指纹型防锈油</td><td>RC</td><td>低黏度油膜</td><td>除去一般机械部件附着的指纹，达到防锈目的</td></tr>
<tr><td rowspan="5">溶剂稀释型防锈油</td><td colspan="2">Ⅰ</td><td>RG</td><td>硬质膜</td><td>室内外防锈</td></tr>
<tr><td colspan="2">Ⅱ</td><td>RE</td><td>软质膜</td><td>以室内防锈为主</td></tr>
<tr><td rowspan="2">Ⅲ</td><td>1号</td><td>REE-1</td><td>软质膜</td><td rowspan="2">以室内防锈为主
(水置换型)</td></tr>
<tr><td>2号</td><td>REE-2</td><td>中高黏度油膜</td></tr>
<tr><td colspan="2">Ⅳ</td><td>RF</td><td>透明，硬质膜</td><td>室内外防锈</td></tr>
<tr><td colspan="3">脂型防锈油</td><td>RK</td><td>软质膜</td><td>类似转动轴承类的高精度机加工表面的防锈，涂敷温度80℃以下</td></tr>
</table>

续表

<table>
<tr><th colspan="3">种　　类</th><th>代号 L-</th><th>膜的性质</th><th>主 要 用 途</th></tr>
<tr><td rowspan="6">润滑油型防锈油</td><td rowspan="3">Ⅰ</td><td>1 号</td><td>RD-1</td><td>中黏度油膜</td><td rowspan="3">金属材料及其制品的防锈</td></tr>
<tr><td>2 号</td><td>RD-2</td><td>低黏度油膜</td></tr>
<tr><td>3 号</td><td>RD-3</td><td>低黏度油膜</td></tr>
<tr><td rowspan="3">Ⅱ</td><td>1 号</td><td>RD-4-1</td><td>低黏度油膜</td><td rowspan="3">内燃机防锈，以保管为主，适用于了中负荷，暂时运转的场合</td></tr>
<tr><td>2 号</td><td>RD-4-2</td><td>中黏度油膜</td></tr>
<tr><td>3 号</td><td>RD-4-3</td><td>高黏度油膜</td></tr>
<tr><td colspan="2" rowspan="2">气相防锈油</td><td>1 号</td><td>RQ-1</td><td>低黏度油膜</td><td rowspan="2">密闭空间防锈</td></tr>
<tr><td>2 号</td><td>RQ-2</td><td>中黏度油膜</td></tr>
</table>

表 12-3　L-RC 除指纹型防锈油技术要求

<table>
<tr><th colspan="2">项　　目</th><th>质量指标</th><th colspan="2">项　　目</th><th>质量指标</th></tr>
<tr><td>闪点/℃</td><td>不低于</td><td>38</td><td colspan="2" rowspan="5">腐蚀性(质量变化)/(mg/cm²)</td><td>钢±0.1</td></tr>
<tr><td>运动黏度(100℃)/(mm²/s)</td><td>不大于</td><td>12</td><td>铝±0.1</td></tr>
<tr><td colspan="2">分离安定性</td><td>无相变，不分离</td><td>黄铜±1.0</td></tr>
<tr><td colspan="2">除指纹性</td><td>合格</td><td>锌±3.0</td></tr>
<tr><td colspan="2">人汗防蚀性</td><td>合格</td><td>铅±45.0</td></tr>
<tr><td colspan="2">除膜性(湿热后)</td><td>能除膜</td><td>湿热(A 级)/h</td><td>不小于</td><td>168</td></tr>
</table>

注：试验片种类可与用户协商。

表 12-4　溶剂稀释型防锈油技术要求

<table>
<tr><th colspan="3" rowspan="2">项　　目</th><th colspan="5">质 量 指 标</th></tr>
<tr><th>L-RG</th><th>L-RE</th><th>L-REE-1</th><th>L-REE-2</th><th>L-RF</th></tr>
<tr><td colspan="2">闪点/℃</td><td>不低于</td><td>38</td><td>38</td><td>38</td><td>70</td><td>38</td></tr>
<tr><td colspan="3">干燥性</td><td>不黏着状态</td><td>柔软状态</td><td>柔软状态</td><td>柔软或油状态</td><td>指触干燥(4h)
不黏着(24h)</td></tr>
<tr><td colspan="2">流下点/℃</td><td>不低于</td><td>80</td><td colspan="3">—</td><td>80</td></tr>
<tr><td colspan="3">低温附着性</td><td colspan="5">合格</td></tr>
<tr><td colspan="3">水置换性</td><td>—</td><td>—</td><td colspan="2">合格</td><td>—</td></tr>
<tr><td colspan="3">喷雾性</td><td colspan="5">膜连续</td></tr>
<tr><td colspan="3">分离安定性</td><td colspan="5">无相变，不分离</td></tr>
<tr><td rowspan="2">除膜性</td><td colspan="2">耐候性后</td><td>除膜(30 次)</td><td colspan="4">—</td></tr>
<tr><td colspan="2">包装储存后</td><td>—</td><td>除膜(15 次)</td><td colspan="2">除膜(6 次)</td><td>除膜(15 次)</td></tr>
</table>

续表

项目			质量指标				
			L-RG	L-RE	L-REE-1	L-REE-2	L-RF
透明性			—				能看到印记
腐蚀性(质量变化)②/(mg/cm²)			钢±0.2，铝±0.2，黄铜±1.0，镁±0.5，锌±7.5，镉±5.0，铬不失去光泽				
膜厚/μm		不大于	100	50	25	15	50
防锈性	湿热(A级)/h	不小于	—	720①	720①	480	720①
	盐雾(A级)/h	不小于	336	168	—	.	336
	耐候(A级)/h	不小于	600	—	—	—	—
	包装储存(A级)/d	不小于	—	360	180	90	360

① 为保证项目，定期测定。

② 试验片种类可与用户协商。

表 12-5　L-RK 脂型防锈油技术要求

项目			质量指标
针入度(25℃)/(1/10mm)			200~325
滴熔点/℃		不低于	55
闪点/℃		不低于	175
分离安定性			无相变，不分离
蒸发量/%		不大于	1.0
吸氧量(100h，99℃)/kPa		不大于	150
沉淀值/mL		不大于	0.05
磨损性			无伤痕
流下点/℃		不低于	40
除膜性			除膜(15次)
低温附着性			合格
腐蚀性(质量变化)①/(mg/cm²)			钢±0.2，铝±0.2，黄铜±0.2，锌±0.2，铅±1.0，镁±0.5，镉±0.2，除铅外，无明显锈蚀、污物及变色
防锈性	湿热(A级)②/h	不小于	720
	盐雾(A级)/h	不小于	120
	包装储存(A级)②/h	不小于	360

① 试验片种类可与用户协商。

② 为保证项目，定期测定。

表 12-6　润滑油型防锈油技术要求

项　　目	质量指标					
	L-RD-1	L-RD-2	L-RD-3	L-RD-4-1	L-RD-4-2	L-RRD-4-3
闪点/℃　不低于	180	150	130	170	190	200
倾点/℃　不高于	-10	-20	-30	-25	-10	-5
运动黏度/(mm²/s)　40℃	100±25	18±2	13±2	—	—	—
100℃	—	—	—	—	9.3~12.5	16.3~21.9
低温动力黏度(-18℃)/mPa·s　不大于	—	—	—	2500	—	—
黏度指数　不小于	—	—	—	75	70	
氧化安定性(165.5℃，24h)						
黏度比　不大于	—	—	—	3.0	2.0	
总酸值增加/(mgKOH/g)	—	—	—	3.0	3.0	
挥发性物质量/%　不大于	—	—	—	2		
泡沫性/mL 24℃　不大于	—	—	—	300		
93.5℃　不大于	—	—	—	25		
后 24℃　不大于	—	—	—	300		
酸中和性	—	—	—	合格		
叠片试验/周期	协议			—		
铜片腐蚀(100℃，3h)/级　不大于	2			—		
除膜性，湿热后	能除膜					
防锈性　湿热(A 级)/h　不小于	240	192		480		
防锈性　盐雾(A 级)/h　不小于	48	—		—		
防锈性　盐水浸渍(A 级)/h　不小于	—			20		

表 12-7　气相防锈油技术要求

项　　目	质量指标	
	L-RQ-1	L-RQ-2
闪点/℃　不低于	115	120
倾点/℃　不高于	-25.0	-12.5

续表

项目			质量指标	
			L-RQ-1	L-RQ-2
运动黏度/(mm^2/s) 100℃			—	8.5~13.0
40℃			不小于10	95~125
挥发性物质量/%		不大于	15	5
黏度变化/%			-5~20	
沉淀值/mL		不大于	0.05	
烃溶解性			无相变，不分离	
酸中和性			合格	
水置换性			合格	
腐蚀性(质量变化)/(mg/cm^2)			铜±1.0，钢±0.1，铝±0.1	
防锈性	湿热(A级)/h	不小于	200	
	气相防锈性		无锈蚀	
	暴露后气相防锈性		无锈蚀	
	加温后气相防锈性		无锈蚀	

日本、美国、中国防锈油规格对照见表12-8。

防锈油的基础油与其他工业润滑油用的基础油相同，低黏度的较为常用，溶剂稀释型防锈油用的溶剂一般为窄馏分煤油，闪点一般为40~60℃，使其易于在大气中迅速挥发而在金属表面留下防锈薄膜。防锈添加剂品种较多，用得较多的有磺酸碱金属盐类、羧酸及其皂类、胺及含氮化物、磷酸酯类等，市场上还有多种复合型防锈剂供选用。对薄膜型防锈油还要有成膜剂，软膜型一般为蜡、油脂、凡士林等，硬膜型为树脂、橡胶等，有些防锈剂油溶性不够好，有的还需用增溶剂以提高溶解性。

表 12-8　日本、美国、中国防锈油规格对照表

日本 JIS K2246—1994					美国 军用规格 MIL-P-116J(1991)				SH/T 0692—2000	
类型	符号	名称			类型	符号	规格号	名称	符号	名称
溶剂稀释型防锈油	NP-1	1 种　硬质膜			薄膜防锈油	P-1	MIL-C-16173E (1993) 1 号	干燥硬膜常温用	RG	硬质膜
	NP-2	2 种　软质膜				P-2	MIL-C-16173E (1993) 2 号	软膜常温用	RE	软质膜
	NP-3-1	3 种	软质膜			P-3	MIL-C-16173E (1993) 3 号	水置换型软膜	REE-1 REE-2	软质膜 中高黏度油膜
	NP-3-2		中高黏度油膜							
	NP-19	4 种　透明、硬质膜				P-19	MIL-C-16173E (1993) 4 号	非黏着型透明膜	RF	透明、硬质膜
石油脂型防锈油	NP-6	1 种　软质膜 80℃以下使用			防锈剂	P-6	MIL-C-11796C (1986) 3 号	轻质、软膜	RK	软质膜
润滑防锈油	NP-7	1 种	3 号	中黏度油膜	防锈油	P-7	MIL-PRF-3150D (1997)	中质、常温用	RD-1	中黏度油膜
	NP-8		2 号	低黏度油膜		P-8	MIL-L-3503	轻质、低温用	RD-2	低黏度油膜
	NP-9		1 号	低黏度油膜		P-9	VV-L-800	极轻质、低温用	RD-3	低黏度油膜
	NP-10-1	2 种	1 号	低黏度油膜		P-10	WIL-L-21260C (3 种)	发动机用、常温用	RD-4-1	低黏度油膜
	NP-10-2		2 号	中黏度油膜					RD-4-2	中黏度油膜
	NP-10-3		3 号	高黏度油膜					RD-4-3	高黏度油膜
	NP-0	1 种指纹除去型防锈油					MIL-C-15074E (1991)	指纹除去型防锈油	RC	低黏度油膜
气相防锈油	NP-20-1	1 种	1 号	低黏度油膜	气相防锈油	P-20-1	MIL-P-46002C (2000)		RQ-1	低黏度油膜
	NP-20-2		2 号	中黏度油膜		P-20-2	MIL-P-46002C (2000)		RQ-2	中黏度油膜

第三节　防锈油的应用

一、防锈油的选用

防锈油的品种较繁杂，其选用原则有三个：

① 按金属品种选用　不同的防锈油对不同金属材质的防锈效果不同，有的对黑色金属防锈效果很好，但对铜则效果一般，这些往往在防锈油的产品说明资料中会作说明，应注意选择。

② 按金属产品的结构和大小选用　结构简单和表面积大的可选用溶剂稀释型或脂型，而结构复杂有孔或内腔的用油型的较好，因为还要考虑启封时防锈膜可除性。

③ 按金属产品所处的环境和用途选用　分清是短期的工序防锈，还是同时带有短期润滑的长期防锈，是对潮湿环境的长期封存防锈，还是可能存放在沿海库房或有一定时间的海上运输(因而要好的抗盐雾性能)。选用时要有这方面的针对性。

当然，首先应选用质量可靠的防锈油。由于防锈油目前在我国的用量不大，很多防锈油脂为地方小厂生产甚至用户自制，而目前一些主要国产防锈添加剂质量不够稳定或油溶性不好，因而使用前首先目测，从外观、颜色及有无分层或不均匀等方面，与前几批对比。若目测几批外观相差较大，应对其质量产生怀疑，对防锈油用量大的用户，应备有潮湿箱试验设备，对防锈油的防锈效果进行验证。

二、防锈油的使用

质量好的防锈油没有正确的使用方法，也达不到好的防锈效果。使用防锈油一般有如下程序。

1. 清洗

加工好的金属制品表面会附有许多污物，如酸、水、盐、灰尘、切削液、手汗等，它们本身可能腐蚀金属，也使防锈油不能均匀紧密地吸附在金属表面隔绝环境腐蚀物，因而首先要进行清洗。一般清洗材料有石油溶剂(汽油、煤油、溶剂油等)、化学溶剂、碱溶液、水等。

石油溶剂对清洗油污及有些有机物效果好，但对无机物及水溶性物效果不佳，使用时应对操作者的皮肤及呼吸有保护措施，有良好的通风，因这类物品属易燃物，应防环境明火和高温。

化学溶剂如三氯甲烷等，除了去油脂能力高于石油溶剂外，对沥青、树脂和蜡等也有好的溶解力，但价格高，挥发性强，有毒性，应慎重使用。

对油污、盐、无机物、手汗等，用碱性清洗剂、蒸汽或水溶液清洗的效果也很好，它们价廉，危险性低。

总之，针对金属表面的污物选用不同的清洗介质，同时还要注意这些清洗介质的清洁，不能为了节省而用已有很多污物的清洗介质去清洗，使金属表面存有更多污物。

金属制品清洗后要进行干燥，一般有烘干、吹干、沥干等。

2. 防锈油涂抹

对不同的防锈油脂，有如下涂抹方法：

① 浸涂　把金属制品浸入液态防锈油中，取出沥干，有的防锈油太稠时需加热到一定温度。

② 刷涂　用刷子把防锈油涂于金属制品表面，对大件制品及形状复杂的制品更宜用此法。

③ 喷涂　对大型金属制品用此法比较快捷、均匀。

④ 浸入　小型金属制品可用此法。

一般短期或工序防锈，采用上述涂抹防锈油后即完成防锈工作，但对长期封存防锈，还要进行包装，保护防锈膜在运输或库存中不受破坏及减少腐蚀介质的入侵，一般选用耐油、密封性好、软膜性材料，如塑料薄膜、铝塑薄膜、蜡纸等都常用。

3. 包装

制品的防锈包装，按国标 GB/T 4879—1999 执行，见表 12-9。目前，该标准颁布了最新版(GB/T 4879—2016)，请读者在应用时按最新版执行。

表 12-9　防锈包装等级

等级	防锈期限	要　求
1 级	3~5 年内	水蒸气很难渗入，渗入的微量水蒸气被干燥剂吸收，产品经防锈包装的清洗、干燥后，产品表面完全无油污、水痕
2 级	2~3 年内	仅少量水蒸气可渗入，产品经防锈包装的清洗、干燥后，产品表面完全无油污、汗迹及水痕
3 级	2 年内	仅有部分水蒸气可渗入，产品经防锈包装的清洗、干燥后，产品表面无污物及油迹

防锈工艺举例如表 12-10 所示。

表 12-10　量具产品防锈工艺规程

序	工　序	工作条件	质量要求	操作注意事项
1	检查	光线充足，人员戴干净手套	按出口件要求	—
2	待清洗	戴干净手套或清洁夹具	外表无锈蚀、划痕等，放置时不得碰伤刃口	采用单件清洗
3	第一次清洗，用石油溶剂或其他清洗剂	室温浸洗或喷洗	洗净产品各部位	沟槽涂敷部位可用刷洗、喷洗或超声波洗；用水剂洗后需干燥及防锈
4	第二次清洗	室温浸入溶液中上下浸提，左右摆动	进一步清洗残留污物	—
5	干燥	无腐蚀气氛介入	干燥、无潮湿	视所用方法而定
6	防锈	按规定	防锈油脂或可剥塑料，应色浅、透明、均匀、致密、完整及无流挂、块粒等，用气相防锈时应注意环境洁净及相对密封	如选用防锈油过稠，可在保证防锈质量的前提下，加入适量的稀释剂
7	包装 包装或装入聚乙烯塑料袋，封口	戴干净手套或清洁夹具，纸可用防锈脂封口，聚乙烯薄膜用电热合器封口	不得擦伤防锈层	按产品重量大小选用适宜厚度薄膜

4. 防锈失效原因

防锈失效的原因有三：一是防锈油的质量不好或选用不当；二是防锈油工艺原因，如金属制品的清洗、干燥，防锈油的涂抹存在缺陷；三是贮存环境的劣化。

第四节　防锈油应用要点

20 世纪 70 年代，我国曾掀起防锈工作的高潮，除了石油系统外，机械工业的很多单位也积极参与，成立了很多的攻关组、协会等，研制了很多新产品，防锈油的水平与国外先进水平的差距逐渐缩小。但 20 世纪 80 年代至今，防锈油脂的研究处于低潮，所用的防锈油产品基本仍是 20 世纪 70 年代的成果，那时打下的基础沿用至今，进展不大。

建议一：设备制造行业应把金属防锈的位置提高，从加强防锈工作上提高效益。据笔者所知，很多金属产品的生产厂，尤其地处潮湿高气温的厂，其产品或半成品由于生锈而造成的损失相当可观，有的只能花昂贵的费用购买进口的防锈油脂，有的又回到20世纪70年代前采用蜡或凡士林等涂上厚厚的一层作防锈，花费大量人力，也给使用前卸脂造成困难。

建议二：防锈油脂的选用及使用一定要慎重，很多小厂的防锈添加剂和防锈油脂产品的质量不够稳定，应加强选择，甚至自备简易的评定手段，严把质量关。

第十三章　金属加工液

第一节　概　　述

在润滑油的总量中，虽然金属加工液占的比例不大(不到 8%)，但品种却最为繁杂，应用技术也最为复杂。因而虽然各个有关组织都对此作了若干种分类，如日本 JIS、ISO、ASTM，甚至我国也都有分类，但在实际工作中的这些分类的指导作用远低于其他润滑油类。机床生产商的说明书一般没有按其分类推荐用某种油，润滑油生产商也没有按这些分类制造商品供应市场，采购者也无法从油品市场买到分类中某型号的切削油。要满足某种加工的要求，目前主要还是靠经验和试验。本书并无把这些对应用和采购指导意义不大的分类在这里重复一遍的必要，下面着重叙述的是原则。

一、金属加工的摩擦学

把金属材质加工成图纸要求的外形，不外是二大类方法：一是有屑加工，通称切削，如车、铣、刨、钻、磨……把多余的金属去掉；二是无屑加工，如拉拔、轧、锻、挤、冲压……用外力使其按模型的尺寸产生塑性变形，它们各自对金属加工液的要求有异有同。

图 13-1 是典型的刀具切削图，锋利而高硬度的刀具在力的作用下使金属表面撕开。从摩擦学的角度，可分为二种摩擦形态：一是刀刃与金属表面接触处，金属与金属作高速相对运动，强烈的摩擦产生局部高温，液体润滑后从外部流过，进行较及时的冷却，但要及时到达摩擦面润滑刀刃处则较为困难；二是金属屑从刀具背部快速排走，使刀具继续前进，由于金属屑强度下降，其摩擦强度低于第一状态，金属加工液也能及时到达摩擦面。图 13-2 是典型的冲压成形图，它至少有二个摩擦区：①冲击边缘面(图中的 C 区)，钢板与冲头间应有小的摩擦系数，冲头的油膜应有高的强度以降低磨损；② 钢板固定器与冲模半径处(图中 A 和 B)，同时工件产生塑性变形，内部分子间的剧烈运动会产生很大热量，润滑油膜受热，黏度变小等也是很苛刻的摩擦条件。

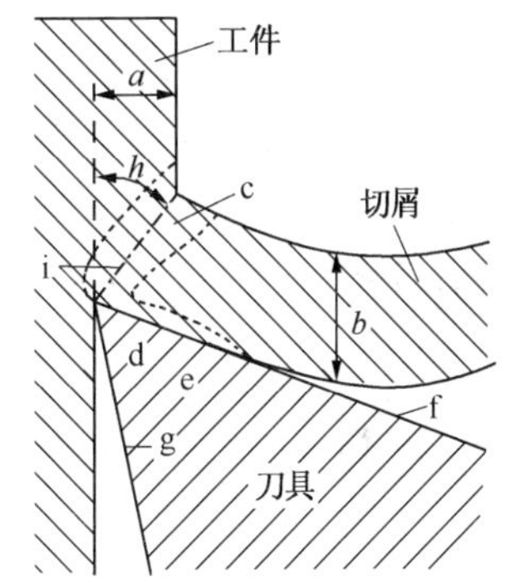

图 13-1　正交切削时切屑的形成

a—切削深度；b—切屑厚度；c—主剪切区；d—二次剪切区；e—接触区；f—切屑表面；g—前间隙；h—剪切角；i—剪切平面

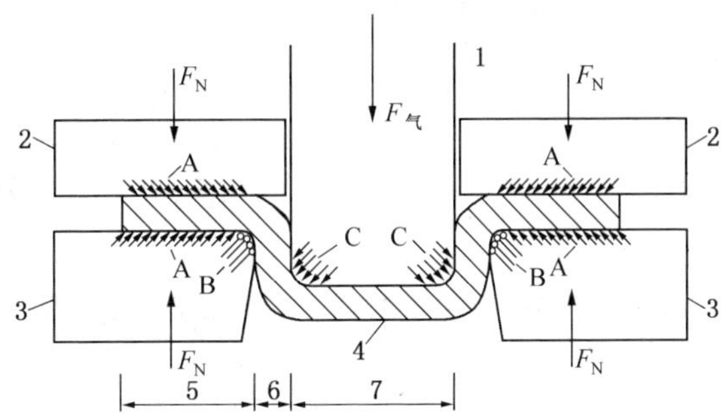

图 13-2　深冲压一个杯子时的摩擦面

A—薄钢板毛坯和毛坯固定器以及冲模间的摩擦面；B—薄钢板毛坯和冲模半径间的摩擦面；C—薄钢板毛坯和冲头边缘区之间的摩擦面；$F_气$—总冲压力；F_N—毛坯固定器受力；1—冲头；2—毛坯固定器；3—冲模；4—杯子；5—凸缘面积；6—杯壁；7—杯底

二、金属加工液特点

1. 形态多样化

有以矿物油或合成油为基础油的油型，有水-油混合的乳化型、微乳型，还有水溶液型、固体型和液固混合型等。

2. 通用性差

有时一种润滑剂仅解决一个或若干个加工问题，而一种加工类型可用多种类型的润滑剂解决问题，形成品种繁杂，规律性差。

3. 分类指导性不强

虽有分类，但这些分类着重于按润滑剂的形式和组成而不是按功能或苛刻度分类，因而对研制、生产、采购和管理及使用等的指导性不强；

4. 对产品的模拟评定手段少

现有一些试验方法的试验结果与实际使用效果的一致性规律不大。很多情况下要依赖实际使用才能判定其效果，因而产品规格也难以制定。

5. 理论研究与产品配方研究及实用技术研究严重脱节

许多金属加工的摩擦学研究陷于繁锁的高等数学公式推算，对联系实际的解决加工中的润滑问题无兴趣，新产品的开发仍处于对经验和实践的依赖，因而公认的“专家”甚少而“土专家”甚多。

总地来说，由于金属加工液在整体润滑剂总量中占的比例不大，又因品种繁杂，因而单个品种的产量不高，模拟评定手段少，无法投入较大力量进行开发，因而形成了现在的局面。

第二节 金属加工液的分类

国际标准化组织(ISO)的金属加工液分类标准是ISO 6743/7，见表13-1~表13-4。

表13-1 金属加工液分类(ISO 6743/7)

类别符号	总应用	特殊应用	具体应用	产品类型(或)最终使用要求	符号	备 注
M	金属加工	用于切削，研磨，放电等金属除去工艺；深拉，压延，强力旋压拉拔，冷锻和热锻，挤压，模压，冷轧等金属成型工艺	首先要求润滑性加工工艺	具有抗腐蚀性的液体	MHA	使用这些未经稀释液体具有抗氧性，在特殊成型加工中可加入填充剂
				具有减摩性的MHA液体	MHB	
				具有极压性(EP)而无化学活性的MHA液体	MHC	
				具有极压性有化学活性的MHA液体	MHD	
				具有极压性无化学活性的MHB液体	MHE	
				具有极压性有化学活性的MHB液体	MHF	
				用于单独使用或用MHA液体稀释的脂，膏和蜡	MHG	对特殊用途可以加入填充剂
				皂，粉末，固体润滑剂等或其混合物	MHH	使用此类产品无需稀释

续表

<table>
<tr><th>类别符号</th><th>总应用</th><th>特殊应用</th><th>具体应用</th><th>产品类型(或)最终使用要求</th><th>符号</th><th>备　注</th></tr>
<tr><td rowspan="9">M</td><td rowspan="9">金属加工</td><td rowspan="9">用于切削，研磨，放电等金属除去工艺；深拉，压延，强力旋压拉拔，冷锻和热锻，挤压，模压，冷轧等金属成型工艺</td><td rowspan="9">首先要求冷却性加工工艺</td><td>与水混合的浓缩物，具有防锈性乳化液</td><td>MAA</td><td></td></tr>
<tr><td>具有减摩性的 MAA 型浓缩物</td><td>MAB</td><td></td></tr>
<tr><td>具有极压性(EP)的 MAA 型浓缩物</td><td>MAC</td><td></td></tr>
<tr><td>具有极压性(EP)的 MAB 型浓缩物</td><td>MAD</td><td></td></tr>
<tr><td>与水混合的浓缩物，具有防锈性半透明乳化液(微乳化液)</td><td>MAE</td><td rowspan="2">使用时，这类乳化液会变成不透明</td></tr>
<tr><td>具有减摩性和(或)极压性(EP)的 MAE 型浓缩物</td><td>MAF</td></tr>
<tr><td>与水混合的浓缩物，具有防锈性透明溶液</td><td>MAG</td><td rowspan="3">对于特殊用途可以加填充剂</td></tr>
<tr><td>具有减摩性和(或)极压性(EP)的 MAG 型浓缩物</td><td>MAH</td></tr>
<tr><td>润滑脂和膏与水的混合物</td><td>MAI</td></tr>
</table>

表 13-2　按使用范围的 M 组产品品种分类

品种	切削	研磨	电火花加工	拉薄拉伸旋压	挤压	拔丝	锻造模压	轧制
L-MHA	○		○					○
L-MHB	○			○	○	○	○	○
L-MHC	○	○		○		●	●	
L-MHD	○			○				
L-MHE	○	○		○	○			
L-MHF	○	○		○				
L-MHG				○		○		
L-MHH						○		
L-MAA	○			○				●

续表

品种	切削	研磨	电火花加工	拉薄拉伸旋压	挤压	拔丝	锻造模压	轧制
L-MAB	○			○		○	●	○
L-MAC	○			●		●		
L-MAD	○			○	○			
L-MAE	○	●						
L-MAF	○	●						
L-MAG	●	○		●			○	○
L-MAH	○	○					○	
L-MAI				○		○		

① ○—主要使用；●—可能使用。

表 13-3 按性质和特性的 M 组产品品种分类(第 I 部分：油基型)

产品类型和主要性质							
项目	符号	精制矿物油①	其他	减摩性	EP②(cna)③	EP②(ca)④	备注
油基型	L-MHA	○					
	L-MHB	○		○			
	L-MHC	○			○		
	L-MHD	○				○	
	L-MHE	○		○	○		
	L-MHF	○		○		○	
	L-MHG		○				润滑脂
	L-MHH		○				皂

①—或合成油；②—极压性；③—无化学活性；④—有化学活性。

表 13-4 按性质和特性的 M 组产品品种分类(第 II 部分：水基型)

产品类型和主要性质								
项目	符号	乳化液	微乳化液	溶液	其他	减摩性	极压性	备注
水基型	L-MMA	○						
	L-MAB	○				○		
	L-MAC	○						
	L-MAD	○				○		
	L-MAE		○					
	L-MAF		○			○	○	
	L-MAG			○				
	L-MAH			○		○	○	
	L-MAI							润滑脂膏

我国 1988 年也制定了金属加工润滑剂分类标准 GB 6731.5，完全与 ISO 6743/7 相同。

美国 1973 年由 ASTM 制定了金属加工液及有关产品的分类标准，1983 年第三次确认为 ASTM D2881—73(83)，见表 13-5。

表 13-5　金属加工液及有关产品分类[ASTM D2881—73(83)]

	矿物油	分　类
油和油基液体	脂肪油	(1)纯脂肪油 (2) 含氯脂肪油 (3) 含硫脂肪油 (4) 含氯、含硫脂肪油
	复合油	(1) 矿物油复合脂肪油 (2) 矿物油复合硫化脂肪油或硫化非脂肪油 (3) 硫化或氯化矿物油 (4) 矿物油复合氯化脂肪油或氯化非脂肪油 (5) 矿物油复合硫化氯化脂肪或硫化氯化非脂肪油 (6) 复合(2)、(4)的矿物油 (7) 矿物油或脂肪油复合含磷含氮润滑剂或固体润滑剂
乳化液和分散型液体	水包油型 (溶解油)	(1) 矿物油型乳化液 (2) 矿物油复合脂肪乳化液 (3) 重负荷或极压乳化液
	油包水型	(1) 矿物油型乳化液 (2) 矿物油复合脂肪乳化液 (3) 重负荷或极压乳化液
	胶体乳化液	(1) 普通型乳化液 (2) 脂肪型乳化液 (3) 重负荷或极压乳化液
	分散型	(1) 物理法分散型(液体)乳化液 (2) 物理法分散型(固体)乳化液
化学溶液	有机型 无机型	水溶液有机物低表面张力透明溶液
	混合型	(1) 高表面张力($>45\times10^{-5}$N) (2) 中表面张力[$(36\sim44)\times10^{-5}$N] (3) 低表面张力($<35\times10^{-5}$N)

续表

	矿物油	分　类
固体润滑剂	粉状	(1) 晶体型石墨、PdS、云母、MoS_2、CaO、$CaCO_3$、ZnO、ZnS (2) 聚合物聚乙烯、PTFE (3) 无定形皂蜡 (4) 上述(1)、(2)、(3)混合物
	透明膜	(1) 硼化合物 (2) 玻璃 (3) 磷酸盐
	脂和糊状物	
	干膜	(1) 粒状涂层 (2) 树脂涂层 (3) 透明涂层，盐和玻璃类
	化学转化涂层	(1) 磷酸盐 (2) 草酸盐
其他	氯化非油状物 硫化非油状物 上述磷酸盐和草酸盐的混合物 有机物：醇、乙二醇、聚乙二醇、醚、磷化物、其他固体材料	

日本1980年作了分类，为JIS K2241—1980，几经发展，最新分类为JIS K2241—2000，见表13-6~表13-9。

表13-6　非水溶性切削油剂的种类

N_1 种	由矿物油和/或植物油组成，不含极压添加剂
N_2 种	以 N_1 种为主组分，含极压添加剂，铜片腐蚀150℃，小于2
N_3 种	以 N_1 种为主组分，含极压添加剂(必须是含硫极压添加剂)，铜片腐蚀100℃，小于2；150℃，大于2
N_4 种	以 N_1 种为主组分，含极压添加剂(必须是含硫极压剂)，铜片腐蚀100℃，大于3

表 13-7　非水溶性切削液的种类和性能

切削液	种类①	号	黏度(40℃)/(mm^2/s)	脂肪量/%	总硫量/%	铜片腐蚀，1h 100℃	铜片腐蚀，1h 150℃	闪点/℃	倾点/℃	耐负荷②能力/(kgf/cm^2)
油基切削液	N_1 种	1	<10	<10	②	—	<1	>70	-5 以下	>0.1
		2		>10						
		3	>10	<10				>130		
		4		>10						
	N_2 种	1		<10						
		2	<10	>10	<5	—	<2	>70		>0.10
		3	>10	<10				>130		
		4		>10						
	N_3 种	1	<10	<10	>1④	<2	<2	>70		>0.15
		2		>10						
		3	>10	<10				>130		
		4		>10						
		5	<10	<10	>1④但<5			>70		>0.25
		6		>10						
		7	>10	<10				>130		
		8		>10						
	N_4 种	1	<10	<10	>1④	<3	—	>70		>0.15
		2		>10				>130	—	
		3	>10	<10				>70		
		4		>10				>130		
		5	<10	<10	>1④但<5			>70		>0.25
		6		>10				>130		
		7	>10	<10				>70		
		8		>10				>130		

注：$1kgf/cm^2=98.066kPa$。

① $N_1\sim N_4$ 均不使用含氯极压添加剂。

② 耐负荷能力采用 JIS K 2519—1980 方法。

③ 硫含量不是来自含硫极压添加剂。

④ 必须含有含硫极压添加剂。

表 13-8　非水溶性切削液的种类和性能

A_1 种	由不溶于水的矿物油、脂肪油与表面液活性剂组成，加水稀释后外观呈乳白色
A_2 种	单独由表面活性剂组成，或由溶于水的成分与不溶于水的矿物油，脂肪油等组成。加水稀释后外观呈半透明或透明状
A_3 种	由溶于水的成分组成，加水稀释后外观呈透明状

表 13-9　水溶性切削油剂的种类和性能

种类	号	表面张力/(N/cm)	乳化稳定性(24h，室温)/mL				不挥发成分/%	pH	外观	总硫/%	泡沫试验(24±2)℃/mL	耐腐蚀(室温，48h)
			水		硬水							
			油层	乳层	油层	乳层						
A_1 种	1	—	微量	<2.5	<2.5	<2.5	>80	8.5~10.5	乳白	<5	<1	铜片不变色
	2							8.0~10.5				铜、铝片不变色
A_2 种	1	$<40\times10^{-5}$	—				>30	8.5~10.5	半透明或透明			铜片不变色
	2							8.0~10.5				铜、铝片不变色
A_3 种	1	$>40\times10^{-5}$						8.5~10.5	透明			铜片不变色
	2							8.0~10.5				铜、铝片不变色

注：① A_1 ~ A_3 均不使用含氯极压添加剂和亚硝酸盐；

② 原液中的不挥发成分和总含硫量规定了其性状，以外的项目是在室温 20~30℃情况下。A_1 用 10 倍水稀释成的水溶液时的性状，A_2 和 A_3 为用 30 倍水稀释成的水溶液时的性状。

原合成切削液 GB/T 6144—1985 更新为 GB/T 6144—2010，见表 13-10。

表 13-10　合成切削液的技术要求(GB/T 6144—2010)

	项　目	质量指标	
		L-MAG	L-MAH
浓缩物	外观	液态：无分层，无沉淀，呈均匀液体	
		膏状：无异物析出，呈均匀膏状	
		固体粉剂：无坚硬结块物，易溶于水的均匀粉剂	
	储存安定性	无分层、相变及胶状物，试验后能恢复原状	

续表

	项目		质量指标	
			L-MAG	L-MAH
稀释液	透明度		透明或半透明	
	pH 值		8.0~10.0	
	消泡性/(mL/10min)	不大于	2	
	表面张力/(mN/m)	不大于	40	
	腐蚀试验(55℃±2℃)/h 一级灰铸铁，A 级 紫铜，B 级 LY12 铝，B 级	 不小于 不小于 不小于	 24 8 8	 24 4 4
	防锈性试验(35℃±2℃) 单片，24h 叠片，4h		 合格 合格	
	最大无卡咬负荷 P_B/N	不小于	200	540
	对机床油漆的适应性		允许轻微失光和变色，但不允许油漆起泡、开裂和脱落	
	NO_2浓度检测		报告	

上述分类着重于按产品物理性质和组成进行分类，仅日本分类有一项与性能有关(耐负荷)，生产厂无法按此要求生产产品，用户无法按此分类选择合用的金属加工液，因此实用意义和指导意义均不大。

金属的冲压、拉拔、拉伸、轧制、锻造、挤压等都为成型加工，其加工液各自有自己的特殊要求、品种和组成。如表 13-11 中，薄金属板材的润滑剂就有很多，无法有一个简单的分类和品种。

表 13-11 不同类型薄金属板成型润滑剂

润滑剂	主要用途	备注
纯润滑剂		
挥发性油	冲压、拉拔、压制法 薄金属板深拉 冲孔和校准	闪点 40~65℃
含极性添加剂的润滑油	薄片和盘片冲压 压花、冲压、拉拔、压制法 车体制造、深拉	低黏度用途 有些无矿物油，可生物降解 可预先润滑

续表

润滑剂	主要用途	备注
含EP（极压）添加剂（无氯）润滑油	冲压、压制、深拉 精密冲裁 拉拔、压扁	可引起铜锈蚀
含EP（极压）添加剂（有氯）润滑油	冲压、压制、深拉 精密冲裁 拉拔、压扁	高碳钢、不锈钢，有些润滑剂不引起铜锈蚀
不含固体物质添加剂的拉拔用化合物	拉拔、深拉	用于高碳钢
含固体物质添加剂及/或极压添加剂的拉拔用化合物	最困难的拉拔、深拉	多数为膏状润滑剂
	水溶性润滑剂	
润滑油	拉拔化合物或溶液 液压成型用二级液压油	合成、半合成或普通配方润滑剂
不含固体润滑剂的拉拔用化合物	拉拔、深拉	有时为膏状润滑剂
含固体润滑剂的拉拔用化合物	最困难的拉拔、深拉	一般为膏状润滑剂

第三节　金属加工液的性能和组成

一、金属加工液的性能

虽然金属加工液像大多数润滑油一样，要求润滑、冷却、防锈、抗氧、抗泡等性能，但各自的复杂性又远超其他油品，同时还要有一些特别性能，如良好的防霉性、低油雾性、好的清洗性和退火清净性等。

1. 良好的润滑性能和极压抗磨性

发生在金属加工中的摩擦磨损现象较为复杂，不同工件各部位既有流体润滑，又有边界润滑、混合润滑及弹流润滑，各种润滑所占比例随不同加工工艺、工件材质、尺寸、进刀速度的变化而不同。例如，某些切削工艺要求油的极压性很高，而磨削对极压性要求又很低，某些拉深的有很多是新生表面，很难形成油膜，却还要使刀具或模具使用寿命长，这就造成了添加剂配方的多样性，使其通用性差。

2. 良好的冷却性能

有的金属加工中会产生大量的热，使工件、刀具、模具温度升高，影响加工的精确度及刀具的硬度，严重时会产生烧结，使加工失效。此外，还有一些本身需加热后使金属易于加工而带来的热。这些热都要通过金属加工液的流动带走热量，降低温度。加工液的冷却性能与其导热系数、比热容和汽化热有关，也与湿润性有关。几种介质的比热容如表 13-12 所示，油和水的热传导性比较如图 13-3 所示。

表 13-12　几种介质的比热容

介质	水	汽轮机油	硅油	双酯
比热容/[J/(kg·K)]	1.00	0.45	0.35	0.43

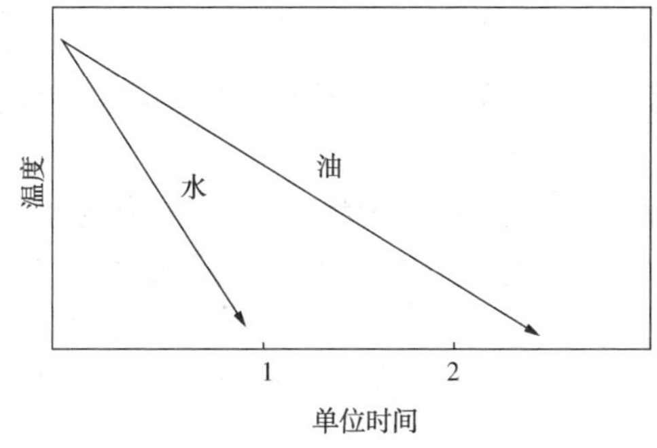

图 13-3　油和水的热传导性比较

从表 13-12 和图 13-3 可以看出，水的冷却性能比油好得多，低黏度油又比高黏度油好，水在 100℃以上沸腾，其汽化也带走大量的热；有的加工生成热量不大，连油冷也不需要，有的只需油的流动就可带走热量，而有的需大量的水才能冷却，这就形成金属加工液中固体、油、水并存的复杂局面。

3. 良好的润湿性和渗透性

切削时，从时间上应是摩擦发生在润滑剂到达切削部位之后，若发生摩擦时润滑剂不能及时到达，则润滑剂的性能再好也没有用，这就要求润滑剂有好的润湿性和渗透性。

润湿性有四种情况，如图 13-4 所示。图中液体与固体的夹角 ω 为接触角或润湿角：①当 $\omega=0°$，表示完全润湿；②当 $90°>\omega>0°$，为部分润湿；③当 $180°>\omega>90°$，为基本不润湿；④当 $\omega>180°$，为完全不润湿。润湿又可分三类：$\omega\leqslant180°$沾湿，$\omega\leqslant90°$浸湿，$\omega\leqslant0°$铺展。习惯上把 $\omega=90°$定为润湿与否的标准，$\omega>90°$为不润湿，$\omega<90°$为润湿，ω 越小润湿性越好。

为了改变液体对固体表面的润湿性能，常在液体中加入某些表面活性剂，它既在固体表面发生吸附，又提高液体的润湿能力，这类表面活性剂又称润湿剂，

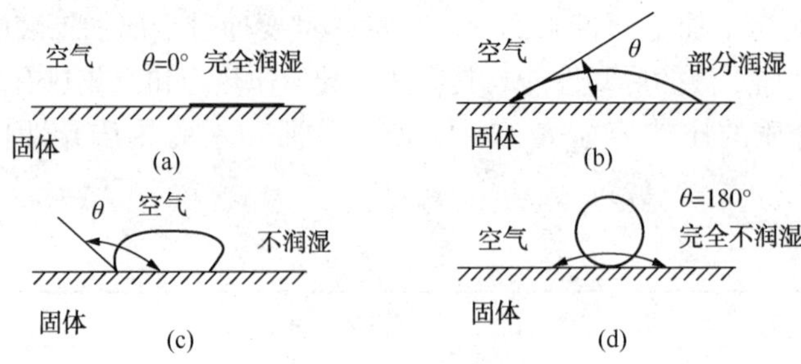

图 13-4 润湿性的四种情况

多为阴离子表面活性剂。

从某种意义上，渗透作用就是润湿作用，润湿剂就是渗透剂。

4. 好的防锈性

加工后的工件表面就是材料的新鲜表面，没有任何保护，易受环境的攻击而受到侵蚀：一是空气中的氧和潮湿使金属表面氧化或锈蚀；二是切削液中的添加剂特别是极压添加剂中，很多含活性元素如硫和氯，可与金属生成质地疏松的硫化物或氯化物。金属加工液应对此有一定的防护能力，使工件在工序中有防锈性。

5. 好的抗泡性

金属加工液中含有一定量的表面活性剂，其中有些能促使泡沫生成，而金属加工液在流动中或刀具在旋转中会夹入空气而生成泡沫。液体中的泡沫使液体供应不连续，降低冷却和润滑作用，加速油的氧化从而降低油的使用寿命。因此金属加工液的抗泡性要好。

6. 好的防霉性

水基金属加工液中含有脂肪类有机物和细菌的营养物，使用中易滋生细菌而发臭，故应有强的防霉能力，可加入有效的杀菌剂或带有碱性。

7. 低油雾

金属加工液在一些工件或刀具旋转的加工中，被飞溅到周围环境，操作人员长期吸入或皮肤接触，会影响身体健康。这就要求除了设备采取措施外，还要要求金属加工液油雾少、无毒。

此外还要求其他功能，如易于废液排放和处理，气味小，对需要可视加工的油应色浅透明等。

8. 好的清洗性

工件在最后一道工序后，有的作为成品进行包装或装配，有的进行防锈或涂漆，在此以前要用碱液、洗涤剂、溶剂、蒸汽等清洗工件表面的润滑剂膜或其他杂质，以保证防锈或涂漆的质量，这就要求金属加工液易于清洗。

9. 好的退火清净性

有的加工如轧制后要退火处理，退火后的金属表面要光亮洁净，这就要求润滑剂有好的挥发性，低的灰分和残炭，高温下不能有沉积物残留在金属表面。

由于金属加工多种多样，金属加工液也多种多样，有的可能不需上述所有性能，有的可能还需要某些特殊性能。

二、金属加工液的组成

金属加工液的形态和组成如表 13-13 所示。

表 13-13 金属加工液的形态和组成

形 态	纯油	乳化液（溶解油）（奶状液）	微乳化液（半合成液）	化学水溶液（全合成液）
矿物油或合成油/%	70~99	60~80	20~40	
水/%	—	—	30~40	40~50
乳化剂/%	—	12~25	25~35	—
其他功能添加剂/%	1~>30	0~5	0~3	50~60

注：水基液均为浓缩液的大致组成。

1. 基础油

基础油本身有一定的润滑作用和冷却作用，也是各种功能添加剂的载体，一般采用量大面广价廉的矿物油，这些矿物油我国已有分类和标准。低黏度油的流动性和渗透性好，有利于冷却和冲洗切屑，高黏度油有利于黏附。

挥发性金属加工液的基础油采用窄馏分低芳烃低闪点的正构烷烃或异构烷烃。有二种技术路线：一种是加氢煤油切割成多个窄馏分，稍有异味，相对价廉；另一种是用乙烯气体异构化合成，无味，无芳烃，挥发性好于同闪点的正构烷烃，成本较高。

也有用植物油作基础油，润滑性好，易生物降解，但抗氧较差。有特殊用途的也用合成油，如多元醇酯、PAG 等。

水溶性液一般要求用去离子水。

2. 添加剂

常用的添加剂有极压抗磨剂、油性剂、抗氧剂、杀菌剂、防雾剂、防腐剂、防锈剂、金属钝化剂、偶合剂、抗泡剂、乳化剂等。有的要求有油溶性，有的则要求有水溶性。

此项并无一通用的定量标准，只有一个自我对比的相对值。

第四节　金属加工液的应用

一、金属加工液的选用

金属加工液应按加工种类、工件材质和加工速度三个方面进行选用。

金属加工液的通用性较低，往往有这种情况，同一加工设备在某厂用某一加工液能满足要求，而在另一工厂同一加工设备用同一加工液就会出现问题，需要对此加工液配方作适当调整。因为它们的速度、负荷甚至工件材质有差异，因而如何选用合适的加工液除要有丰富的经验外，还需有试用过程。主要考虑有三个因素：加工种类、加工材质和加工速度。

1. 加工种类

已有多种资料介绍各加工种类的苛刻度顺序，但对比发现它们所说的顺序很不一致，甚至有一资料把珩磨列为最苛刻的情况，这显然是常识性的错误。这里推荐某添加剂公司的一种说法，它似乎更为合理，与切削油的情况也更接近，见表13-14。

表 13-14　某添加剂公司金属加工液应用参考表

加工种类	润滑	极压	活性	黏　度		抗　磨		湿润	说　明
				高	低	活性	热稳定		
珩　磨	*		*		* * *	*		* *	硫化珩磨石
	*		* *		* * *	*		* *	金钢石
研　磨	*				* * *	* *		*	
拉　拔	* * *	* *		* *			* *		管、棒
深拉拔	* * *	* *	*	* *			* *		
冷　锻	* * *	* * *	* *	* *			* *		
钢丝拉拔	* *	*	*	按直径 5~460mm		*			
钻　孔	*	*	*		* *	*			
深钻孔	* *	*	*		* *	* *	* *	* *	
自动加工					*	*			简单削、钻、磨
拉　削	* * *	* *	* *		* *		* *		
磨　削	*	*	*		*	*			
镗　磨	* *	*	*						
锯　切	* *		*						
车　丝	* *	* *	*	* *		*	*		

续表

加工种类	润滑	极压	活性	黏度		抗磨		湿润	说明
				高	低	活性	热稳定		
成　丝	* *	* *	*	*			* *		
齿滚削	*		*				*		
弯　曲	* *	*		* *					
模　锻	* *	* *	*	*		*	*	*	
车　削	*	*	*		*	*			
精冲切	* *	* * *	*	*		* * *	*		

注：无 * 的表示无要求，* 越多表示该项要求越高。

上表列的仅供参考，因为每种工艺本身都可以从缓和到苛刻。

2. 工件材质

根据材质的硬度、韧性、脆性等按加工难易程度分为六组，如表 13-15 所示。

表 13-15　金属加工难易程度分类

类 别	材 料 举 例	加工难度指数①
Ⅰ	高速切削钢	80
	非合金化和低合金淬硬钢和退火钢(C15，C35，16MnCr5)	
	自动机械钢(9S20，9SMnPb23)	
	结构钢(St37，St60)	
Ⅱ	难于机械加工的钢	50
	高合金化淬硬钢和退火钢(24CrMo5，42CrMo4)	
	高合金化铬钢(X8Cr17，X40Cr13)	
	高合金化铬镍钢(15CrNi6，18CrNi8)	
	耐锈和耐酸铬镍钢(X2CrNi189，X10CrNiMoNb1810)	
	铸钢(GS-Ck16，GS-37SiMn75)	
Ⅲ	最难机械加工的特殊材料	25
	镍和镍合金(NiCr10，NiCr1820)	
	锰和硅-锰钢(40MnCr22，65SiMn5)	
	铬钼钢(24CrMo5，X6CrMo4)	
	硅钢(38Si6，55Si7)	
	钛和钛合金(TiAl6V4，TiAl7Mo4)	
Ⅳ	灰铸铁和回火铸铁(GG-25，GTS-45)	60~110
Ⅴ	非铁金属-铜和铜合金(G-Ms65，G-CuSn10Zn)	100~600
Ⅵ	轻金属-铝合金和镁合金(AlMg5，AlMgSi1)	300~2000

① 加工难度指数越大，加工难度越小。

3. 加工速度

加工速度并无一通用的定量指标，只有一自我对比的相对值。

4. 金属加工液(水基和油基)的选用

在下列情况下，切削液的冷却性能更为重要，倾向于选用水基(见表 13-16)：

① 操作苛刻度低；

② 加工速度相对高；

③ 工件材质加工性好，属易加工材料；

④ 需快速散热。

在下列情况下，润滑性能是主要的，倾向于选用油基：

① 操作苛刻度高；

② 速度低；

③ 工件材质加工性能差，属难加工材料；

④ 要求表面光洁度好。

表 13-16　三种水基金属加工液的特性对比

特　　性	乳化液	微乳液	化学水溶液
润滑性	●●●	●●	●
冷却性	●●	●●●	●●●
渗透性和洗净性	●●	●●●	●●●
防锈性	●●●	●●	●●
防霉性	●	●●	●●●
稳定性	●	●	●●●
透明度	●	●●	●●●
与其他润滑油的分离性	●	●	●●●
抗污垢附着性	●	●●	●●●
皮肤刺激性	●●	●●	●●●
废液处理难度	●	●	●●●
耐涂料剥离性	●●	●	●●●

注：表中●越多，该项特性越好。

以上原则并不是绝对的，而要灵活掌握，关键在于实践，从试用中选取最佳方案。表 13-17 和表 13-18 是切削液选用指南，从表中可看出，同一材料同一加工方法并不止推荐一种类型金属加工液，而是有多种选择，有的同时推荐油基和水基。

表 13-17　切削润滑剂的选用指南

工件材料		碳钢、合金铜		不锈钢		高温合金		铸铁		铜及其合金		铝及其合金	
刀具材料		高速钢	硬合金	高速钢	硬合金	高速钢	硬合金	高速钢	硬合金	高速钢	硬合金	高速钢	硬合金
车	粗加工	3、1、7	0、3、1	7、4、2	0、4、2	2、4、7	8、4、2	0、3、1	0、3、1	3、2	0、3、2	0、3	0、3
	精加工	4、7	0、2、7	7、4、2	0、4、2	2、8、4	8、4	0、6	0、6	3、2	0、3、2	0、6	0、6
铣	端铣	4、2、7	0、3	7、4、2	0、4、2	2、4、7	0、8	0、3、1	0、3、1	3、2	0、3、2	0、3	0、3
	铣槽	4、2、7	7、4	7、4、2	7、4、2	2、8、4	8、4	0、6	0、6	3、2	0、3、2	0、6	0、6
钻削		3、1	3、1	8、4、2	8、4、2	2、8、4	8、2、4	0、3、1	0、3、1	3、2	0、3、2	0、3	0、3
铰削		7、8、4	7、8、4	8、7、4	8、7、4	8、7	8、7	0、6	0、6	5、7	0、5、7	0、5、7	0、5、7
攻丝		7、8、4		8、7、4		8、7		0、6		5、7		0、5、7	
拉削		7、4、8		8、7、4		8、7		0、3		3、5		0、3、5	
滚、插齿		7、8		8、7		8、7		0、3		5、7		0、5、7	
工件材料		碳钢、合金铜		不锈钢		高温合金		铸铁		铜及其合金		铝及其合金	
刀具材料		普通砂轮		普通砂轮		普通砂轮		普通砂轮		普通砂轮		普通砂轮	
外圆粗		1、3		4、2		4、2		1、3		1		1	
平面精		1、3		4、2		4、2		1、3		1		1	

注：0—干切削；1—润滑性不强的水溶液；2—润滑性较好的水溶液；3—普通乳化液；4—极压乳化液；5—普通矿物油；6—煤油；7—含硫氯极压切削油或动植物油与矿物油的复合油；8—含硫氯、氯磷或硫氯磷的极压切削油。

表 13-18　按金属加工种类和材料选择金属加工液的参考

工件材料	金属						
	铁金属				非铁金属		
	低-C 钢	高-C 钢	合金钢	铸铁	铜	铜合金	轻铝合金
普通车削 成形车削 自动车削	E-A(3~5) CFO、SCFO	E(3~5) E-EP(5) CRO、CMO	E-EP(5~10) SCFO、EP-MO	E(3~5)	E(2~3) E(3~5)	E(2~5) E-A(3~5)	E(2~5)MO E-A(3~5) MO
钻削	E-A(3~5)	E(3~5)	E-EP(5~10)、 E-A(5~10)	E-(2~3)	E(2~3)	E(3~5)	E(3~5、 MO、MFO)
深孔钻	EP-MO SCFO	SCFO、SCMO EP-MO	EP-MO SCFO	E(3~5) MO	E-A(3~5) MFO	MFO、CFO	MFO E-A(3~5)
铰削	EP-C、EP-MO、 SCFO	E-EP (5~10SCFO)	EP-C、EP-MO、 SCFO	E(3~5MO)	EA(3~5)MFO	F、MFO、CFO	E-A(3~5) MFO
普通磨、插削、刨削	E(3~5)	E(3~5)	EA(3~5)	—	E(2~3)	E(3~5)	E(2~3)、MO
磨齿插齿	EP-MO	SCFO	EP-MO	E(3~5)	—	MO、MFO	—
刨、碾	SCFO	EP-MO	SCFO				
锯	E(3~5)	E(3~5)	EA(3~5)	E(2~3)	E(2~3)	E(3~5)	E(2~3)、MO
普通车螺纹	SCFO、CFO、F	F、MFO、CFO	SCFO、CFO、F	E(3~5)MO	MO、MFO	F、MFO	E(3~5)MFO
车螺纹、自动车床	EP-MO SCFO	SCFO、CMO EP-MO	EP-MO SCFO	—	MO	CMO、CFO	EA(3~5)MFO
拉削	EP-c、EP-MO	CFO、SCFO、 EP-MO	EP-C、 EP-MO、MO	E(3~5)MO	MO、MFO	F、MFO CFO	MFO、E-A(3~5)
普通磨削	E-A(2~3)、 VS-S	E(2~3) WS-E	WS-E(2~5)、 E-EP	WS-E、 E(2~3)	E(2~3)	E(2~3)	E(2~3)、 MO、CMO

续表

工件材料	金属						
	铁金属				非铁金属		
	低-C 钢	高-C 钢	合金钢	铸铁	铜	铜合金	轻铝合金
磨齿	EP-MO	SCFO	EP-MO			CMO、CFO	E-A(3~5)
磨螺纹	SCFO	EP-MO	SCFO				CFO
磨外形		E-EP(3~5)	EP-MO			CFO、CMO	E-A(3~5)
高速磨削	EP-MO	SCFO	EP-MO				
外形磨削	SCFO	EP-MO	SCFO				
珩磨、精磨	CFO、CMO	CMO	CFO、CMO	WS-E、WS-S		CMO	
加工中心	SCFO、CMO E-EP(5~10)	CMO、SCFO、E-EP(5~10)	EP-MO、SCFO	E-A(3~5)		E-A(3~5)、MFO	E-A(3~5)

注：WS-E：电解质水溶液。

WS-S：合成物水溶液。

E(%)：水包油乳化液，()中为在水中的稀释浓度(%)。

E-A(%)：用表面活性剂活化的水包油乳化液，()中为在水中的稀释浓度(%)。

E-EP(%)：有 EP 添加剂的水包油乳化液，()中为在水中的稀释浓度(%)。

MO：矿物油(“软”切削液)。

F：植物或动植物(“半硬”切削液)。

CMO、CFO：含脂肪油，氯化物或氯基添加剂的矿物油化合物(“半硬”切削油)。

MFO：含脂肪类的矿物油(“软-半硬”切削油)。

SCMO、SCFO：含氯和硫的矿物油或脂肪油。

二、金属加工液的储存、更换和维护

1. 金属加工液的储存

由于金属加工液中含有较多的硫、磷、氯等活性元素和表面活性剂，故储存和使用中比其他润滑油有特殊的要求。一是存放时间不能过长，存放超过一年再使用时应做质量检查，尽量不在露天存放，以免太阳暴晒和过冷，有的存放期过长会有沉淀或分层；二是使用中做好过滤，滤去切屑，检查主要指标变化情况，乳化液浓度变化及腐败情况，必要时补加碱性调节剂或防霉剂，有的乳化液对水质较敏感，调制乳化液或微乳液应注意水质情况；三是注意减少身体或皮肤与某些金属加工液的接触，有的金属加工液的组分对某些人会产生皮肤过敏。

2. 金属加工液的更换

水基金属加工液的换油期较短，一般为 3~6 个月，使用期间一是应定时检查浓度的变化，变化大会影响加工质量，变稀时应补加原液，变浓则补加水；二是检查霉变情况，霉变程度大时应补加杀菌剂或碱性调节剂，阻止发臭。换液后废液的排放是很麻烦的事，需经一定的处理才能达到排放指标。不管是油基还是水基切削液，一定要加强切屑的清除，否则它一方面随切削液流到加工表面，使加工质量下降，另一方面也增加循环泵的磨损，一般采用沉降池和过滤等方法。

3. 金属加工液的维护

(1) 切削油使用中的维护

① 除去水分。使用中可能被冷却水或上道工序水基切削液等混入到切削油中，使切削油乳化、腐蚀、降低润滑性能，使切削速度下降，刀具寿命缩短，一般用分离沉降及过滤等及时除去水分。

② 除去切屑。大量切屑进到切削油中，使油氧化，产生沉积物，还会因磨料磨损而影响切削精度和刀具寿命。应在油路装有滤清器，及时清除滤网及油箱底部的各种固体沉积物。

③ 搞好密封。应防止润滑油与切削油相互混入，搞坏各自性能。

④ 由于油基切削液品种多，特性各一，制订一个统一的换油期或换油指标不现实，只能根据主要性能的下降程度作处换油决定。

(2) 水基切削液使用中的维护

① 除去加工中进入的杂物，如切屑、氧化皮、灰尘等。其方法一是装有滤清器，二是定期清除油箱底部。

② 定期通过测定析光率、碱值或含油量等检查乳液浓度，根据测定结果及时补充水或浓缩液，保持浓度恒定，从而保持切削效率。

③ 定期测定 pH 值，此值下降可能导致乳液的防锈性、杀菌能力下降，应按测定结果及时补加三乙醇胺等保持 pH 值稳定。

④ 注意乳液是否发臭，若开始发臭，说明细菌开始大量繁殖，应及时补加杀菌剂或其他杀菌措施。实在不行应换油。

⑤ 废乳液的处理较麻烦，应按环保部门要求，建有一套废水处理装置，使废液达到合格排放标准才能排放。

第五节　金属加工液应用要点

1. 品种繁杂的问题

从表 13-6 可看出，金属加工液品种繁杂。繁杂的品种给产品的生产、销售、用户的选用、管理都造成极大的不便，也给产品的分类、标准规格设置很大的困难。笔者欣赏 LSC 公司的思路，用一种油满足 80% 加工工艺的操作，另一种油满足非铁材料的加工，余下的再个别对待，不失为是一种较实际的可能解决办法。

现阶段金属加工液的发展处于“见招拆招”的状况，有什么问题就研制一个针对解决此问题的产品，形成针对同一加工工艺有多个产品的局面，不能代用，不能通用。因而“试制、试用" 仍是当前解决问题的二大法宝，也就形成了目前的品种繁杂，每个产品的产量都不大的情况。由此，可派生出二个实际现象：一是在金属加工油的销售中，售后服务很重要，包括选用、使用中油剂出现问题的应对，甚至配方的微调，工作量很繁杂；二是大多产品由小规模润滑油生产厂生产甚至用户自制自用。

2. 不要小看油雾问题

(1) 油雾的影响

在各种金属切削工艺中，大多数油在旋转的工件或刀具中工作，油飞溅出来形成油雾，多年来我国对此现象很少引起操作者和润滑油工作者的注意，而事实上这是值得引起关注的严重问题。

在切削机床形成的油雾危害性很大，一是长期与操作者的皮肤接触，轻者会使皮肤过敏，重者引起慢性皮肤病；二是通过操作者的呼吸进入肺部，产生像吸入工业粉尘的后果甚至更为严重；三是使操作环境恶化，大油滴在机床周围沉降下来，使周围都有油层，而小油滴可以飞溅较长距离，直径小于 5μm 的油滴可以由呼吸系统进入肺部。表 13-19 是油雾测定情况。

表 13-19 德国 65 家公司 350 个测量点对切削油雾浓度测定

测 定 点	标准油油雾浓度/(mg/m³)		低雾油油雾浓度/(mg/m³)	
	范 围	平 均	范 围	平 均
车间场地，机床通道(与机床距>1.5m)	1.6~0.3	0.95	0.9~0.2	0.31
滚铣，刀架高度，距加工点<1.5m	40~3	18.1	21~0.2	7.9
磨削，刀架高度，距加工点<1.5m	99~2	19.4	21~0.2	6.9
自动车床类型Ⅰ，刀架高度，距加工点<1.5m	95~2	13.3	24~0.8	5.2
自动车床类型Ⅱ	72~1.5	6.3	7~1.2	3.1
自动车床类型Ⅲ，刀架高度，距加工点<1.5m	34~10.8	10.1	9~0.3	2.9

图 13-5 是油雾测定曲线，从这些数据看到，油雾问题是很严重的。

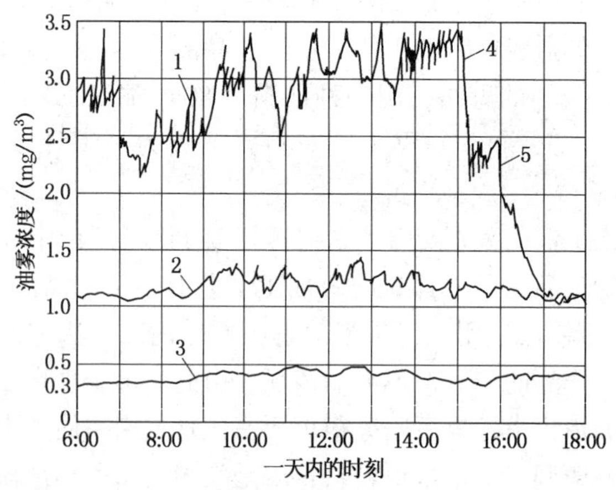

图 13-5 在 12h 期间车间内的油雾浓度

1—普通纯切削油，不抽气；2—普通纯切削油，有抽气；

3—抗雾化切削油，有抽气；4—抽气机开车；5—整个抽气系统开车

(2) 油雾的来源和影响因素

① 切削液与切削时产生的热量形成的高温切屑、刀具、工件接触，进而蒸发成油气。

② 高速旋转的刀具或工件使切削液成微小油滴而甩出。

③ 给油的喷嘴形状、压力和位置也会影响油雾的量和大小。

试验表明，切削油的黏度对油雾的产生有很大影响，黏度越小产生的油雾越大，同时切屑速度、给油系统的构造也是影响油雾生成程度的重要因素。

我们注意到，一些有档次的低黏度切削油都加有适量的抗油雾添加剂，使油

滴变重而飞溅不起来或形不成小油滴，设备上则有油雾收集沉降装置及加强通风的设施等。

国内切削油大多在配制时并未注意此事，配方中少见加有抗雾剂，随着环保意识的增强，希望抑制油雾的课题及早排入日程，当然应由机械加工行业打头阵。

3. 油代乳液的趋势增强

很多加工工艺用乳化液及微乳液，多年前已有很多工艺尝试改用纯油切削液代替乳化液，得到成功并从中得到利益。

乳化液有如下缺点：

一是总费用大。乳化液主要成分是水，费用低应是它的主要优势，为什么反而费用高呢？最大的费用在于废切削液的后处理。图 13-6 是欧洲的一个统计。从中看出，与切削液有关的费用占总制造费用的 16. 9%，而这约 17%的费用中，购买切削液的费用仅占这 17%中的 5. 5%，而维护、处理和装置投资占 17%中的 94. 5%，因而购买切削液的费用高低对总费用影响不大。而乳化液在使用过程中需较多维护，如补加杀菌剂、碱性保持剂，加上乳化液的排放达到环保法规所需的处理费则是大头。其次乳化液的换油期短，需量大。当然我国尚未对废液排放作硬性规定，其费用比例与图 13-5 不同，但这仅是早晚的事情。

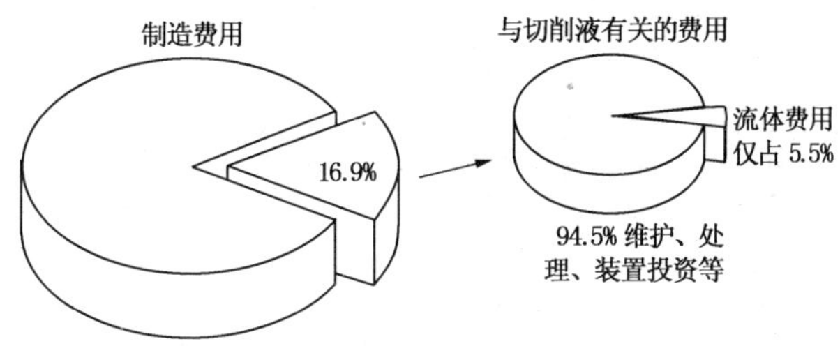

图 13-6　冷却过程费用

二是使用的“娇气”。乳化液是水与油共处的不稳定状态，由大量的表面活性剂保持油水平衡，既怕系统中其他油污染它使平衡破坏而失去乳化状态，又怕它污染系统中其他油如液压油、齿轮油等，从而影响这些油的性能。

三是加工质量不稳定。由于加工中其浓度不断变化，极压性能和防锈性能也随之波动。

用纯油切削液恰恰克服了乳化液的以上缺点：

一是换油期长，使用中几乎无需维护，废油处理由有关部门集中解决，无需自行处理，更不存在废液排放问题。其消耗量也较乳化液小得多，因而总费用小。

二是对系统中其他油的污染危险性较乳化液小得多，反而提供由一种“多功能”的通用油代替多种油的可能性，大大方便使用和管理。

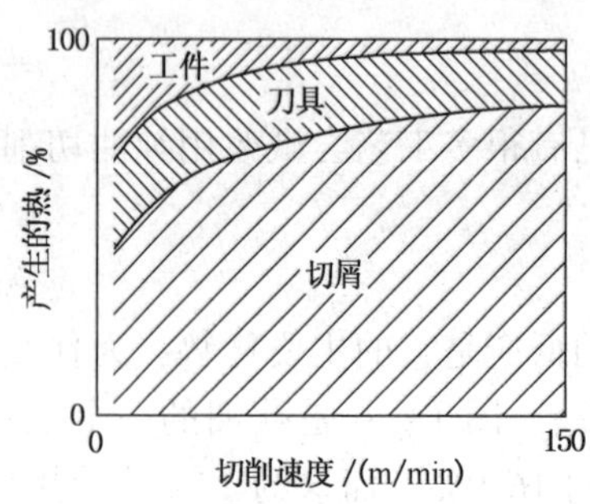

图 13-7 切削热在工件、刀具和切屑上的分布举例

三是加工质量保证，提高纯油切削液的润滑、极压、防锈性能比提高乳化液同样性能要容易得多，因而用纯油切削液加工的工件表面粗糙度好，工序间防锈好，刀具寿命长，而用乳化液加工的工件有可能要多加一个工序防锈工序。

四是纯油切削液唯一不如乳化液的是冷却性能。但也有解决办法，一方面降低黏度以提高冷却性能；另一方面从源头解决。从图 13-7 可看到，热量主要由切屑带走，刀具及工件带走热量较少，而这些热量由切削时刀具与工件的摩擦产生，在加强切削油的润滑性能后降低了摩擦产生的热量，对切削液冷却性能的要求也就降低了。表 13-20 是油基和水基切削液的综合性能比较。看来以油代乳化液是大势所趋。

表 13-20 油基与水基切削液综合性能比较

性能	项目	水基	油基
切削性(一次性能)	工具寿命	X	O
	尺寸精度	X	O
	表面粗糙度	X	O
作业性(二次性能)	工作机械，加工物的锈蚀	X	O
	涂料剥离	X	O
	切削去除，分离	O	X
	发烟，着火	O	X
	皮炎	O	X
管理性	作业环境清洁卫生	O	X
	腐败，劣化	X	O
	使用油剂管理	X	O
	废液处理	X	O
经济性	油剂费	O	X
	油剂管理费	X	O
	废液管理费	X	O
	机械维修费	X	O

注：X—较差；O—较好。

4. 磨削时产生局部“烧伤”的原因分析

磨削时，当工件局部发蓝时表示此处高温过热，即烧伤了。其原因可能一是冷却不够，应加大乳液流量或加大乳液中水的比例；二是油的极压性不够，应在配方中提高极压添加剂的比例。一般说来，后一原因可能性较大。

5. 在强力切削中金属加工液的四球机的 P_d 值有一定指导作用

在强力切削如攻丝、难加工金属深孔钻等加工中，切削油的极压性能要求很高，因而四球机的烧结负荷 P_d 值对能否适合这类加工有一定参考价值，见表 13-21。美国某公司的金属加工油产品中，其中有四个“重负荷”切削油，自称可以满足 80%以上切削要求，能加工最困难加工材料(加工难度指数 40%~50%)。对它们作了四球机评定，其 P_d 均在 620kg 以上，见表 13-22。

表 13-21　实验用油极压抗磨性能的评定结果

油　品	现场使用情况	P_b/N	P_d/N
重负荷工业齿轮油 L-CKD	攻丝无法进行	490.0	2940.0
重负荷车辆齿轮油 GL-5	攻丝无法进行	588.0	3920.0
硫化切削油	攻丝无法进行	980.0	4900.0
挤压攻丝专用油	攻丝可以进行	931.0	>7840.0

表 13-22　美国某公司四种“重负荷”切削油四球机数据

油　品	A	B	C	D
活性硫/%	2.2	4.5	2.6	2.6
氯/%	2.4	2.9	1.0	-
脂肪/%	4.0	11.0	9.0	9.0
P_b/kg	76	82	82	76
P_d/kg	620	800	620	620

6. 冲压加工用油选用考虑因素

很多书藉和文献中，将冲压加工用油称为拉深油或冲压油，也有称拉延油。拉深是指把板材冲压成圆筒形、方盒形等无缝带底容器的加工。

可按按冲压板材的种类选用冲压油：

① 硅钢板，是易冲切材料，一般选用黏度极低的油，要求干燥时间短，退火后无碳沉积，防锈，无味。

② 碳钢板，一般选用有油性、极压性、防锈性等性能的油。

③ 镀锌钢板，因含氯油有时生白锈，而含硫油就不会，因此应选用含硫

的油。

④ 铝及铝合金板，选用的油不能含活性硫，也不能含酸性或碱性。

⑤ 不锈钢板，是易产生加工硬化的材料，应选用油膜强度高、抗烧结能力强的油。

⑥ 铜及铜合金，应选用不含活性硫的油。

此外，冲压加工板材的厚度与冲压油的黏度有以下关系：板材越厚，冲压油的黏度要求越高。

第十四章　农用拖拉机油

第一节　概　　述

我国的农业生产是几千年传统的以一家一户为主的小农经济，农业合作化后及军垦农场成立后逐步使用各类农业机械。虽然我国地域广、面积大，但山地、沙漠、丘陵多，有限的可耕地大多为丘陵，推广大规模的农业机械化困难较大，仅东北、华北和新疆等有大面积的平原，有利于农机使用。因此农业机械发展起步晚，以小型兼短途运输为主，大型多用途农用机械比例不大。

农用拖拉机按发动机功率划分，功率在25马力以下的为小型拖拉机，功率在25~100马力之间的为中型拖拉机，功率100马力以上的为大型拖拉机。还有专用农业机械，如插秧、收获机械和联合收割机(康拜因)等。

一、我国农业机械概况

我国农业机械概况见表14-1。拖拉机概况如图14-1和图14-2所示。从以上图表可以看出：我国25马力以下的小型拖拉机产销及保有量占主导地位，专用农用机械(插秧、收获)比例少，而西方国家大型农用机械比例较大；拖拉机产销量和保有量平稳缓慢增长。

表14-1　2013年我国农用拖拉机的概况

		小型拖拉机	大中型拖拉机	插秧机	玉米收获机	谷物收获机
产销量	万台	194	44.5	12	7	5.6
	%	74	17	4	3	2
保有量	万台	2000	290	60	27	18
	%	84	12	2	1	1

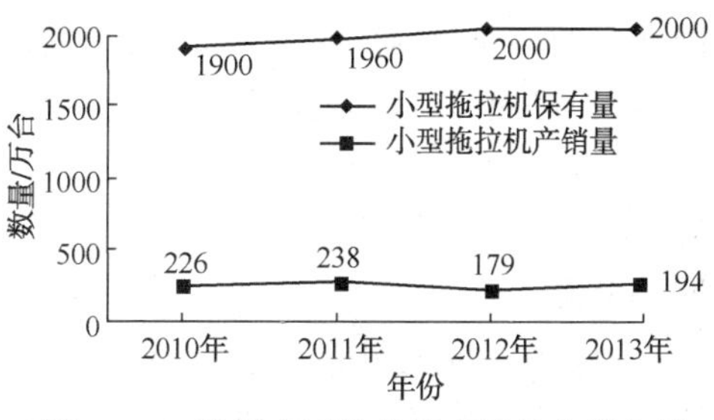

图14-1　我国小型拖拉机产销量和保有量

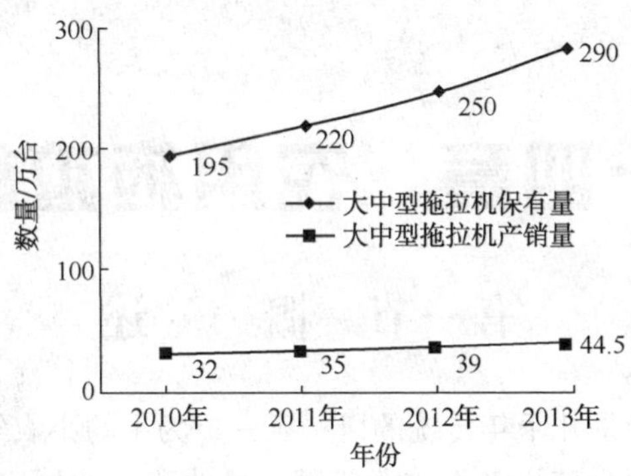

图 14-2　我国大中型拖拉机产销量和保有量

二、我国农用机械润滑油概况

我国农用机械润滑油概况如表 14-2 所示。从表 14-2 可以看出，虽然小型拖拉机单机用油量小，但因数量多，它除了农用耕种外，还兼乡村运输，运行密度大，因此用润滑油量大，而且以发动机油为主。

表 14-2　2013 年我国农用机械润滑油消耗量

	小型拖拉机	大中拖拉机	插秧机	玉米收获机	谷物收获机	共计
发动机油/10^4t	30	5.8	0.9	0.6	0.6	38
传动油/10^4t	30	14.5	0.9	1.3	0.8	47
共计/10^4t	60	20	2	2	1	85
比例/%	71	24	2	2	1	100

第二节　农用拖拉机油的组成、分类和性能要求

一、农用拖拉机油的组成

农用拖拉机油的性能特点是多功能，有的品种同时具有齿轮油、液压油和湿式刹车和离合功能，国外有的还兼有内燃机油功能。上述各个功能都各自有现成的技术及添加剂工艺，但同时具有几种功能的油不是把这些油的添加剂配方简单相加，而是要进行这些添加剂配方的各组分再平衡，既顾及各性能要求的评定项目都要通过，又要有好的经济性。

二、农用拖拉机油的分类

按 JB/T 7282—2016，农用拖拉机润滑油分为：

① 液压、传动两用油　具有车辆齿轮油和液压油性能，能同时应用于除湿

式离合器和湿式制动器以外的拖拉机传动系统和液压系统的润滑油。

② 多功能传动系用油具有车辆齿轮油和液压油性能，以及一定的摩擦特性，能同时应用于具备湿式离合器和湿式制动器的拖拉机传动系统、液压系统和制动系统的润滑油。

③ 拖拉机底盘用润滑油 用于拖拉机底盘部分的机械、液压和摩擦部件的润滑油。

④ 拖拉机柴油机润滑油 用于拖拉机柴油机总成的润滑油。

国际上农用拖拉机润滑油分为二种：

① 通用拖拉机传动油(UTTO) 主要应用地域为北美洲。此类拖拉机的传动系统、后桥驱动、湿式制动、离合器和液压系统的润滑剂共用一个油箱，润滑油要满足上述各系统的性能要求。

② 超级拖拉机通用油(STOU) 主要应用地域为欧洲和其他地区(原欧洲国家殖民地)。这类润滑油共用于拖拉机的发动机、湿式制动、液压系统和传动系统。

UTTO 比 STOU 更苛刻，一是因为北美的拖拉机功率大大高于欧洲拖拉机，二是因为北美拖拉机的操作条件更为苛刻。一般说来，STOU 在欧洲市场的使用量是 UTTO 的 50%。

三、农用拖拉机油的性能要求

按 JB/T 7282—2016，农用拖拉机润滑油性能要求如表 14-3~表 14-5 所示。

表 14-3 中负荷车辆齿轮油主要质量指标

项目		质量指标			试验方法
		80W90	85W90	90	
运动黏度(100℃)/(mm^2/s)		13.5~18.5	13.5~18.5	13.5~18.5	GB/T 265
黏度指数		—	—	≥75	GB/T 1995
闪点(开口)/℃		≥165	≥165	≥180	GB/T 3536
倾点/℃		报告	报告	报告	GB/T 3535
表观黏度达 150Pa·s 时的温度/℃		≤-26	≤-12	—	GB/T 11145
机械杂质(质量分数)/%		≤0.02			GB/T 511
水分(质量分数)/%		≤0.03			GB/T 260
泡沫性/(mL/mL)(泡沫倾向/泡沫稳定性)	24℃	≤20/0			GB/T 12579
	93.5℃	≤50/0			
	后 24℃	≤20/0			
四球试验 最大无卡咬负荷 P_B/N		报告			GB/T 3142
铜片腐蚀(121℃，3h)/级		≤3			GB/T 5096

表 14-4 液压、传动两用油主要质量指标

项目		质量指标	试验方法
运动黏度(40℃)/(mm^2/s)		90~110	GB/T265
黏度指数		≥90	GB/T1995
闪点(开口)/℃		≥200	GB/T3536
倾点/℃		≤-27	GB/T3535
液相锈蚀(方法 A)		无锈	GB/T11143
机械杂质(质量分数)/%		≤0.01	GB/T511
水分(质量分数)/%		≤0.03	GB/T260
泡沫性/(mL/mL) (泡沫倾向/泡沫稳定性)	24℃	≤50/0	GB/T 12579
	93.5℃	≤50/0	
	后 24℃	≤50/0	
四球试验 最大无卡咬负荷 P_B/N		≥780	GB/T 3142
润滑油承载能力 FZG 目测法(A/8.3/90)		≥10 失效级	NB/SH/T 0306
铜片腐蚀(100℃, 3h)/级		≤1	GB/T 5096

表 14-5 多功能传动系用油主要质量指标

项目		质量指标	试验方法
运动黏度(100℃)/(mm^2/s)		9.1~12.5	GB/T 265
运动黏度(40℃)/(mm^2/s)		报告	GB/T 265
黏度指数		≥120	GB/T 1995
闪点(开口)/℃		≥200	GB/T 3536
低温表观黏度/mPa·s	-20℃	≤5500	GB/T 11145
	-35℃	≤70000	
倾点/℃		≤-35	GB/T 3535
泡沫性/(mL/mL) (泡沫倾向/泡沫稳定性)	24℃	≤25/0	GB/T 12579
	93.5℃	≤50/0	
	后 24℃	≤25/0	
水分(质量分数)/%		≤0.03	GB/T 260
机械杂质(质量分数)/%		≤0.01	GB/T511
柴油喷嘴剪切试验 试验后 100℃运动黏度/(mm^2/s)		≥7.1	SH/T 0103

续表

项　　目	质量指标	试验方法
四球试验 最大无卡咬负荷 P_B/N	≥882	GB/T 3142
铜片腐蚀(121℃，3h)/级	≤1	GB/T 5096
液相锈蚀(方法 A)	无锈	GB/T 11143
FZG 齿轮低速抗磨损能力(磨损值)/mg	≤150	JB/T 7282
橡胶相容性	与用户协商	GB/T 14832
热氧化稳定性	与用户协商	JB/T 7282
湿式摩擦片摩擦特性	与用户协商	JB/T 7282

国际上有两种农用拖拉机润滑油要求，见表 14-6 和表 14-7。

表 14-6　UTTO 通用拖拉机传动油性能要求

100℃黏度	夏天	SAE 10W30，100℃黏度 9.0~11.0cSt，-35℃布氏黏度 50000~70000cP
	冬天	SAE 5W20，100℃黏度 6.2~7.0cSt，-40℃布氏黏度 20000cP
应用	规格	试验
传动器/湿式制动	API GL-4，Massey-Fgrguson M1141/M1135 New Holland FNHA-2-C-201.00(M2C134) John DeereJ20C/D 卡特皮拉 TO-2，阿列逊 C-4	L-20 高扭矩低速，独立动力 Take-off，4 方轴，泵 Jenkins 拖拉机传动 Stallo 和高能 制动 Chatter/Capacity，动力转换传动，高扭矩轴 动力转换传动摩擦，磨损，氧化，摩擦
液压设备	Vickers 叶片泵，DenisonHF-0，Vicker SheetI-286-S	磨损(ASTM D2882)，叶片和柱塞泵，Vickers 35VQ25

表 14-7　STOU 超级拖拉机通用油性能要求

黏度	SAE10W30，100℃黏度 9.3~12.5cSt，-25℃布氏黏度<3500cP	
应用	规格	试验
发动机	APICD+/CE，APISF CCMCD-4	卡特皮拉 1G-2，程序 IID，IIID，VD，L-38，马克 T-6，T-7，NTC400 MBOM364A，CCMC 质量必须由 API 或 MIL 证明

续表

传动器/湿式制动	APIGL-4，Massey-Ferguson M1139 New Hollang M2C159B/C John Deere J27	L-20 高扭矩低速，独立动力 Take-Off，4 方轴，泵 制动 Chatter/Capacity，动力转换传动器，高扭矩轴，液压泵
	卡特皮拉 TO-2，阿列逊 C-4	动力转换传动器摩擦，氧化，磨损，摩擦
液压设备	Vickers 叶片泵，Denison HF-2，Vickers Sheet I-286-s	磨损（ASTM D2882），叶片和柱塞泵，Vickers 35VQ25

第三节　农用拖拉机油的选用和应用

一、农用拖拉机油的选用

拖拉机中的发动机、传动器、制动器、液压系统都要用润滑油，它们都各自有合用的润滑油。要搞清楚某特定型号的拖拉机，哪些系统的润滑系统是独立的，哪些系统是共用的，独立系统可针对性地用油，共用系统应选用合用的拖拉机润滑油。

按 JB/T 7282—2016，农用拖拉机润滑油选用见表 14-8~表 14-11。

表 14-8　拖拉机底盘用润滑油

用油部位	车辆齿轮油		液压、传动两用油	多功能传动系用油	液压油[b]
	中负荷车辆齿轮油	重负荷车辆齿轮油			
机械传动[a]	√√√	√√	√	√√	—
液压系统	—	—	√	√√	√√√
机械传动和液压系统合用[a]	—	—	√√[c]	√√√	—
动力换档变速器、液压系统和湿式制动器中任意两个或三个部件合用[a]	—	—	—	√√√	—
质量要求	JB/T 7282—2016 附录 A	GB 13895	JB/T 7282—2016 附录 B	JB/T 7282—2016 附录 C	GB 11118.1

[a] 如带限滑差速装置，按主机厂要求采用合适的润滑油。

[b] 液压油根据拖拉机使用环境温度，可分别选用 L-HM、L-HV 或 L-HS 型液压油。

[c] 拖拉机底盘为干式制动时，可优先选用。

注："√"数量表示选用的优先级别，√√√为最优推荐，√√次之，√再次之。

表 14-9　不同环境温度下拖拉机底盘用润滑油黏度等级

用油品种		环境温度/℃	黏度等级
中、重负荷车辆齿轮油[a]		-25~50	80W90
		-10~50	85W90
		0~50	90
液压油	L-HM 抗磨液压油[b]	≥-4	32、46、68
	L-HV 低温液压油[b]	≥-24[c]	22、32、46
	L-HS 超低温液压油[b]	≥-30[c]	22、32、46
液压、传动两用油		-17~50	按附录 B 黏度的规定
多功能传动系用油		-30~50	按附录 C 黏度的规定

[a]中、重负荷车辆齿轮油黏度等级符合 GB/T 17477—2012 的规定。

[b]L-HM 抗磨液压油、L-HV 低温液压油和 L-HS 超低温液压油符合 GB 11118.1 的规定。

[c]-24℃是黏度等级为 22 的 L-HV 低温液压油运动黏度 1500mm^2/s 时的最高温度；-30℃是黏度等级为 22 的 L-HS 超低温液压油运动黏度 1500mm^2/s 时的最高温度。

表 14-10　拖拉机柴油机润滑油质量等级和适用范围

质量等级	适 用 范 围
CD	要求使用 CD 质量等级柴油机油的自然吸气或涡轮增压的预燃室式柴油发动机
CF-4	要求使用 CF-4 及以下质量级别柴油机油的发动机，重负荷、大功率、自然吸气或涡轮增压的直喷式柴油发动机推荐使用 CF-4 质量等级柴油机油
CH-4	要求使用 CH-4 及以下质量等级柴油机油的发动机，重负荷、高增压、大功率的直喷式柴油发动机推荐使用 CH-4 质量等级柴油机油
CI-4	要求使用 CI-4 及以下质量等级柴油机油的发动机，采用废气再循环(EGR)发动机排放处理系统的高档柴油发动机应使用 CI-4 质量等级柴油机油。但对采用微粒捕捉器(DPF)技术的发动机除外

表 14-11　不同环境温度下拖拉机柴油机用润滑油黏度等级

环境温度/℃	推荐黏度等级	环境温度/℃	推荐黏度等级
-30~30	5W30	-15~50	20W50
-30~40	5W40	0~30	30
-25~30	10W30	10~40	40
-25~40	10W40	20~50	50
-20~40	15W40	—	—

二、农用拖拉机油的应用

农用拖拉机油应用要点如下：

（1）仔细了解农用拖拉机的润滑系统及对润滑油的要求，据其多用性选择性能要求相同的润滑油。

（2）一般大型农用拖拉机油价格较贵，原因一是由于其多用性能，其添加剂的加入量较大，成本较高；二是油的性能评定项目较多，评定费用也较大；三是多功能的农用拖拉机油的社会消费量不大，且技术复杂和难度大，使得研发费用也相对较大。因此，如果有些润滑油供应商推销价格低廉的多用途拖拉机油(甚至低于各自单用途油)，应警惕是否为假冒伪劣润滑油，尤其要检查其评定项目，与标准比较，是否齐全和真实。

（3）按农闲和农忙，农用拖拉机的使用存在明显的季节性。繁忙时应加强空气和润滑油滤清器的保养和滤网清洗更换；农闲时应周期性地启动和暂短运转机械，使摩擦副常有油膜复盖。

第十五章　其他润滑油品种

第一节　高温链条油

链条传动结合了齿轮传动有确定传动比和皮带传动的可多方向多距离传动又能吸震的优点，因而应用极广，结构也多种多样。尤其是现代工业自动化流水生产线，大多采用长距离多方向链条传动。链条传动装置一般由链条和链轮组成，链轮相似于齿轮，链条结构多种多样。以应用较普遍的套筒滚子链为例，它由内链板、套筒、小轴、外链板及滚子组成，如图 15-1 所示。

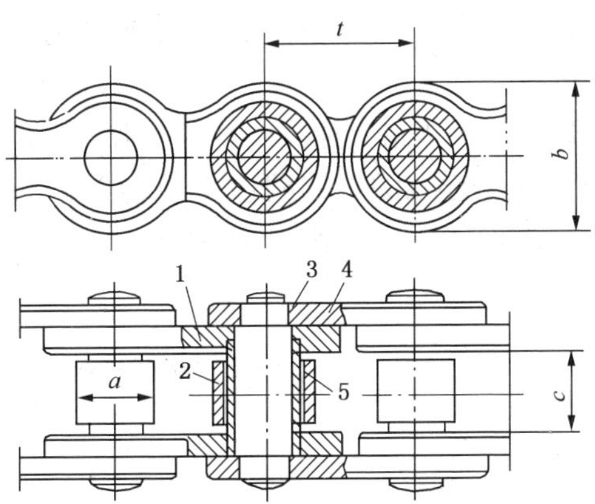

图 15-1　套筒滚子链组成示意图

1—内链板；2—套筒；3—小轴；4—外链板；5—滚子

一、高温链条油的性能

链条的润滑方式一般有注油和油浸二种。在染纺、烤漆、木材加工、陶瓷、塑料薄膜生产等中的链条都在 200~300℃或更高的温度下工作，其润滑油在此环境下有以下一些特殊要求。

1. 好的极压抗磨性

链条中的几个摩擦副，如内链板与外链板，轴和滚子等，有的负荷很大，某一部件的磨损将会影响整条链传动系统，使匀速运动变成非匀速运动，造成传动不平稳，因而油的极压抗磨性要好。

2. 黏附性好

链条在高速运转中大的离心力易把油甩出，油应有一定的附着性，所以一般链条油黏度较大。

3. 有一定的渗透能力

链板、小轴、滚子间的间隙很小，油要迅速渗透进去才能润滑，而这与高黏度附着性是矛盾的，高温链条油就是要二者兼顾。

4. 高温抗氧性

稳定性及清净性要好。油在高温下易氧化生成沉积物，填塞链条间隙，阻碍传动，清洗困难，因而高温稳定性要好，变质后生成沉积物的倾向要小。

5. 低挥发性

高温下挥发性低，油膜保持性好。矿物油长期在200~300℃下工作，会生成大量沉积物，油膜保持性差，不适用于作高温链条润滑剂。要用高温稳定性好，高温分解后生成沉积物少的聚醚、多元醇聚酯等合成油为基础油，加上高温抗氧剂及高温稳定的抗磨剂等。

这类产品没有通用的品种规格，往往由设备制造商提出要求或推荐品种，甚至自行供应，如德国的克鲁伯(Kluber)公司生产的这类产品很著名。

我国有一个热定型机润滑油行业标准 SH/T 0010—1990，最高使用温度220℃，见表15-1。

表15-1　热定型机油(SH/T 0010—1990)

项　目			质量指标
运动黏度/(mm^2/s)	100℃	不小于	25
	40℃		实测
黏度指数		不小于	150
酸值/(mgKOH/g)		不大于	0.1
闪点(开口)/℃		不低于	250
凝点/℃		不高于	-30
蒸发度(190℃，2h)/%		不大于	20
氧化腐蚀试验(220℃，14h，50mL 空气/min)	运动黏度(40℃)变化/%		-20~+5
	酸值/(mgKOH/g)	不大于	0.5
腐蚀/(mg/cm^2)	45号钢片		±0.2
	T3 铜片		±0.4
	LY11 硬铝片		±0.2

二、高温链条油的应用

高温链条油在应用中，一要按使用温度选用合适的品种。例如，有的适用于

200~250℃，有的则能用于近300℃左右，考虑到链条油滴或溅到周围的可能性，还要注意对加工对象有无不良作用。如烘烤食品机械的链条要用食品级高温链条油，用于塑料薄膜机的高温链条油少量滴到塑料薄膜上不能使薄膜断裂。二要调节好供油量，供油量太少不能保证润滑，太多则易生沉积物，冒烟或外滴。

各种链条油的应用领域见表15-2。

表15-2　各种链条油的应用领域

温度范围/℃	基础油类型	应用领域
<150	低分子PIB，矿物油，半合成油，多元醇酯	印刷，采矿，食品
150~250	聚醚，聚∝烯烃，双酯，偏苯三酯	烤漆，木材加工，搪瓷，食品
220~320	多元醇酯，聚苯醚	定型机，BOPP，木材加工
>600	聚醚+固体润滑材料	冶炼，建材

另外还有一些要求在400℃以上工作的润滑油，在更高温度下要保持液体润滑十分困难，大多采用的解决办法是以在高温下成了气体而不生成沉积物的某些合成油(如聚醚)为液体介质，携带某些高温下有润滑功能的固体润滑剂(如氟化物、铅盐)到高温运动表面作润滑。

第二节　油膜轴承油

大型钢厂生产线材、板材的轧机大多采用油膜轴承，它用流体动力学原理，由轴和轴承的相对运动形成的油楔作用把轴承托起，承载负荷。这类轴承所用的润滑油称为油膜轴承油。

一、油膜轴承油性能要求

1. 抗乳化及抗水解性能好

由于轧制过程有大量冷却水会与油膜轴承油接触，因而油要有良好的抗乳化性能，不但新油抗乳化性能要好，而且在使用中油不断氧化变质后仍有好的分水性能，同时与水不断接触时油中的添加剂组分不要水解。

2. 抗氧性能好

使用寿命要长，由于油箱的容量大，换一次油费用可观，因而要求油降解速度慢，使用寿命长。

3. 抗泡性好，要有一定的极压性能

从流体润滑的角度看，油膜轴承油并不需要极压性能，但机子在启动并未形成油楔把轴承托起时，有瞬间的金属-金属接触，再加上这类轧机的速度和负荷不断提高，新一代的油膜轴承油具有一定的极压性能。

4. 好的防锈性能

让轴承的金属接触水而不要产生锈蚀。

二、油膜轴承油的组成与分类

油膜轴承油的基础油一般为矿物油，矿物油的烃类中极性物越少，与水的分离性能越好，因而要采用精制深度很高的基础油。同样，添加剂也大多为极性物，也会使油的抗乳化性能变差，因而也要尽量少加，尽量加入对抗乳化性能影响小和抗水解性能好的添加剂，一般有抗氧防锈剂、抗磨剂及破乳剂等。

油膜轴承油没有通用的产品规格标准，行业在使用中分为Ⅰ、Ⅱ、Ⅲ三个类。

Ⅰ类，抗氧抗乳化型，以美孚公司的100系列为代表(见表15-3)。

表15-3　Mobil Vacuoline100系列油膜轴承油典型数据

项　目			128	133	137	146	148
相对密度 d_4^{15}			0.890	0.895	0.898	0.902	0.915
倾点/℃			-7				
闪点/℃			224	224	238	263	293
ISO黏度等级			150	22	320	460	680
运动黏度/(mm²/s)	40℃		143~158	209~233	304~336	437~483	646~714
	100℃		14.5	18.7	23.9	30.3	34.3
黏度指数			95	95	95	95	80
酸值/(mgKOH/g)			0.1				
抗乳化性	D1401，82℃，(40-37-3)/min		20	20	40	40	40
	D2711，82℃	油中水/%	1.5				
		游离水/mL	30				
		乳化层/mL	1.0				
抗泡沫试验(24℃)，泡沫消失时间/min			10				

Ⅱ类，抗氧抗乳化防锈型，以美孚公司的300系列为代表(见表15-4)。

表15-4　Mobil Vacuoline300系列油膜轴承油典型数据

项　目	328	330	337	346	348
相对密度 d_4^{15}	0.893				
倾点/℃	-12				
闪点/℃	224	232	238	263	293

续表

项　　目		328	330	337	346	348
ISO 黏度等级		150	220	320	460	680
运动黏度/(mm^2/s)	40℃	142	220	320	460	646
	100℃	14.5	17.9	24.1	30.8	39.2
黏度指数　不小于		95				
酸值/(mgKOH/g)		0.1				
抗乳化性(D1401，82℃)，(40-37-3)/min　不大于		30	30	40	40	40
抗泡沫试验(24℃)，泡沫消失时间/min　不大于		10				
铜片腐蚀(D130)		1b				
抗氧化试验(D2272)，旋转氧弹/min　不小于		120				

Ⅲ类，抗氧抗乳化防锈抗磨型，以美孚公司的500系列为代表(见表15-5)。

表15-5　Mobil Vacuoline500系列油膜轴承油典型数据

项　　目		525	528	533	537	546	548
相对密度 d_4^{15}		0.873	0.885	0.889	0.892	0.894	0.915
闪点(开口)/℃		224	224	224	238	263	293
倾点/℃		-12	-12	-12	-12	-9	-7
ISO 黏度等级			150	220	320	460	680
运动黏度/(mm^2/s)	40℃	84.2~93.6	143~158	209~231	304~336	437~483	646~714
	100℃	10.0	14.5	18.7	23.9	30.3	34.4
黏度指数　不小于		95					
色度/号　不大于		3.5	3.5	4.0	6.5	6.5	6.5
FZG/级　不小于		9					
四球机 P_D/N(kgf)　不小于		1470(150)					
抗乳化试验(D1401，82℃)，(40-37-3)/min　不大于		30					
铜片腐蚀(D130)		1b					
液相锈蚀(D665)		合格					
抗泡沫试验(24℃)，泡沫消失时间/min　不大于		10					

三、油膜轴承油的应用

油膜轴承油在应用中要注意以下三点：

一是对高速大型轧机和高速线材轧机、中速轧机组，承载负荷大，要用Ⅰ型高黏度油膜轴承油，黏度为320~680号，若负荷较低，可用220号；近水处的油膜轴承，就要用Ⅱ型的320~680号；对高速线材轧机的预精轧和精轧机组，转速较高，选用Ⅲ型的90~220号。

二是从油的储运、加油、换油到所用器具、容器，一定要干净、清洁，切忌污染、混杂。

三是使用中不应让其他品种油品如齿轮油混入，也应加强密封避免水的混入。当水的进入不可避免时，应控制油中水含量，一般水含量达到3%就要切换到另一油箱，含水油箱要静置使之分离脱水。

第三节 主 轴 油

精密切削机床的加工精密度与导轨组件的精度、刀具水平有关，且很大程度上决定于主轴的运转精度。由于主轴与主轴承的间隙很小，一般为0.002~0.060mm，转速在1000~3000r/min之间，用于主轴的轴承都为滑动轴承。

供油方式有的是循环给油，有的是油浴式。

一、主轴油的性能要求

1. 合适的黏度和好的黏温性能

由于主轴与轴承的间隙小，油要有低的黏度才能进入到主轴与轴承间建立油膜起润滑抗磨作用，主轴油运转中有温升，希望油在温度变化时黏度变化尽量小。

2. 良好的润滑性和一定的抗磨性

低黏度油的油膜薄，小间隙的转动部件高速运转时油膜容易破裂，因而主轴油要保持好的油膜，降低油的温升。

3. 抗氧、防锈、抗泡性要求

主轴油要求抗氧、防锈和抗泡性，这也是大多数机械润滑油的通用要求。

二、主轴油的组成与分类

主轴油大多以低黏度矿物油为基础油，也有用合成烃作基础油，低黏度主轴油含有煤油，以加强油的渗透性，加上防锈、抗氧、油性、抗磨等添加剂组成，成品油40℃黏度分为2、3、5、7、10、15、22等号，闪点为70~140℃。

主轴油在润滑油分类上属L-FD，我国有行业标准SH 0017—1990，见表15-6。

表 15-6　轴承油 L-FD 质量指标(SH 0017—1990)

质量等级	一级品							合格品[①]						
黏度等级(按 GB 3141)	2	3	5	7	10	15	22	2	3	5	7	10	15	22
运动黏度(40℃)/(mm^2/s)	1.98~2.42	2.88~3.52	4.14~5.06	6.12~7.48	9.00~11.0	13.5~16.5	19.8~24.2	1.98~2.42	2.88~3.52	4.15~5.06	6.12~7.48	9.00~11.0	13.5~16.5	19.8~24.2
黏度指数　不小于	—			报告				—			报告			
倾点/℃　不高于	-12							—						
凝点/℃　不高于	—							-15						
闪点/℃														
a. 开口　不低于	—			115	140			—						
b. 闭口　不低于	70	80	90	—				60	70	80	90	100	110	120
中和值/(mgKOH/g)	报告							—						
泡沫性(泡沫倾向/泡沫稳定性，24℃)/(mL/mL)　不大于	100/10							—						
腐蚀试验(铜片，100℃，3h)/级不大于	1(50℃)		1					1(50℃)		1				
液相锈蚀试验(蒸馏水)	无锈							—						
抗磨性														
a. 最大无卡咬负荷 P_B/N(kgf)　不小于	—							343(35)	392(40)		441(45)		490(50)	
b. 磨斑直径[②](196N，60min，75℃，1500r/min)/mm　不大于	0.5							—						
氧化安定性														
a. 酸值到 2.0mgKOH/g 时间[③]/h　不小于	—					1000		—						
b. 氧化后酸值增加/(mgKOH/g)　不大于	0.2					—		0.2						
氧化后沉淀/%　不大于	0.02					—		0.02						
水分/%　不大于	痕迹							痕迹						
机械杂质/%　不大于	无							无						

续表

质量等级	一级品	合格品①
抗乳化性(40-37-3mL)/min 不大于	报告(用25℃)	—
橡胶密封适应性指数	报告	—
硫酸盐灰分/%	报告	—
色度/号	报告	报告

① 1995年1月1日起取消L-FD(合格品)。

② FD2(一级品)的磨斑直径测定的温度条件为50℃。

③ 为保证项目。

三、主轴油的应用

主轴油的应用要注意以下三点:

一是可按主轴与轴承间隙选黏度号,见表15-7。间隙大的用15号、22号抗磨液压油即可。

表15-7 主轴与主轴承间隙选用主轴油黏度

主轴与轴承间隙/mm	0. 002~0. 006	0. 006~0. 010	0. 010~0. 030	0. 030~0. 060
主轴油黏度号	2	3, 5, 7	7, 10	15, 22

二是使用中若发现主轴油油温较高,排除了机械原因后,应认为此油不合用,或是黏度选用不对,或是油的润滑和极压性能较低,应及时换合适的品种,否则可能造成抱轴等故障,即使能维持运转,也会加快轴与轴承磨损,使机床精度很快下降。

三是有的油供应商为了方便用户,把低黏度主轴油做成"主轴油精",也就是浓缩液,用户购买后按比例加入煤油稀释。用户应注意煤油质量,若煤油质量差,含有对金属有腐蚀的成分,会对轴承造成腐蚀,因此以用航空煤油为好,此时还要注意安全,附近不能有明火。

第四节 钢索防护油

钢索用途极其广泛,因而其工作环境也极其复杂,如用于港口、船舶的钢索要接触海水、盐雾、大颗粒灰尘,负荷重,用于汽车吊车的则温差大等。若对钢索防护不良，部分钢丝磨损、锈蚀，最后断裂，会造成重大事故。

长期以来，对钢索的防护采用较简单的方法，直到现在，如采用带沥青类有黏附性物与一般高黏度润滑油混合成黏稠状物或用防锈脂类，涂抹在钢索表面作防护。这类方法有如下缺点：

① 这些黏稠物在港口、煤场等工业灰尘大的环境下会黏附很多硬颗粒灰尘，它们作为磨料会加快钢丝的磨损，也增加了钢索运动阻力，如黏附一些酸碱性介质，则对钢丝造成腐蚀。

② 这类黏稠物仅能对表面的钢丝提供一定的防护和润滑作用，但无法深入到钢索芯部。钢索工作时芯部的钢丝也作相对运动，处于干摩擦状态，也易于磨损，这种情况对小直径钢索不明显，而大型钢索的内层钢丝占的比例大，大部分钢丝得不到防护是很危险的。

③ 钢索外表的黏稠物有时会造成打滑，妨碍正常吊装工作。

④ 启动力矩大。

⑤ 清洗十分困难。

由于现用的钢索防护油的上述缺点而造成钢索断裂并不会在短期发生，很难引起设备管理者足够的重视，因而这种情况仍在继续。

这类润滑剂黏度很高，色黑，有的加固体润滑剂，有的加溶剂，很多与开式齿轮油通用。

近年来新型钢索防护油的出现克服了上述缺点，尤其适用于大型重负荷钢索。这类油黏度很小，以渗透性强的某些酯类合成油为基础油，有高的极压性和防锈性。这些油有如下的优点：

① 渗透性强，可通过吊装时钢丝间的相对运动使油直达芯部各钢丝表面，使全部钢丝得到防护和润滑。

② 极压性好，比上述黏稠性钢丝绳防护油高得多，大大降低了钢索在重负荷下的摩擦阻力和磨损，延长了使用寿命。

③ 在钢丝表面生成防锈性好的干性或半干性防锈保护膜。这些保护膜无黏性，不会黏附灰尘并且又有好的防锈性能，克服了黏稠物带来的缺点。

这些油的供油方式一般采用定点喷射方式。由于这类钢索防护油含合成油和较多的添加剂，其价格要比黏性油贵得多。现在的大型钢索很贵，有的数十万元一条，由于吊装时断裂而出事故造成的损失也很大，因而应摒弃旧的防护方式，采用新型钢索防护油，以延长钢索寿命，减少事故。

第五节　内燃机磨合油

内燃机在装配成整机或大修后，都要进行短期磨合。磨合质量的好坏对整个内燃机使用寿命和性能有举足轻重的影响，因而内燃机制造厂都很重视新机出厂前的磨合过程。

金属机械加工后微观表面都是凹凸不平的，平均表面粗糙度约为 R_a 0.5～1.0μm。同时由于变形、机床振动、内应力等会造成表面的波形，此外还有形状误差。这些缺陷使相对运动零部件的实际接触表面大大小于宏观表面，仅为 10^{-3}～10^{-4}，如图 15-2 所示，使得实际接触表面负荷很大，易造成破坏性磨损，也使活塞-缸套密封差，功率下降，油耗大。磨合过程就是使相对运动的摩擦表面受到有控制的磨损，使摩擦表面相互适应，从而得到最好的承载关系，达到最小的机械损失。通过磨合使表面粗糙度、波形及形状误差降低。这包括二个方面，一是建立合理的磨合工艺；二是使用有控制磨损作用的润滑油，也就是磨合油。

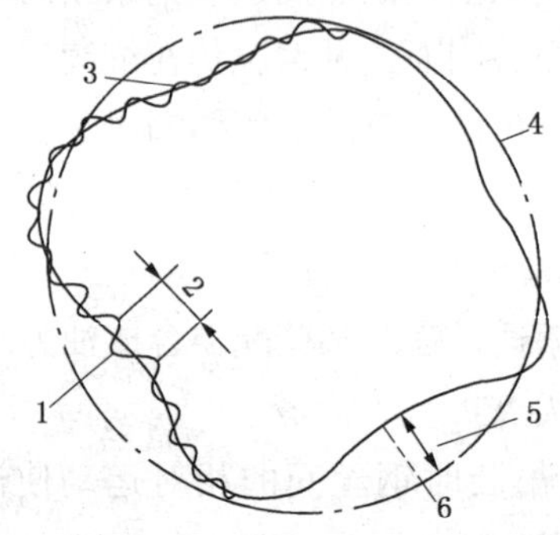

图 15-2　汽缸筒表面放大 2500 倍的径向变形

1—表面波纹；2—波纹波长；3—表面粗糙度；4—理论表面；5—形状误差；6—真实表面

一、磨合油的性能要求

磨合油的性能要求有以下三个方面：

一是有可控制的磨损，在金属表面粗糙度大时能促进磨损，粗糙度小时抗磨损。

二是流动性好，可及时冲走磨下来的磨屑，并带走摩擦产生的热量。

三是好的极压性，防止激烈摩擦下造成烧死。

磨合油一般由低黏度矿物油为基础油加上特殊添加剂配方组成。磨合油的添加剂配方技术核心在于“有控制的磨损”。在机子表面粗糙度很大时应快速磨损，尽快把高粗糙度的表面磨平，在磨到正常的粗糙度时应自动反过来起抗磨损作用，不让再磨下去造成过度磨损。以前曾有用有腐蚀性的高含硫油或在油中加上有磨料磨损作用的硬颗粒以加快磨合，虽然磨合是加快了，但若不把系统中的磨合油清理干净，在使用中仍会起加速磨损的坏作用，因而这类磨合油很难推广。

二、磨合油的应用

应用磨合油有下列优点：

① 成倍缩短磨合时间，节省人力物力，提高磨合台架的使用率。

② 降低燃油耗，提高内燃机产品出厂的合格品率和优质品率。

③ 磨合油可多次重复使用，可与正常的内燃机油混合，磨合后放尽油再加上正常内燃机油即可出厂，无需把残留油清洗干净。

磨合油在应用时要注意以下几点：

① 磨合油的使用要与本厂原有的内燃机磨合工艺的修改结合起来，一般把原磨合工艺的时间缩短一半后用磨合油做磨合试验，从磨合效果再对磨合规程作调整。由于机械因素对磨合效果影响大，试验时应做多台机试验。

② 要做磨合油的多次重复使用试验，确定油的使用寿命。

③ 不要与其他内燃机油混合，以免降低磨合效果。

④ 使用中加强过滤和磨屑的沉降，也避免与水接触。

第六节 防泄漏工业齿轮油

很多在用设备中的油箱在使用时，由于箱体裂缝、砂眼、内应力不均匀或外力等造成润滑油渗漏，而生产中的设备又无法停下来检修，使得机油耗量大，环境油污染严重。这种情况在露天或大厂房的齿轮箱如油田、码头、煤矿、钢厂尤为严重。

防泄漏工业齿轮油本身是一种性能符合规格的工业齿轮油，同时含有特殊组分，这些组分在没有受到外力时呈胶冻状态，把箱体的漏缝堵住，而受到外力如齿轮运动时呈流体状态，起正常工业齿轮油的作用。

防泄漏工业齿轮油是含有工业齿轮油复合添加剂的高黏度矿物油，并含有特殊的固体润滑剂。

防泄漏工业齿轮油在应用时要注意以下 5 点：

① 防泄漏工业齿轮油仅作设备在大修前防漏油的权宜之用，大修时应对漏

点彻底处理。

② 对静密封堵漏效果较好，动密封效果较差。

③ 对渗漏的堵漏效果较好，对大漏缝或洞的效果较差。

④ 在在用的齿轮油中补加本品，也有一定堵漏作用。

⑤ 有的方案是采用半流体润滑脂防漏，但效果不如本品。其原因，一是极压润滑脂的极压性能大大低于符合规格的工业齿轮油，若此齿轮负荷较重就会损坏；二是半流体的冷却差，油温会偏高。

第七节　乙烯气体压缩机油

我们日常所用的塑料制品或工业上的塑料零部件大多为聚乙烯及其改性产物，由石油馏分裂解分离出乙烯气体，再压缩成高压乙烯进入反应器进行聚合而制得聚乙烯。其中用到的乙烯气体压缩机需要特殊的专用润滑油。

乙烯气压缩到极高压力后进入反应器一般经二个压缩机：初级压缩机和第二压缩机。初级压缩机把气体压缩到 27.580MPa，送到第二压缩机，第二压缩机经二段压缩最后气体压力为 310.3MPa，再送到反应器。初级压缩机、增压机和第二压缩机的曲轴箱的润滑油要求不苛刻，用常规润滑油即可。对润滑油有特殊要求的是第二压缩机，它的压缩系统有二种形式，一种是活塞-汽缸，另一种是填料柱-汽缸。后一种应用更普遍，其使用寿命是前一种的 2~3 倍。第二压缩机的两段压缩的乙烯气体状态的例子如表 15-8 所示。

表 15-8　乙烯气在第二压缩机的状态举例

项　目	一　段		二　段	
	进　口	出　口	进　口	出　口
压力/MPa	27.58	110.3	103.4	310.3
温度/℃	32.2	78	32.2	80

乙烯气体压缩机油对润滑油的特殊要求如下：

① 润滑油对乙烯气不得造成污染。一是成品聚乙烯塑料可能作为包装食品、药品或与食物接触，在聚乙烯生产中携带的少量润滑油应不影响其食品级检验；二是乙烯气携带的少量润滑油不能使聚合反应催化剂中毒，影响活性寿命。

② 要有好的油膜强度。这有利于减少填料柱-汽缸的磨损，这是由于压缩的压力大于 300MPa，活塞-汽缸或填料柱-汽缸之间的压力很大，易于使润滑油膜破裂，加大磨损甚至烧死。

③ 与乙烯气的溶解度要小，减少油耗量和润滑油被稀释。

上述要求使得压缩机油要尽量少加有活性的添加剂，因而关键是基础油的选择。现在用的有三种：

第一种：食品级白油，含少量抗氧剂及作为承载添加剂的脂肪酸酯，其优点是价廉，缺点是与高压乙烯气有一定的溶解度，油易被携带及被稀释；

第二种：低分子聚丁烯，它与高压乙烯气的溶解度低于矿物油；

第三种：水溶性聚乙二醇，它与高压乙烯气的溶解度更低，仅为矿物油的十分之一，又能通过水洗把它从乙烯气中除去，因而应用较为广泛。

第八节　造纸机油

以前的造纸机较为简单，对润滑油要求不高，很多用普通的机械油或低档内燃机油作为造纸机润滑油即能满足要求。随着造纸机向着大型、高速及自动化的方向发展，这类低档润滑油已不能满足要求，需要专用的循环油，即造纸机油。

有代表性的大型造纸机由湿部和干部组成，湿部包括流浆箱、网部和压榨部；干部包括烘干部、涂布整饰部和卷取部。干部的烘干是把饱和水蒸气通进铸铁烘缸内，把纸张烘干，旋转的烘缸由轴承支承，齿轮传动，饱和水蒸气从轴承的中空轴心流过，此处温度达 110℃，环境温度也到 80℃，并有水蒸气泄漏，且负荷重，有冲击负荷，润滑油循环通过，润滑轴承和齿轮(也有采用喷雾润滑方式的)，因而对润滑油有如下苛刻要求：

① 抗氧性良好，由于油箱大，换一次油费用可观，因而油要在较高温度下变质速度慢，换油期长。

② 抗腐蚀性好，轴承有铜合金部件，不能对铜造成腐蚀。

③ 强的承载性能，轴承和齿轮的负荷重，润滑油应保证润滑良好，减少磨损。

④ 水分离性好，由于有水蒸气侵入润滑油中，应确保油不要乳化，分水性好。

⑤ 过滤性好，油过滤器孔径小，油应能顺利通过。

⑥ 有一定清净分散性，油在高温部位不能生成积炭等沉积物。

造纸机油一般采用高黏度石蜡基基础油，加上各种功能添加剂，习惯上这类添加剂采用无灰型，但也有用其他类型的。造纸机油还没有通用的规格标准，但各公司的造纸机油指标较类似，很多为循环油家族中的一种。

第九节 减震器油

汽车及摩托车的底盘都要有减震器，用于降低因路面不平而造成的车身震动，改善汽车行驶的平顺性和乘坐的舒适性，其中液力减震器应用较广泛。图15-3和图15-4是液力减震器的作用、结构及原理示意图。汽车行驶于凹凸不平的路面时，车架和车桥作相对往复运动，液力减震器的活塞在缸筒中也作往复运动，把减震器油反复地从一个内腔通过一些窄小的孔流向另一内腔，此时孔壁及液体的摩擦和液体内的分子摩擦成为对震动的阻尼力，使车架震动降低，震动阻尼变为热能使油温升高，而由车辆行驶的迎面风把油冷却下来。因此对减震器油有如下要求：

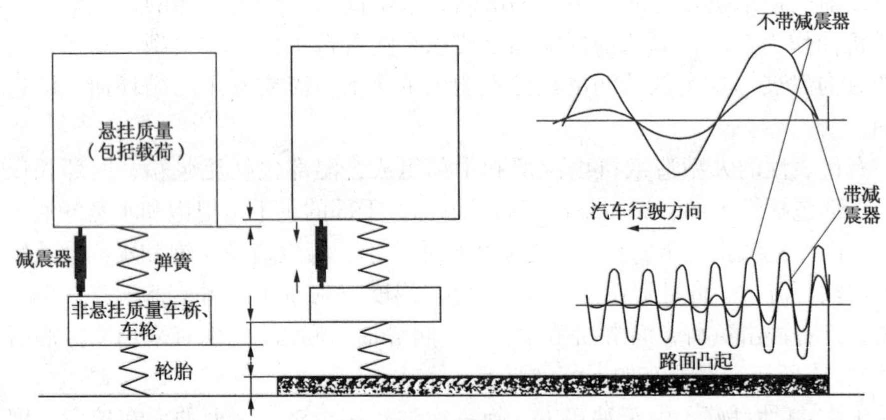

图 15-3　减震器的作用

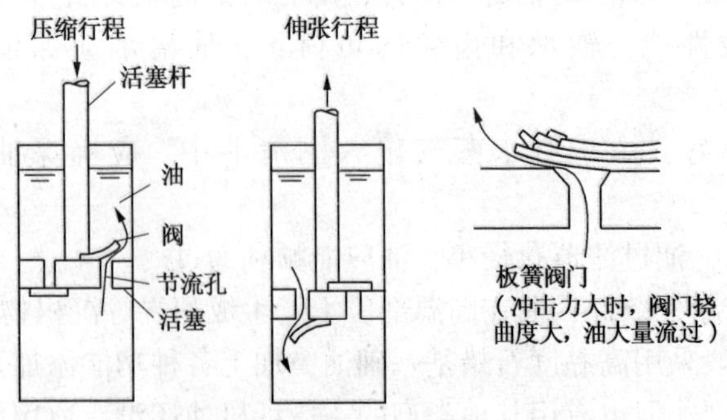

图 15-4　减震器的工作原理

① 具有抗磨液压油的主要性能　减震器油在减震器中的工作原理类似液压油，因而应有抗磨液压油的主要性能，如抗磨、抗氧、抗泡、防锈及对密封弹性物的相容性等。

② 强的抗氧性能　由于减震器把振动的能量变为热能，使油温升高，有的高达150℃以上，它在工作时不断地升温降温，氧化较苛刻，而更换减震器油较麻烦，实际操作中很少为了换减震器油而拆卸减震器，一般减震器本身有问题才拆卸，修理时顺便更换减震器油，因而要求减震器油在长时间中老化较慢，也就是抗氧性能要很好。

③ 低温流动性能好　车辆流动性大，室外放置时间长，在北方冬天也要正常工作，因而低温流动性要好，大多其倾点都在-40℃以下。

④ 优秀的黏温特性　这是减震器油的重要要求，因为减震器油不断升温降温，黏度也随之升高降低，若黏度变化太大，油通过小孔的阻力忽高忽低，减震功能就很不平稳，也就是减震衰减大，因而要求减震器油有很好的黏温特性。

减震器油大多采用高精制深度的低黏度基础油，也有的采用合成油，加上类似抗磨液压油的各种添加剂，并加强抗氧组分，同时应有能改善黏度指数的抗剪切性能好的黏度指数改进剂。

减震器油没有通用的规格标准，大多由汽车或摩托车减震器制造厂自行试验后提出要求。表15-9是几种减震器油的典型数据。

表15-9　几种减震器油的典型数据

项　　目	A	B	C	D
密度/(g/cm^3)	0.87	0.87	0.86	0.90
$\nu_{-40℃}$/(mm^2/s)	2500	500	250	—
$\nu_{40℃}$/(mm^2/s)	10	15	10	37
黏度指数	90	130	300	140
闪点/℃	145	100	100	150
倾点/℃	-50	-50	-50	-40

注：A、B、C为汽车减震器油，D为摩托车减震器油。

第十六章　润滑油应用管理

第一节　概　　述

一、润滑油应用管理阶段

润滑油经过产品研发、生产、产品营销阶段后，到了用户手中，就进入了润滑油应用管理阶段。前一阶段属石油化工专业范畴，后一阶段属机械专业范畴，只有这两阶段工作都做好了，才能充分发挥润滑油的性能，使设备在运转中节能降耗，为社会创造效益。因此，由具有机械专业知识的部门去做好石油化工专业的润滑油产品的应用管理，是一个很大的挑战。

二、润滑油应用管理内容

润滑油应用管理包括采购、储存、选用、代用、混用、使用中操作控制、设备故障诊断、换油等，每一项都包含着丰富的与润滑油专业和机械专业甚至经济专业相关的知识内容。

第二节　润滑油应用管理

一、润滑油采购

润滑油采购掌握以下两点：

1. 在购买价格上摒弃“物美价廉”假象的诱惑，提倡“优质优价”和“货真价实”

必须认识到，在正常情况下，没有任何润滑油供应商会以低于生产成本出售产品，使自己亏本倒闭，所谓“物美价廉”通常会引起假冒伪劣产品盛行。

“物美价廉”，价廉是硬指标，价格高低，任何人都能感受到。物美是软指标，除了原始简单物品可从视觉或感观判断其优劣外，其他产品尤其工业产品，其质量应包含三个方面，即使用性能、耐用性和服务质量，尤其是服务质量对高档润滑油这类技术含量高的产品尤为重要。这三个方面都不能从产品表面情况评判其是否“物美”。产品供应商为了自己的产品在市场竞争中取胜，会从广告宣传、产品资料及推销人员走访中美化产品质量而很少介绍其局限，滑油采购时不要仅受价廉的诱导，要认识到，供应商既要使用真材实料以保证产品质量，又要加上其他相应的成本及合理的利润，才能维持再生产，因此只有“优质优价”和

“货真价实”的产品才是可靠的。

2. *以质量为主，价格为次*

首先，企图从降低润滑油采购价格以降低生产成本的主导思想是不可取的，相反以较高价格购买优质润滑油以提高综合经济效益才是具有战略眼光的明智企业管理者。这可以通过以下事实证明：

① 从表16-1可以看到，日本机械学会的调查表明，通过润滑油量节省和费用得到的效益仅为润滑管理总效益的2%，而通过润滑管理得到最大效益的依次为维修费(44.7%)、停工损失(22.3%)和延长设备寿命(19.5%)，而这三项与润滑油的优良质量关系密切。

表16-1　润滑管理效益调查

项　　目	节　能	节劳力	节润滑油	节维修费	节停工损失	延长设备寿命
比例/%	5.5	2.0	2.0	44.7	22.3	19.5

② 日本机械协会对设备故障件数原因统计如图16-1所示，其中与润滑有关的件数约占40%。

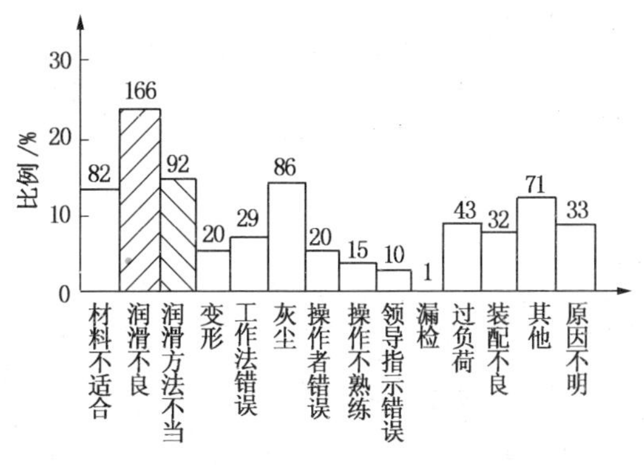

图16-1　设备产生故障的原因

③ 润滑油的成本仅占车辆总操作成本很小的比例，见表16-2和表16-3。从表中可见，润滑油的费用仅占总设备操作费用的0.5%~1.0%，它的费用大小对总费用影响不大。

表16-2　美国115个车队车辆操作费用比例

项　目	管　理	轮　胎	维　修	贬　值	燃　料	润滑油
费用比例/%	13	6	27	16	37	1

表 16-3 茂名石化公司车队营运费用比例

项目	管理	养路费	维修	燃料	润滑油	保险费	轮胎	基金
费用比例/%	30	16	22	17	0.5	1.5	4	9

以上图表的事实表明，虽然润滑油费用在整体费用中比例很少，但对减少故障、维修等影响巨大，是投入少收益大的耗材。因此，在润滑油价格上斤斤计较是不必要的，应坚持以质量为主、价格为次的采购原则。

3. 使用价格高的高档润滑油有明显的经济效益

表 16-4 是用 CA 柴油机油升级到 CC 柴油机油减少维修次数的统计，原来用低价的 CA 油 40 万公里需大修的车辆，用了价格稍高而档次也稍高的 CC 油后都无需大修，省下的维修费用及增加运行时间的效益高于 CC 油与 CA 油的价差的数百倍。表 16-5 为攀枝花钢铁公司使用较高档的 525 油膜轴承油的效益统计。

表 16-4 车队从用 CA 油升级用 CC 油后节约维修次数[①]

车号	运行里程/km	应进行保养			实际保养		
		二保	三保	大修	二保	三保	大修
02264	101091	6	2	1	6	0	0
02265	101034	5	2	1	4	0	0
02266	114203	6	2	1	6	0	0
02267	101790	4	2	1	2	0	0
02276	160871	5	3	1	1	1	0

① 数据来源于青岛港务局 20 世纪 90 年代初以东风、解放为主的货运车队。

表 16-5 推广美孚 525 油膜轴承油给钢厂带来的效益比较

项目		1989 年(低价低质油)	1990 年(美孚 525 油)	节约费用/万元
润滑油	用量/t	148	70	
	费用/万元	85.835	59.22	26.615
消耗轴承	个	100	20	
	费用/万元	8.560	1.720	6.848
减少停工检修多创造的效益				57.000
纸滤芯	个	1850	192	
	费用/万元	16.15	1.728	14.922
共计				105.850

从以上两表可以看到，用高档润滑油似乎增加了采购成本，但其优质性能使设备减少维修费用和增加寿命而提高的效益远高于优质润滑油的价差。

4. 把住假冒伪劣润滑油关

采购价格低廉的假冒伪劣润滑油看似降低了生产成本，对管理者有很强的诱惑力，但因其低质量而损坏生产设备并造成事故增多，极大地损害了企业的经济效益，已有无数案例证明了这一点。杜绝假冒伪劣润滑油的采购作为润滑油应用管理的第一关，一定要把好。为此，应注意以下几点：

① 若某润滑油产品价格明显低于同产品市场价，首先应怀疑其质量的保证。对假冒伪劣润滑油供应商应列入黑名单。

② 对本单位常用、量大及重点设备用的润滑油，建立供应商资质名单，评估其质量保证体系，尤其要实地考察产品检验项目是否完善。若生产厂的化验室项目简陋，有些主要项目连检测手段也不具备，那又如何能保证产品规格中各质量指标的合格呢？

③ 掌握必要的润滑油专业知识，识别产品真伪。目前我国山寨润滑油厂林立，使用低价的“非标”基础油，使用廉价添加剂配方，其低劣质量润滑油损害用户利益等情况普遍存在。本书有关章节也提供一些识别假冒伪劣润滑油的简易方法。重大设备用的润滑油，要有专业单位检验报告，建立档案。

二、润滑油储存

采购了质量合适的润滑油，还要有科学的储存管理制度，保证润滑油质量。

① 储存中恪守“分类存放，环境洁净，杜绝污染”原则。从硬件上，应有宽大通风光亮清洁的油品仓库，每种油品有单独的分装设备，大油桶用抽油泵与小容器的抽油泵不应共用；从软件上，应有专人管理和严格的管理制度，收发账目齐全。若在室外露天存放，应按图 16-2 的方法堆放。对抗磨液压油、涡轮机油、电器用油等对微量水、灰尘等污染物敏感的油品，应室内存放。

② 建立定期质量检验制度。对存放较长的油品应定期抽样检验，质量不合格时应及时淘汰。

三、润滑油的选用、代用和混用和使用维护

1. 选用

润滑油的选用是润滑油应用技术的重要一环，若选用的品种和质量档次与设备对润滑油性能要求不符，必然会对设备造成大的损害，即使油的质量再好也没有用。选用方法如下：

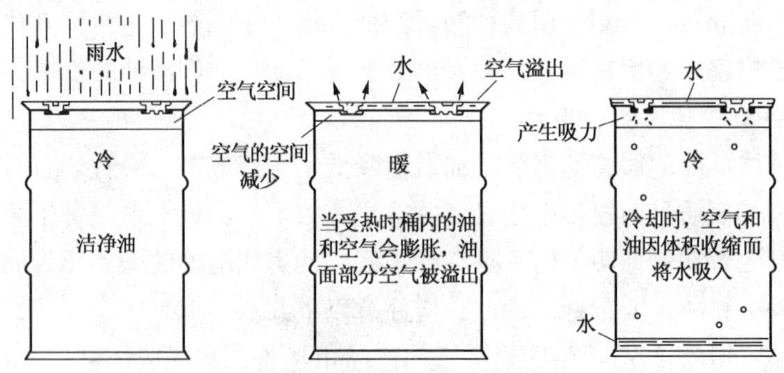

竖立的油桶对湿气的“呼吸”作用

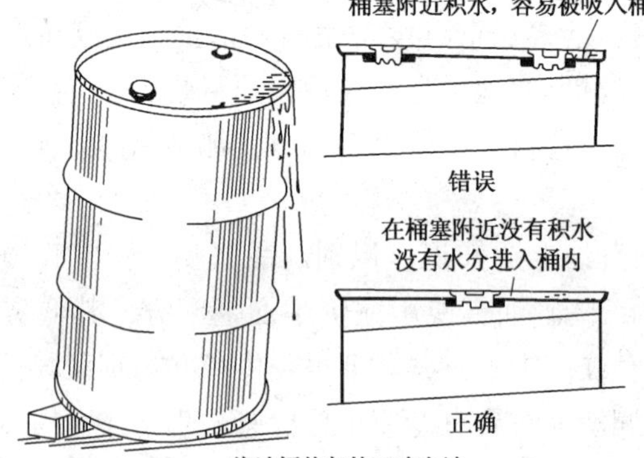

将油桶垫起的正确方法

图 16-2　润滑油桶露天存放方法

① 按设备的用户手册推荐选用。

② 若设备使用环境或条件特殊，或用户手册不够明确(有时见于国内某些设备)时，应咨询有资质的润滑油供应商客服。

③ 参考同类设备的润滑油使用情况。

④ 经常超载超速的设备及超期服役的设备，在质量档次及黏度的选用上，应特殊对待。

⑤ 在室外低温和高温环境使用的设备，应按该各种油品黏度的选用推荐进行。各种黏度的相应关系如图 16-3 所示。

本书中各润滑油品种都有选用的内容，可参考执行。

2. 代用

润滑油的代用是在缺乏正选润滑油情况下的临时措施，待正选润滑油到位后应及时换过来。润滑油代用时应把原润滑系统的旧油排放干净。

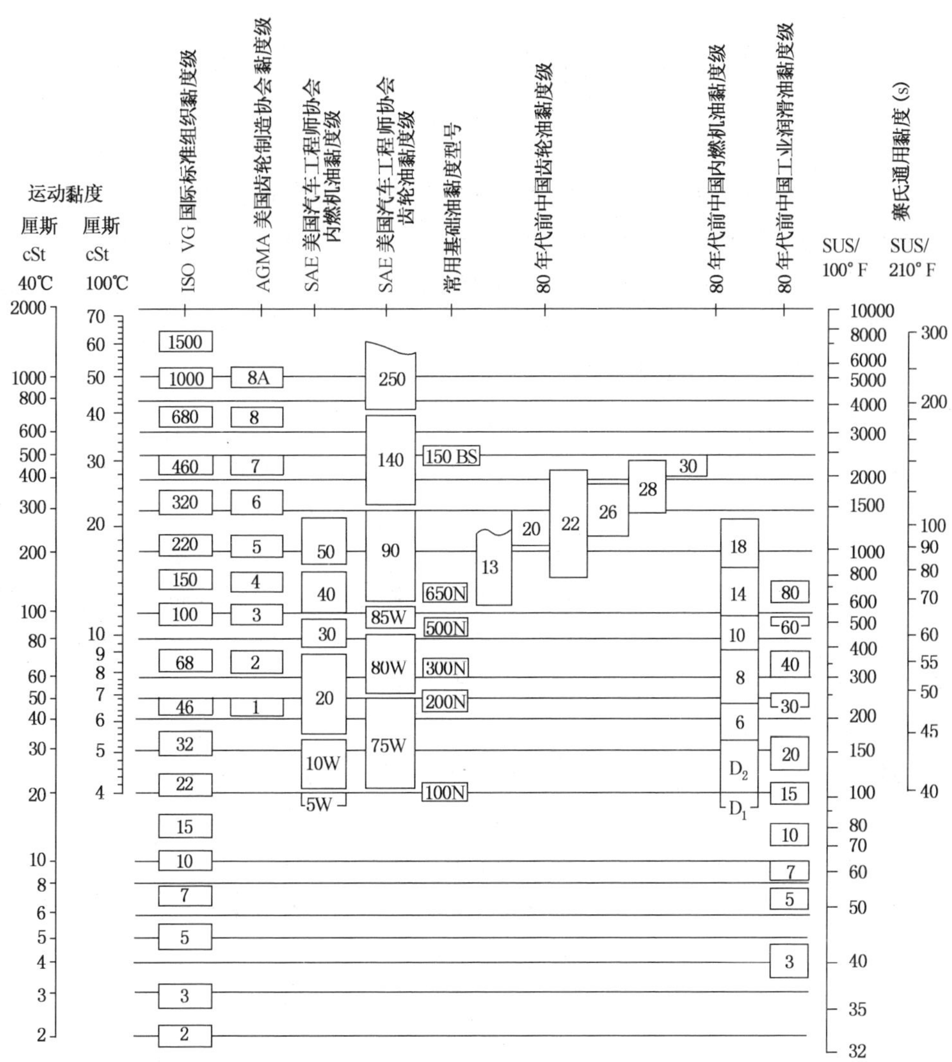

图 16-3　各种黏度分类对比

有些性能独特的油品，如对污染要求严格的油、性能特殊的油及有高低温要求的油不能代用。具体油品代用应咨询润滑油供应商。

润滑油代用应遵循以下原则：

① 代用油品应是同类油品，其基础油和添加剂品种相同或相近，功能要求相同或相近。

② 黏度在±25%范围内。

③ 质量档次以高代低。若以低代高，设备要降低参数操作，也只能短期使用。

3. 混用

同样，润滑油混用也是在正选润滑油暂时缺少时的临时措施。混用时应把混用的油先做小样混兑试验，待外观和简单试验无异常后才可实施。

不同品种油品混用时，应在对这些品种性能有一定认识后慎重进行。本书在各章润滑油的叙述内容中，也包含了一些润滑油的代用和混用，可查阅。

以上内容都要求有关管理者具有一些润滑油的相关专业知识。

4. 加强润滑油应用中的过滤

润滑油在使用时，在衰败过程中会产生一些油不溶的固体物和沉积物，也有些金属磨损颗粒混入油中。外部的水、气体和灰尘颗粒进到油中，会使油加速衰败，增加磨损，堵塞油道和滤清器。通常设备中都有润滑油滤清器及时把油中的固体污染物滤出，减慢油的衰败和降低磨损，加强润滑油过滤是润滑油应用管理工作的重要一环。在液压油应用中，一般认为在液压系统故障中，有70%与润滑油中混入污染物有关；在电器油应用中，微量水和灰尘的混入是使其绝缘性能变差的罪魁祸首。

表16-6是美国一个车队专对换油和换滤清器的对比试验结果，每组行驶48000km。从表16-6看到，用CC油每60天换油及滤清器比全程不换油及滤清器的磨损小得多，也比全程什么都不换的高一档的CD油的磨损小得多。表16-7也说明有旁通滤清器比无滤清器的磨损小得多，而用全流滤清器时磨损更小。图16-4是不同滤清器对发动机各部磨损的对比。

表16-6　换油及滤清器对发动机磨损的影响

润滑油品种	CC	CC	CD
换油及滤清器	每60天换一次	不换	不换
进气阀杆磨损/10^{-4}in	31	90	57
排气阀杆磨损/10^{-4}in	17	44	33
活塞环间隙增加/10^{-3}in	20	30	28
挺杆磨损/mm	10	144	144

注：1in=25.4mm。

表 16-7　机油滤清器对发动机磨损的影响

	相对磨损			
	汽　缸	曲轴颈	连杆轴承	活　塞
无滤清器	100	100	100	100
有旁通滤清器	44	66. 7	53. 2	73. 5
有全流式滤清器	15	22. 1	6. 7	21. 6

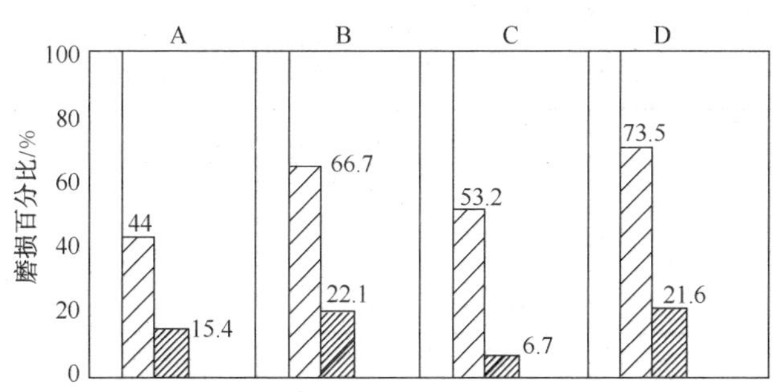

图 16-4　不同滤清器对发动机各部磨损的对比

A—缸筒磨损；B—主轴承磨损；C—连杆轴承磨损；D—活塞磨损

5. 润滑油温度控制

设备运行时，润滑油温度控制是润滑管理的重要内容之一。润滑油氧化是润滑油衰败的重要原因，而温度是影响润滑油氧化速度的最重要因素。有一种说法，说是油温每升高 10℃，氧化速度会加快一倍。不管此说法正确与否，温度升高使氧化加速是肯定的，油氧化的加速必然造成设备磨损加剧，油变色快，油使用寿命缩短。

一般对循环使用的润滑油，如液压油、涡轮机油、造纸机油等，应控制在 60~70℃之间，或严格执行设备手册的规定。这就要求：一要有准确显示和控制油温的仪表，二要有冷却水控制的执行机构。

6. 减少与润滑油有关的设备故障

在设备的故障总件数中，与润滑有关的件数占 40%~50%，而在设备的总操作费用和搞好润滑管理的总效益中，占第一、第二位的都是维修及因维修造成的停工损失。因此，加强对润滑油设备故障诊断技术的学习和实践，对减少与润滑油有关的设备故障是十分重要和必要的。

7. 控制润滑油的消耗

由于不良的用油习惯，设备密封部分损坏不及时维修等使工厂生产场地遍地油迹，脏物随处可见，既影响文明生产，又浪费润滑油。因此在润滑油应用管理中，应杜绝润滑油的跑冒滴漏，建立高标准的润滑油消耗指标及生产场地的清洁要求，尤其对于旧厂房和旧设备，更应严格要求。事实上，控制润滑油不合理的消耗，技术含量并不高，只要严格要求和改掉不良用油习惯即可。表 16-8 是一汽集团几年内润滑油治漏的统计。

表 16-8　一汽集团几年内设备漏机油治理情况

年　份	治理设备台数	每季节约机油/t	年节约费用/万元
1993	190	79	99.5
1994	600	309.3	389.7
1995	308	155.7	196.2
共　计	1098	544	685.5

如果设备运行中润滑油消耗明显超标，则一要由机械部门对设备状况作评估；二要检查所用润滑油的密封件相容性是否合格。

8. 换油

润滑油在使用过程中，其性能会逐渐下降，对设备保护能力减弱，此时就应把旧油换成新油。润滑油在使用中性能下降至要换新油的主要原因是：

① 油中添加剂在使用中不断消耗，性能不断下降。

② 油在空气、热、金属催化和活性有害气体作用下不断氧化，润滑性能不断丧失，产生对金属有害产物，这些氧化产物会腐蚀金属，加剧磨损。

③ 微量水、灰尘、金属颗粒、沉积物等从外部进入或内部产生的物品污染润滑油，使油不断变脏，堵塞油道和滤清器。

换油期的掌握，有如下做法：

① 润滑油的衰败规律是速度由慢至快，至一定里程或时间后会突然加速，在此突变拐点前换油较为理想，但不同油品没有共同的突变拐点数值，操作性差。

② 从丰富的使用试验总结，得到主要润滑油品种一些主要理化指标变坏需换油的警示值，从标准化的角度，制订一些换油指标。不同油品都有各自不同的换油指标和数值，请参考本书各章节相关内容执行。若超期不换油，会造成设备超高磨损，如图 16-5 所示。现行的标准部门颁布的各种换油指标如下：

柴油机油换油指标　　　　GB/T 7607—2010

汽油机油换油指标	GB/T 8028—2010
内燃机车柴油机油换油指标	GB/T 1739—2005
重负荷车辆齿轮油(GL-5)换油指标	GB/T 30034—2013
工业闭式齿轮油换油指标	NB/SH/T 0586—2010
L-HM 液压油换油指标	NB/SH/T 0590—2013
轻负荷喷油回转或空压机油换油指标	NB/SH/T 0538—2013
L-TSA 汽轮机油换油指标	NB/SH/T 0636—2013
抗氨汽轮机油换油指标	NB/SH/T 0137—2013

此外，一些润滑油供应商和 OEM 公司也提出一些润滑油的换油指标，都可参考。此做法对大型设备或专业公司较合适，因为要定期取油样做检验。

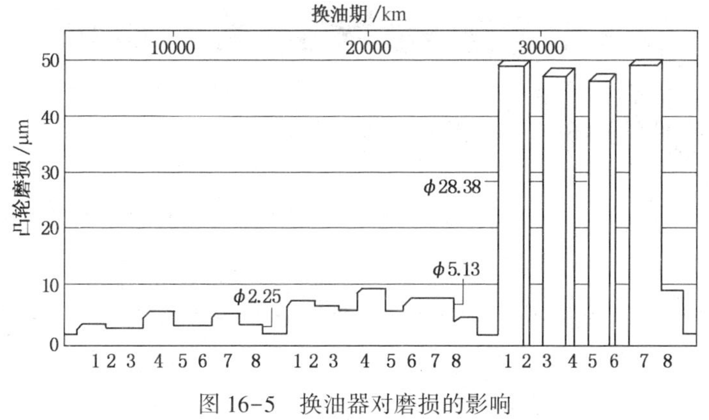

图 16-5 换油器对磨损的影响

③ 一些大型 OEM 公司和润滑油供应商从保护设备出发，提出各自品牌设备换油的里程或时间，供设备主掌握，这种做法汽车行业较为普遍。

换油时，切记要把原旧油放干净后再加入新油。有些重要设备，在排尽旧油后还要用新油冲洗一遍再加新油。

第十七章　润滑油与设备故障诊断

从十六章可以看到，在工厂总故障件数中，与润滑有关的占40%~50%，而在润滑管理的总效益中占前三位的是节约维修费、节约停工损失和延长设备寿命，这些都表明，润滑油在生产经济效益中占有重要地位。

第一节　设备故障与维修基础知识

一、设备故障分类

① 从故障性质分类　可分为系统性故障和随机性故障。系统性故障为渐发性的故障，周期较长；随机性故障一般为突发事件，故障发生前无明显征兆，难预报，会造成灾难性破坏。

② 从故障发生过程分类　可分为原发性故障和继发性故障。原发性故障是设备某部分发生的小故障，对设备正常运转无明显影响，又称隐性故障。继发性故障指原发性故障的损坏部件使附近正常部件造成损坏，或原发性故障发生后破坏了其他部件的载荷均衡，使相应部件严重超载而损坏，这类故障为短期连环发生，时间短，破坏性大，故障现场复杂，掩盖了对原发性故障的寻找，增加了故障原因分析难度。因此早期对原发性故障的准确诊断对减少故障损失十分重要。

③ 从故障原因分类　可分为以下几种：先天性故障，如设计水平不高、制造工艺低下和原材料缺陷等造成设备品质不良而产生故障；机遇性故障，如随机事件；耗蚀性故障，设备长周期运行，其摩擦副严重磨损至设备寿命末期，易故障频发；人为或环境造成的故障，如人为操作失误、超载超速、环境高温多灰尘等造成的故障。

在正常情况下，故障的发展应陆续经历以下几个阶段：

第一阶段，正常运转。设备正常运转，周期长。

第二阶段，有隐性故障。设备有故障隐患，属亚健康状态，周期中等。

第三阶段，带病运转。设备带病运转，从某些操作参数变化可觉察，周期短。

第四阶段，发生突发性大故障。使设备不能维持工作，产生大故障，属突发性质。

二、设备维修分类

① 事后维修　即故障发生后对设备的维修。此类维修损失最大，既无法对维修做充分准备，也对生产流程的上下游造成损害，是我们最不希望的。

② 定期维修　是目前执行广泛的维修制度。它是根据设备以往发生故障的历史情况或参考同行业情况，制订有计划的设备停工维修。其目的是在一些主要设备即将有可能发生故障前进行维修，这样一可以降低大故障的发生率，二可以对维修工作做充分准备，比事后维修前进了一大步。其缺点是维修计划较为保险，很多设备还在很健康时也要整体停工对全部设备“一刀切”地维修，造成了时间和人力物力的浪费。

③ 预测维修或视情维修　采用先进的设备监察手段，评估设备的“健康”状态，对某些进入亚健康状态的部位进行针对性维修。这类维修工作量小，准备充分，使设备长寿命正常运转，是目前我们大力提倡的先进方法，但这需要有好的监测手段对设备作准确的故障诊断。

第二节　润滑油与设备故障

润滑油是设备的“血液”，当“血液”本身有毛病时，设备会生病(产生故障)，这是谁都明白的道理。同时，血液本身虽然没有毛病，但身体各器官有毛病，也大多能在血液的指标中反映出来。因此，当设备还在正常运转时，无需停机拆检，只需通过对在用润滑油的检查，就可以诊断油和设备潜在的故障，并揭示故障的原因和维修的方向，达到设备防病和治病的效果。

一、由润滑油质量造成的设备故障

这点无需详细阐述，因为道理是明显的，如油的品种用错，润滑油性能与设备要求不符；油的质量档次用错，把低档次油品用在条件苛刻的设备中；超期不换油，在用油的性能已不满足要求；使用了假冒伪劣润滑油产品等。这些故障是很容易从润滑油某些指标的监测数据中作出准确诊断并加以克服的。

① 润滑油在使用中衰败的影响因素如图 17-1 所示。

② 润滑油在使用中常规理化指标变化与柴油机油故障的关系如表 17-1 所示。

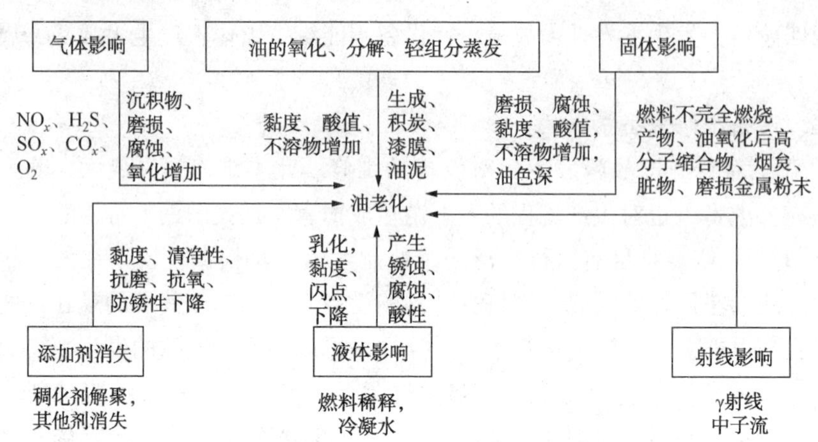

图 17-1　润滑油使用中衰败的影响因素

表 17-1　柴油机油常规理化指标变化与柴油机故障的关系

理化指标的变化	原　　因	对柴油机工况的影响
黏度上升	柴油机持续高温运行，冷却不良，导致油品严重高温氧化；柴油机漏气严重，积碳、烟尘污染机油；油品使用时间过长，抗氧剂、清净分散剂损耗过快；油中过量水分污染，使油品乳化变质	润滑油分油机排渣效果不好，机油压力下降，漆膜和积碳增多，堵塞过滤器；供油不足，摩擦阻力增大，润滑不良，导致轴瓦、缸套等零部件的异常磨损
黏度下降	喷油器故障，燃油雾化不良，燃油泄漏；燃油管路密封不良	润滑油膜形成不良，强度下降，零部件磨损增大，导致缸套擦伤、轴瓦失效
闪点下降	喷油器故障，燃油雾化不良，燃油泄漏；燃油管路密封不良	润滑油膜形成不良，强度下降，零部件磨损增大，导致缸套擦伤、轴瓦失效，此外还对润滑油使用安全性造成影响，加速油品的氧化变质
水分上升	柴油机冷却系统泄漏，密封垫渗漏；窜气严重，空转时间过长，冷凝水污染严重；分油机故障，使水分污染机油	使油泥增多，油品乳化，油膜难以形成，磨损增大；加剧腐蚀和锈蚀；导致添加剂失效，机油性能下降
总碱值下降	油品氧化严重，柴油机窜气严重；燃油质量不好，燃烧产物中酸性物质过多；碱性添加剂性能不稳定，中和能力差	增大缸套、轴瓦的腐蚀磨损；油品清净分散性能下降，油泥、积碳含量增多，导致润滑不良，零部件产生黏着擦伤
不溶物上升	柴油机窜气严重，冷却不良，积碳、油泥和粉尘增加；零部件磨损严重，金属磨屑增加；过滤器、分油机工作效果不好	加剧零部件的磨损；使机油滤清性能下降，堵塞过滤器及油路

③ 内燃机油在内燃机中生成沉积物产生的故障如表 17-2 所示。

表 17-2　内燃机油在内燃机中生成沉积物产生的故障

沉积物	组成和性质	所在部位	主要危害
积炭	润滑油的高度炭化物、质硬	发动机燃烧室，排气口或阀，活塞环区，导热油管，压缩机阀室	造成汽油机提前点火和爆震，堵塞排气口使排气不畅，拉缸，造成磨损和抛光，机油耗大
漆膜	烃的高聚物，热的不良导体，热时有黏性	发动机的活塞区	黏环，冷却不良，活塞过热胀死
油泥	润滑油与碳粒、水等的乳状物	油箱，滤清器处，摇臂盖	堵塞油道、滤网，使供油不畅而拉伤烧结

二、由润滑油被污染造成的设备故障

1. 润滑油中进入水造成设备故障

水在油中有以下形式存在：

① 沉积水　外来水和游离水合成为水珠沉积在油箱底部，可通过放水阀放掉。

② 溶解水　以极细颗粒分散于润滑油中，油温越高溶解度越大。

③ 结合水　润滑油降解及污染物入侵，使油的破乳化性能下降，形成油与水的结合物。

润滑油中水的进入渠道如表 17-3 所示。

表 17-3　润滑油中水进入的渠道

项目	来　源	原　因
设备内部	内燃机燃料燃烧生成 CO_2 和水，低于 100℃时水凝结成液体流到曲轴箱的润滑油中	汽缸-活塞间隙大使窜气多
	汽轮机的水蒸气窜进汽轮机油中	密封差
	冷却水漏	密封垫片坏
设备外部	气候潮湿时空气中的水进入	进气滤清器效率下降
	工作环境中的水进入	油封坏

润滑油中进入水造成的影响及设备故障如下：

① 对内燃机造成的故障　加速添加剂的消耗，内燃机油的清净分散剂易于水解而失效；造成腐蚀磨损和锈蚀；降低润滑能力，加速磨损；使油乳化和生成油泥。

② 油中水对导热油的影响　油中的水在 100℃左右沸腾，使油温上不去。

③ 油中水对电绝缘油的影响　主要是影响油的绝缘性能，如表 17-4 所示。

表 17-4　变压器油含水量对耐电压的影响

含水量/%	0	0.005	0.01	0.02	0.03	0.08	0.1
耐电压/kV	70	31	22	16	14.9	12.5	10

④ 油中水对液力传动油的影响，如图 17-2 所示。

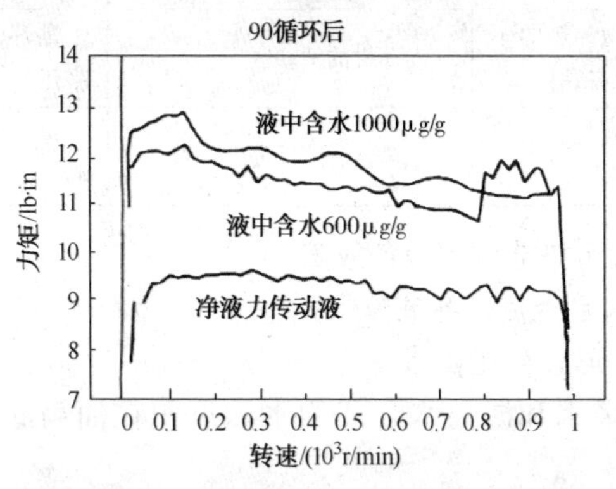

图 17-2　液力传动油中水的影响

由此可见，润滑油中进入水造成的影响及设备故障还是很大的，因此在润滑油的使用用应严格限制含水量。各种润滑油在使用中对含水量的限制如表 17-5 所示。

表 17-5　各种润滑油在使用中对含水量的限制

油　名	普通齿轮油	CKC 齿轮油	HL 液压油	HM 液压油	汽轮机油	变压器油
水含量/%　不大于	0.5	1.0	0.1	0.1	0.2	10~20mg/L

2. 润滑油进了燃料造成设备故障

在内燃机机况不良、燃料雾化不好或燃烧不好时，燃料会进到润滑油中把油稀释，使油的闪点和黏度下降，从而引起设备故障。表 17-6 是柴油机油被柴油稀释后闪点和黏度的变化情况。

表 17-6　30CC 柴油机油被柴油稀释后闪点和黏度的变化

柴油混入/%	0	0.5	1.0	1.5	2.0	2.5	3.0	3.5	4.0
开口闪点/℃	244	242	236	235	288	214	208	198	188
100℃黏度/(mm^2/s)	11.67	11.22	10.75	10.60	9.36	9.12	8.05	7.43	7.0

3. 润滑油被灰尘和杂物污染造成设备故障

设备和车辆在灰尘大的环境中工作，这些砂土及灰尘颗粒通过进气等渠道进到润滑油中，其中10~40μm硬颗粒会造成磨料磨损，其他的则沉积在油道，堵塞油道和滤网，使供油受堵而造成故障，如表17-7~表17-9所示。

表17-7 进入发动机的灰尘量对磨损的影响

灰尘量/(mg/min)	环磨损/(mg/h)	缸套磨损/(mg/h)
0.5	0.06	0.54
2	0.28	1.44

表17-8 进入发动机的颗粒大小对磨损的影响(3.7L，L-6发动机)

颗粒尺寸/μm	0~5	10~20	20~40
灰尘量/(g/h)	1	1	1
时间/h	8.333	8.333	8.333
灰尘总量/g	8.333	8.333	8.333
漏气增加/%	23	18	13
气环间隙增加/mm	0.5	0.55	0.5
缸径增加(顶)/mm	0.025	0.045	0.010
轴承失重/g	0.263	0.550	0.715
连杆轴承失重/g	0.271	0.387	0.357
轴承油流量增加/%	28	106	152
缸径增加(中)/mm	0.70	0.130	0.065
缸径增加(底)/mm	0.035	0.070	0.040
油环间隙增加/mm	2.2	2.5	2.1

表17-9 污染物对液压元件的影响

元 件	损 害 情 况
泵	冲蚀和划伤齿轮泵的减流板 叶片泵的叶片卡死，使动作不符合要求 轴、滑动和滚动轴承磨损加快 使柱塞、滑块、叶片等磨损增加，液压压力下降，效率降低 配流盘磨损
溢流阀	导致自激振荡 溢流阀失灵，系统压力欠稳 阀座磨损

续表

元 件	损 害 情 况
方向阀	堵塞节流孔，能量传递受限制 阀芯和阀体磨损，造成泄漏 阀芯卡滞使电磁体失灵 产生冲击负荷，损坏软管和接头

4. 润滑油中进入空气造成设备故障

空气在润滑油中有三种存在形式：

① 自由空气，随润滑油的流动而进到润滑油中。

② 以气泡形式稳定地存在于润滑油中。

③ 润滑油在常温和常压下一般含有7%~8%的溶解空气。

润滑油在流动或搅动中挟带少量空气生成气泡，会造成如下设备故障：

① 使液压系统工作不稳定。

② 使油泵抽空，使供油不稳或中断。

③ 产生噪音或振动。

④ 使油温升高，加速油氧化。

⑤ 造成油的假液面，易于抽空或泄漏。

因此，很多润滑油产品规格对抗泡和空气释放值都有要求，如表17-10所示。

表17-10　几种润滑油对抗泡性和空气释放值的要求

项　　目		欧洲规格内燃机油	车辆齿轮油	抗磨液压油	汽轮机油
抗泡(趋势/稳定性)/(mL/mL)	前24℃	10/0	20/0	100/0	—
	93℃	50/0	50/0	100/0	—
	后24℃	10/0	20/0	100/0	—
	150℃	100/0	—	—	—
空气释放值/min	N32	—	—	5	5
	N46	—	—	5	5
	N68	—	—	7	6
	N100	—	—	10	—

5. 内燃机油中进入烟炱造成的故障

近年来柴油机为了降低排放，采用排气再循环(EGR)技术，在降低排放的同时却大大增加了在用润滑油中的烟炱含量。这些烟炱既使油的黏度上升，又增加了发动机磨损，如表 17-11 所示。

表 17-11　MackT-8 柴油机试验中烟炱含量对油黏度和滚动随动轴磨损的影响

序号	分散剂含量/%	100℃黏度比	40℃黏度比	烟炱含量/%	平均磨损/μm
3	4.8	1.78	1.78	5.8	0.59
8	4.8	2.26	2.17	7.0	0.28
12	4.8	1.40	1.52	6.1	0.50
15	4.8	2.23	2.86	10.1	0.58
1	1.2	2.3	1.68	4.3	0.53
6	1.2	4.13	2.45	6.6	1.31
10	1.2	4.26	2.63	8.0	1.26
13	1.2	5.05	2.94	9.5	0.81

注：黏度比=润滑油试验后黏度/试验前黏度。

此外，还有一些与润滑油有关的设备故障，详见《润滑油与设备故障诊断技术》(中国石化出版社出版)一书。

第三节　润滑油与设备故障诊断

一、概述

长期以来，设备故障诊断是机械行业的事情。随着设备维修水平的进展，尤其发展到效益更高的视情维修，一定要有先进的设备故障诊断技术与之配合，才有现实可行性。

传统的机械行业的设备故障诊断技术，是在正常运转的关键重大设备的关键摩擦副(主轴承、主齿轮等)等部位安装一些相关仪表，监测其温度、振动、噪音等参数的变化。当这些参数变化曲线异常时，预示这些主要部位有可能将出现故障。后来又出现用磁塞、铁颗粒计数器、铁谱仪等观察润滑油中磁性颗粒(主要是铁)的数量和形貌，以了解设备内部的磨损。通过这些信息，评估设备中可能发生故障的时间和部位，从而制订视情维修计划。

但是，这些机械行业的故障诊断技术并不足以支撑视情维修的实施。这是因为：

① 当监测到设备主要部位的温度、振动和噪声异常时，这些部位就已经发生了故障，已超过故障隐患阶段而达到带病运转阶段，不是“预”报而已是”晚”报了。

② 我国名噪一时的铁谱，被寄以故障诊断的新希望，热度持续数年。但人们忽略了此法的致命弱点，就是油样没有代表性。因为油样中的铁颗粒与润滑油

不相溶混，密度相差很大，仅靠悬浮被油流动携带出来，而不是均匀分布在油中。因此油样中的被检出的铁颗粒数量并不能真实反映设备中的磨损情况，尤其是赖以评估苛刻磨损的大颗粒，更易沉积在油道或滤去。因此用铁谱检验结果的“预”报经常“晚”报或“误”报，事实证明它并不是值得信赖的故障诊断手段。

③ 上述方法很难标准化，不同设备没有共同数值，要靠经验的积累。

④ 对设备故障诊断应从二方面实施，一是找出造成故障的原因，只要此原因存在，早晚要发生故障，也就是找出故障隐患，这适用于早期诊断；二是找出设备局部故障的表现，也就是带病运转，这种表现的出现，离出现大故障就为时不远了，这是晚期诊断。机械行业的设备故障诊断就是属于后一种。

要做到视情维修，应在故障隐患晚期和带病运转早期作出诊断预报，也就是既要找出故障的原因，又找出局部故障的表现，以对这些信息作出综合评估，并进一步制订视情维修计划。

二、从润滑油使用中的变化作设备故障诊断

从以上润滑油与故障关系的内容，以及润滑油在使用中的变化，不但能看出造成设备故障的原因，也能看出故障的效果，即包含了造成故障的“标”和“本”。又由于很多指标的试验方法已标准化，且有这些指标变化到危险状态的警示值，因此便于管理者掌握、评估设备的故障隐患状态和带病运行的程度，有助于视情维修的实施。具体诊断方法如下：

1. 从润滑油在使用中理化指标的变化对设备故障进行诊断

表 17-11 和表 17-12 都列出了润滑油在使用中的理化指标变化显示设备可能将发生的有关故障。我国标准化部门对一些主要润滑油品种制订了在用润滑油换油指标，如第十六章已列出这些标准的名称，标准中各指标的具体数值可参考为故障的警示值。

表 17-12　在用润滑油理化指标与设备故障的关联性

项　目	上　升	下　降	规　律
黏度	操作温度高，冷却系统工作差	内燃机燃料雾化不良，活塞-汽缸间隙大	
酸值	工况苛刻，换油期过长	—	一般为上升
闪点	设备温度高	燃料稀释	
残炭	外来污染物多，油过滤效果差	—	一般为上升
碱值	—	换油期过长，燃料含硫大	一般为下降
不溶物	工况苛刻，换油期过长	—	一般为上升
水分	操作温度过低，泄漏	—	一般为上升

2. 从润滑油操作参数的变化对设备故障进行诊断

① 从润滑油供油压力变化进行故障诊断　每台设备的润滑油供应系统都有压力计，都规定压力在某范围内是操作正常。若超出此范围，可能有发生故障的可能，操作者应及时采取相应措施，如表 17-13 所示。

表 17-13　油压不正常的可能原因

油压偏高	油压偏低
滤清器或管路部分堵塞 润滑油黏度过高或油温过低	机油泵工作不良 油路漏油 油箱油面过低 润滑油黏度过低，被燃油稀释，油温过高 运动件间隙过大 油路部分堵塞

② 从润滑油油耗异常进行故障诊断　润滑油在使用中都有一定消耗量，若消耗量过大，显示有故障发生的可能，如表 17-14 所示。

表 17-14　润滑油油耗偏大原因及现象

油耗偏大原因	现　　象
油路漏油或密封失效	设备有关部位有可见的油渗漏
发动机活塞环搭口排成一线	排气冒蓝烟，烟中有颗粒状物
活塞环断，回油孔堵塞，油环黏住	
因活塞硬积炭使汽缸磨损抛光	
油黏度过低，油温过高	油压偏低

③ 从润滑油中金属含量变化进行故障诊断　润滑油在使用中金属含量不断变化，油中添加剂的金属含量由于添加剂的消耗而不断下降，如钙和锌；设备因磨损而产生的金属颗粒也进到油中，如铁、铜、铝等，随磨损加重而使含量增加；还有外来的固体颗粒，如沙尘中的硅。前一种为金属的有机化合物，可溶在油中，在油中分布均匀，后二种呈颗粒状，在油中悬浮携带，分布不均匀。一般说来，5μm 以下小颗粒分布稍均匀，样品代表性较好，如发射光谱分析的油样就属于这种；而 5μm 以上大颗粒其油样代表性较差，颗粒越大越差。因此，金属含量的检测方法对润滑油中金属含量检测的准确性很重要。表 17-15 列出了油中金属来源及可能的故障。表 17-16 是油中磨粒检测方法的比较。表 17-17 为用光谱分析法检测油中金属含量的警示值。

表 17-15　油中金属颗粒的来源和检查原因

金　属	来　　源	检查原因及设备宏观现象
硅	外来尘砂，含硅抗泡剂	环境灰尘大，进气过滤效果差
铝	铝活塞、铝合金轴瓦磨损	动力损失大，噪音大
铁	设备磨损	油耗大，噪音大，动力损失，窜气
铜	轴承或衬套磨损	油压低，噪音大
铬	镀铬环或铬合金轴颈磨损	窜气，震动
钠	含钠添加剂的冷却液泄漏	检查垫片及相关密封部位
铅	含铅汽油稀释，铅合金轴承磨损	燃料系统工作不良，油压低，动力下降，震动
钒、镍	重油稀释，镍钒合金部件磨损	燃料系统工作不良，油压低，动力下降，震动
钼	钼合金部件磨损或油中含钼的添加剂	检查相应部位
钙、锌、镁、磷	添加剂消耗	换油期过长

表 17-16　油中磨粒检测方法比较

项　　目	颗粒计数法	过滤法	光谱	铁谱	磁塞
颗粒大小范围/μm	0~1000	0~1000	<5	0~150	>10
形貌分析	不能	差	不能	优	差
定量分析	优	良	优	优	良
化学成分分析	不能	不能	优	良	差
与非磨损颗粒的区分	不能	不能	良	优	良
早期磨损监测能力	良	差	优	优	差
对非磁性颗粒分析能力	可	可	优	差	差
分析速度	快	慢	快	中	中
操作技术要求	高	低	中	高	低
分析成本	高	低	高	中	低

表 17-17　光谱法检测油中磨粒的警示值

元　素	铁	铅	硅	铬	铝	铜	锡	银
含量/(μg/g)	100~200	5~14	10	30~60	15~40	5~40	5~15	5~10

④ 采用红外光谱分析进行故障诊断　用红外光谱分析在用润滑油中含氧化合物和含氮化合物的相对含量，这些含量越高，显示油的衰败程度越大，也就是设备越容易发生故障。图 17-3 是用红外光谱对在用润滑油分析的谱图。表 17-18 是红外光谱对在用润滑油分析各参数的警示值。

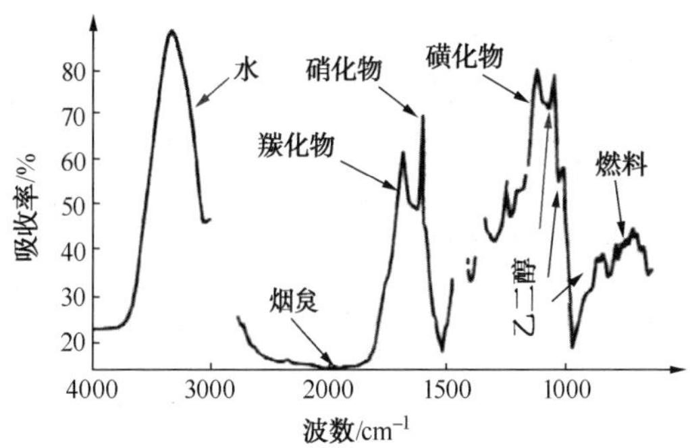

图 17-3　在用润滑油的红外光谱图

衰 17-18　红外光谱对润滑油分析的意义

品　　名	吸收峰位置/cm^{-1}	意　　义	警告值
烟炱	2000	油污染程度	>0.7 ABS/0.1mm
氧化物	1700	降解程度	>0.02 ABS/0.1mm
硝化物	1630	降解程度	>0.02 ABS/0.1mm
水	3400		0.1%
柴油	800		2.0%
汽油	750		1.0%
乙二醇	880	冷却液污染	0.1%
硫化物	1190	油的降解	>0.02 ABS/0.1mm
硫磷锌盐	960	添加剂消耗	-0.02 ABS/0.1mm

三、从润滑油作设备故障诊断的实施

作为用于视情维修所需要的设备故障诊断技术，既要对已有故障隐患的设备早期预报，又要对带病运行的设备及早预报。因此，要把从润滑油变化得到的故障信息与机械行业对故障的监测信息相结合，才能使视情维修做得更好。表 17-19 是润滑油的设备故障诊断方法的对比。

表 17-19　润滑油的设备故障诊断方法对比

项目	设备费用	操作费用	操作简便	结果定量性	取样均匀性	对操作者要求	便携性	在线性	显示故障原因	显示故障后果
理化分析	低	低	简	定量	好	中	有	在发展	是	是
光谱	高	低	简	定量	中	低	无	无	可	是
铁谱	中	中	繁	定性为主	差	高	无	无	否	是
红外	高	中	中	定量	好	中	无	无	是	否

总结起来，可做如下安排：

(1) 必做项目，频率较密，例行检测

一是观察和记录润滑油操作参数，如油温、油压、油箱中液面及泡沫；二是检测和记录润滑油的常规理化指标，如黏度、闪点、酸值、水分、不溶物等。这些数值都有参考极限值，只要这些值过高或过低，即预知会产生故障，应及时寻找原因，采取措施，而不必严重到产生设备异常或磨粒异常才采取措施，从而避免造成更大的损失。

(2) 次必做项目，频率较疏

如发射光谱及红外，这些设备较贵，配置不普遍，但操作简单方便，数据便于比较。

(3) 选做项目

主要指铁谱，它的油样代表性差，同步性差，但能更真实地反映出设备内摩擦磨损情况，可作以上几项的补充。

(4) 取油样

从设备故障诊断的角度，取油样时间应按计划设备维修期从疏到密。因刚开始时发生故障可能性少，越到后面可能性越大，某些项目或部位有异常时也应加密取样。有人推荐取样频率如表 17-20 所示。

表 17-20　推荐润滑油样采集频率

非公路柴油机	汽车后桥齿轮	液压设备	气体透平	空气压缩机	冷冻机	高速高载荷齿轮箱	低速低载荷齿轮箱	主轴承和滚动轴承
150	300	200	500	500	500	300	1000	500

取油样时必须使取油样工具和容器干净干燥，并按以下方法操作：

① 在设备运转(怠速下)中油流动时取样。这样不让固体物沉降，使样品组分更均匀更有代表性，且有油压有油温也便于采取。

② 在补加新油前取样。应先取样再补加新油，以免油样中老化组分被新油冲淡。

③ 打开放油阀后先放掉少量阀周围的油再取油样。

④ 对独立油箱(油罐)的静止油取样。

⑤ 一般按上、中、下三个位置取样再混合后进行检测。

四、设备故障诊断工作必读

设备故障诊断工作通则：

① 有客观冷静心态，分析故障原因时，先把追究责任的诉求搁置。

② 参与人员应有足够的润滑油知识和起码的机械应用常识。

③ 保证故障信息的可靠性，尽量到故障现场了解发生故障的第一手资料，切忌道听涂说和多层信息传递。

④ 及时采取润滑油样品，其中一瓶是故障设备中的现场油样，另一瓶是与故障设备中润滑油的同一容器中新油样，并登记油样容器上的批号、取样日期、取样人等。

据作者多年工作经历，有以下几种分析故障原因的思考方法，供参考：

① 采用对比法。同一批号油品供数十用户用于同类设备，若少数用户出现故障，则应不是油品的原因，若大多数用户出现类似故障，应考虑油品质量问题；同一工厂有数十种相同设备用同一油品，若少数有故障，也可不用考虑油品原因；一个多缸发动机，若只有一二个缸的活塞或轴承出问题，是油品原因的可能性不大，若多个缸有同样问题，就要考虑油品的因素。

② 了解设备出现故障前后及环境的资料。比如设备在加入某正规油品前用了假冒伪劣润滑油，它的破坏作用在正规油品使用期间才体现出来，因此设备故障可能是由假冒伪劣润滑油造成的，而非新加的正规油品原因。又比如设备长期在超载超速或恶劣环境下工作等，由此产生的设备故障，也有很大可能不是油品的问题。

③ 杜绝用户先入为主的思维。一般进口设备推荐用某品牌进口油，若换用了某品牌国产油，持怀疑态度的用户必然额外注意，把某些认为“不正常”的现象归为对国产油质量的不信任，后来事实证明这些“不正常”现象可能在用原进口油时也存在。

附录　国内部分较大型润滑油供应商名录

品　牌	公司名称	公司所在地	附　　录
长城	中国石化润滑油有限公司	北京	中石化属下，品种全，产能大
昆仑	中国石油润滑油有限公司	北京	中石油属下，品种全，产能大
源根，山推	山东源根石化有限公司	山东济宁	车用油为主
康普顿	青岛康普顿科技有限公司	山东青岛	车用油为主
零公里	山东零公里石化有限公司	山东济宁	车用油为主
领航	大庆领航石化有限公司	黑龙江大庆	车用油为主
统一	北京统一石化有限公司	北京	车用油为主
中华	北京中华石化有限公司	北京	车用油为主
丹弗	浙江丹弗王力润滑油有限公司	浙江永康	车用油为主
路路达	路路达润滑油有限公司	江苏无锡	车用油为主
龙蟠	江苏龙蟠科技有限公司	南京	车用油为主
莱克	福建莱克石化有限公司	福建南安	车用油为主
	山东卡松石化有限公司	山东济宁	工业油为主
金雪驰	乌鲁木齐隆成实业有限公司	乌鲁木齐	车用油为主
玉柴，马石油	玉柴马石油润滑油有限公司	广西北海	车用油为主
司能，柳工	司能石化有限公司	广西柳州	车用油为主
金美合	珠海美合石化有限公司	广东珠海	车用油为主
现代	重庆现代石化有限公司	重庆	车用油为主
哈弗	广东哈弗石油能源有限公司	广东广州	车用油为主
力士	东莞太平洋博高润滑油有限公司	广东东莞	车用油为主
西铁古	广州西铁古润滑油有限公司	广东广州	车用油为主
安美	广东安美石化有限公司	广东东莞	工业油为主
洛加斯	洛加斯润滑油有限公司	广东东莞	工业油为主
富兰克	富兰克化学有限公司	广东东莞	工业油为主
邦玛	广州邦玛石油科技有限公司	广东广州	工业油为主
润烁，GEP	顺昌(广东)润滑油有限公司	广东新会	车用油为主
佳润	西安石油大佳润实业有限公司	陕西西安	车用油为主

说明：

1. 我国润滑油行业目前还没有权威的行业机构掌握全面的行业信息，所以上表仅是部分信息，并不全面，仅供润滑油用户采购时参考。上表除长城和昆仑外，其他排名先后与产能规模和市场占有率无关。

2. 润滑油用户采购时可登录这些品牌的网站，了解具体情况及建立联系。

参 考 文 献

1 吕兆岐，谢泉主编．润滑油研究与应用指南．北京：中国石化出版社，1997

2 张晨辉，林亮智编著．润滑油应用与设备润滑．北京：中国石化出版社，2002

3 D. 克拉曼著．张溥译．润滑剂及其有关产品．北京：烃加工出版社，1990

4 T. 曼格．W. 德雷泽尔著．赵旭涛，王建明译．润滑剂与润滑．北京：化学工业出版社，2003

5 张德义，姚国欣编．新编国内外名牌润滑油脂商品手册．上海：学林出版社，1999

6 关子杰编著．内燃机润滑油应用原理．北京：中国石化出版社，2000

7 Akiko，Konishi，等．Development of a high performance biodegrable hydraulic oil for construction equipment．SAE 971632

8 吴铮，等．我国润滑油基础油市场现状及发展趋势．石油商技，2015(6)：50~51

9 韦友亮，等．可生物降解润滑油的研究进展．石油商技，2014(6)：16~23

10 Edited by Leslie R. Rudnick. Synthetics，Mineral Oils and Bio-based Lubricants. CRC Press，2012：407

11 S. Kennedy，等．A Aynthetic Diesel Engine Oilwith Extended Laboratory Test and Field Service Performance. SAE 952553

12 安军信，等．国内外润滑油基础油的供需现状及发展趋势．石油商技，2015(1)：11

13 M. Mannl 等．Effect of physical characteristics of lubricating oils on emissions fuel economy and oil consumption in a light duty diesel engine. SAE 952552

14 赵艳丽，等．变压器油击穿电压影响因素探讨．石油商技，2011(4)：45

15 余海波，等．中国农业机械用油调研及昆仑产品的应用．中国润滑技术论坛(2015)暨中国内燃机学会油品与清洁燃料分会第五届学术年会论文集．63